AF759651

Klaus Anderseck und Sascha A. Peters (Hrsg.)

Gründungsberatung

Beiträge aus Forschung und Praxis

Klaus Anderseck und Sascha A. Peters (Hrsg.)

GRÜNDUNGSBERATUNG

Beiträge aus Forschung und Praxis

ibidem-Verlag
Stuttgart

Bibliografische Information der Deutschen Nationalbibliothek
Die Deutsche Nationalbibliothek verzeichnet diese Publikation in der Deutschen Nationalbibliografie; detaillierte bibliografische Daten sind im Internet über http://dnb.d-nb.de abrufbar.

Bibliographic information published by the Deutsche Nationalbibliothek
Die Deutsche Nationalbibliothek lists this publication in the Deutsche Nationalbibliografie; detailed bibliographic data are available in the Internet at http://dnb.d-nb.de.

Coverbild: © BrandtMarke / PIXELIO

∞

Gedruckt auf alterungsbeständigem, säurefreien Papier
Printed on acid-free paper

ISBN-10: 3-89821-950-X

ISBN-13: 978-3-89821-950-1

© *ibidem*-Verlag
Stuttgart 2009

Alle Rechte vorbehalten

Das Werk einschließlich aller seiner Teile ist urheberrechtlich geschützt. Jede Verwertung außerhalb der engen Grenzen des Urheberrechtsgesetzes ist ohne Zustimmung des Verlages unzulässig und strafbar. Dies gilt insbesondere für Vervielfältigungen, Übersetzungen, Mikroverfilmungen und elektronische Speicherformen sowie die Einspeicherung und Verarbeitung in elektronischen Systemen.

All rights reserved. No part of this publication may be reproduced, stored in or introduced into a retrieval system, or transmitted, in any form, or by any means (electronical, mechanical, photocopying, recording or otherwise) without the prior written permission of the publisher. Any person who does any unauthorized act in relation to this publication may be liable to criminal prosecution and civil claims for damages.

Printed in Germany

Inhaltsverzeichnis

Vorwort

Existenzgründer müssen sich bei Ihrem Unterfangen, den Weg in die Selbständigkeit zu gehen, mit zahlreichen, teilweise sehr komplexen Zusammenhängen und Problemen beschäftigen und Entscheidungen treffen, die sie nur teilweise eigenständig zu lösen im Stande sind. Inzwischen gibt es aber eine Vielzahl an Initiativen, die sich aus ideellen, politischen oder finanziellen Interessen der Unterstützung von Gründern annehmen. Bei den meisten dieser Gründungsinitiativen stehen Beratungsaktivitäten im Mittelpunkt, mit denen sich u.a. die Hoffnung verbindet, durch eine Verbesserung des Informationsstandes von Gründern eventuelle Fehleinschätzungen und Fehlentscheidungen vermeiden zu helfen. Einem Gründer wird damit zum einen die Chance gegeben, sein Gründungsvorhaben erfolgreich zu entwickeln. Zum anderen kann die Beratung aber auch dazu führen, dass ein Gründungsprojekt mit nur geringer Aussicht auf Erfolg gar nicht erst begonnen wird. Der Beratungserfolg bemisst sich an beidem.

Wenn also der Beratung eine große Bedeutung für die Verringerung des Risikos, bei einer Gründung zu scheitern, zukommt, dann stellt sich die Frage nach der Güte der Beratungen, deren Kontrolle und nachhaltiger Sicherung und damit auch nach der Qualifikation und letztlich der Professionalität der Gründerberater. Hier besteht jedoch das Problem einer nur geringen Markttransparenz des Beratungsangebotes, aufgrund der Heterogenität des Personenkreises aus dem heraus Gründungsberatung bereitgestellt wird. So fehlt es bis heute an einheitlichen Qualitätsstandards und an einschlägigen Qualifikationsausweisen, an denen sich Gründer bei der Auswahl ihrer Berater orientieren könnten.

Besondere Ausbildungsprogramme für Gründungsberatung gibt es kaum. Als 1998 das erste EXIST-Programm (Existenzgründer aus Hochschulen) der Bundesregierung gestartet wurde, gab es in Europa nur ein einziges speziell auf die Gründungsberatung ausgerichtetes Programm.[1] Im Rahmen des EXIST-Programms wurde im Jahre 2000

[1] Es wurde von Prof. A. Gibbs an der Universität Durham in England angeboten.

das erste Weiterbildungsprogramm für Gründungsberater im deutschsprachigen Raum an der FernUniversität in Hagen angeboten.[2]

Die wissenschaftliche Forschung im speziellen Bereich der Existenzgründungsberatung weist ebenfalls noch große Lücken auf. Dies gilt gleichermaßen für die theoriefundierte Diskussion als auch für empirische Beiträge zu diesem Thema. Im theoretischen Bereich steht die Diskussion um die Rolle des Gründungsberaters mit all ihren Funktionen noch aus. Auf dem Feld der Empirie fehlen insbesondere Untersuchungen zum Tätigkeitsfeld der Existenzgründungsberatung, denen die typischen Problemlagen entnommen werden könnten.

Aufgrund der geschilderten Situationen haben die Herausgeber dieses Sammelbandes die Chance genutzt, auf dem G-Forum 2007 in zwei Workshops Beiträge zur Existenzgründungsberatung zu diskutieren. Sofern diese Beiträge von ihren Verfassern zur Verfügung gestellt wurden, sind sie in diesem Band in überarbeiteter Fassung abgedruckt. Darüber hinaus wurden noch weitere Autorinnen und Autoren eingeladen, zur Abrundung und Ergänzung der G-Forumsthemen beizutragen. Entstanden ist der erste Sammelband im deutschsprachigen Raum, der sich mit der Gründungsberatung wissenschaftlich wie auch praktisch auseinandersetzt.

Das Buch ist in zwei Hauptkapitel gegliedert, „Professionalisierung und Qualitätssicherung in der Gründungsberatung“ und „Praxisrelevante Ansätze zur Gründungsberatung“. Mit diesen Themenschwerpunkten denken die Herausgeber einen guten Überblick über die aktuelle Diskussion zur Gründungsberatung liefern zu können, um so die weitere wissenschaftliche Diskussion dieses Themengebietes zu fördern. Aufgrund der Auswahl an Beiträgen richtet sich dieser Sammelband sowohl an Wissenschaftler und Studenten, als auch an Berater, politische Entscheidungsträger und Institutionen in der Gründungsberatung.

Hagen, Januar 2009

Klaus Anderseck Sascha A. Peters

---

[2] Vgl. dazu die Beiträge von Anderseck und Peters in diesem Band.

Kapitel 1:

Professionalisierung und Qualitätssicherung in der Gründungsberatung

Professionalisierung der Gründungsberatung – ein Ansatz zur Qualitätssicherung[1]

Univ. Prof. Dr. Klaus Anderseck, FernUniversität in Hagen

1 Das Problem: Theoretische und praktische Defizite in der Gründungsberatung

1.1 Der Markt für gründungsbezogene Beratungsdienste und Qualifizierungsangebote

Seit Mitte der neunziger Jahre ist in den deutschen Hochschulen eine starke Zuwendung zum Thema Existenzgründungen festzustellen. Gewichtige Impulse in dieser Entwicklung wurden durch die Gründung des Fördervereins für Gründungsforschung (FGF e.V.) und insbesondere durch das im Jahre 1998 gestartete Programm der Bundesregierung „EXIST-Existenzgründungen aus Hochschulen" ausgelöst, in dessen Folge eine Vielzahl von Projekten entstand, die auch zu neuen Fragestellungen in wissenschaftlicher Forschung und Lehre führten.

Im Zuge der neuen Orientierung kam auch das Problem des „Train the Trainers" und im Zusammenhang damit die Frage nach der Beratung von Existenzgründern ins Blickfeld. Das Beraten, Fördern und Qualifizieren von Gründern hat sich seitdem in Deutschland zu einem interessanten Markt mit Zukunftsperspektiven entwickelt. Wer Gründern hilft, erfolgreich zu starten, der kann auf gute Geschäfte auch mit den erwachsen gewordenen Gründern hoffen.

Im Bereich der gründungsbezogenen Beratungsdienste wurden allerdings zwei Defizitfelder diagnostiziert, die zum großen Teil heute noch vorhanden sind.[2] So ist die Situation im Berufsfeld Gründungsberatung unstrukturiert. Es gibt weder eine Abgrenzung der Tätigkeitsmerkmale noch eine einschlägige Mindestqualifikation für die

---

[1] Dieser Beitrag ist eine Erweiterung des „Philisophie"-Papiers, das dem Curriculum des im Sommersemester 2000 an der FernUniversität in Hagen gestarteten Weiterbildungsprogramms „Start Up Counselling" zugrunde liegt.

[2] Vgl. Die Beiträge von Kraus/Schulte und von Buschmann in diesem Band.

Durchführung der Gründungsberatung.[3] Weiter erweist sich der Personenkreis, der in der Praxis mit der Gründungsberatung befasst war, als sehr heterogen. Da definierende Kriterien fehlten und fehlen, konnte und kann diese Tätigkeit im Prinzip jede Person ausüben, die irgendein auch für Gründungen wichtiges Know-how besitzt.[4]

Korrespondierend zur Tätigkeitssituation gab es auch keine allgemein zugänglichen, auf Gründungsberatung ausgerichtete Aus- und Weiterbildungsangebote. In den traditionellen Hochschulstudiengängen waren ebenfalls keine Curricula vorhanden, die eine Wissensgrundlage für ein „Berufsprofil" des Beraters und Trainers für Unternehmensgründerinnen und -gründer hätten bereitstellen können.

Zwar wurden in den letzten Jahren Strategien zur Qualitätssicherung und zur Behebung von Qualitätsmängeln in der Praxis der Gründungsberatung entwickelt, die überwiegend auf eine Zertifizierung praktischen Wissens ausgerichtet sind.[5] Fundierte Ansätze einer theoretischen Qualifizierung in diesem Bereich gab und gibt es indessen, auch international gesehen, nur sporadisch, denn Gründungsberatung war bisher nur selten Gegenstand der Entrepreneurshipforschung.

1.2 Marktversagen der Gründungsberatung

Die genannten Faktoren führten zu einer Situation, die man als ein Versagen des Marktes der Gründungsberatung bezeichnen kann. So weist die Situation auf dem Markt für gründungsbezogene Beratungsdienste und Qualifizierungsangebote folgende Besonderheiten auf:

- Es handelt sich um einen Markt mit vielen „Händlern“. Die Konkurrenz der Anbieter von Beratungsleistungen ist daher sehr groß.

- Angesichts der Vielfalt der Dienstleistungsangebote müsste eigentlich jede zur Gründung bereite Person die passende Beratung, Förderung oder Qualifizierung für ihre Probleme finden. Der Ausgleich von Angebot und Nachfrage

---

[3] Vgl. Staudt/Bestel/Lewandowitz 1996, S.9. Das gilt im Übrigen auch für den Beruf des Unternehmensberaters, vgl. Niedereichholz 1991, S.24

[4] Vgl. Gries/May-Strobl/Paulini 1997, S. 20 ff.

[5] Federführend sind hier vor allem das Deutsche Gründerinnenforum (DGF e.V.), der BQZ e.V., das BfE in München und das ENIGMA-Gründungsforum.

funktioniert jedoch nicht immer, was zu häufigen Klagen über Beratungsmängel führt.

- Außer der Gefahr von Fehlgründungen in Folge unangemessener Beratungen besteht die Neigung der Nachfragerinnen und Nachfrager, sich vom Markt zurückziehen, weil sie entweder den Nutzen der Beratung und Qualifizierung systematisch unterschätzen, oder weil sie vermeiden möchten, schlechte Qualität zu erhalten.

- Die Ursachen für solche Mängel liegen zum großen Teil in den besonderen Eigenschaften, die das Gut „Beratungsdienste" aufweist. Der Nutzen und die Qualität des Gutes können vom Nachfrager in der Regel erst nach dem Kauf und nach den Erfahrungen mit diesem Gut einigermaßen zutreffend beurteilt werden.

Der tiefere Grund für ein derartiges „Marktversagen" ist also in der mangelhaften Erkennbarkeit der Qualität der Gründungsberatung a priori zu sehen.

Eine Strategie zur Minimierung der eingangs beschriebenen Defizite und des daraus resultierenden Markversagens kann in der Professionalisierung der Gründungsberatung gesehen werden. Sie bietet einen Ansatz zur Qualitätssicherung, der sowohl theoretische als auch praktische Elemente miteinander zu verbinden in der Lage ist. Weiter kann sie über die Entwicklung eines Ausbildungs- und Berufsprofils der Bereitstellung wichtiger Signaleigenschaften für Gründungsberater dienen und damit dem Marktversagen wirksam begegnen.

1.3 Strategien zur Professionalisierung der Gründungsberatung

Mangelnde Erkennbarkeit der Beratungsqualität bedeutet in ökonomischer Terminologie ein Defizit an Marktsignalen. Strategien zur Bewältigung dieser Situation lassen sich drei Kategorien zuordnen:

1. Staatliche Marktregulierung:

Durch öffentlich-rechtliche Sanktionierung formalisierter Ausbildungsgänge in Kombination mit Titelschutz und Zulassungsbeschränkungen wird ein Vertrauensschutz auf formalem Wege bereitgestellt. Gestandene Professionen, wie die der Ärzte, beruhen auf. Eine vergleichbare Regelung für den Markt der Gründungsberatung und Gründerqualifizierung ist nicht in Sicht.[6]

2. Marktbeeinflussung durch Standesorganisationen:

Ein größeres Vertrauen in den Nutzen und die Qualität der Beratungsdienste kann entstehen, wenn die Beraterinnen bzw. Berater als Mitglieder eines Berufsverbandes oder einer öffentlich-rechtlichen Institution auftreten. Hier ist gesichert, dass die angebotenen Dienstleistungen auf der Basis von Regeln erfolgen, zu denen das Vorliegen eines bestimmten Ausbildungsniveaus, das Vorhandensein einschlägiger praktischer Erfahrungen und eventuell die Verpflichtung auf einen beruflichen Ehrenkodex gehören.

3. Selbstregulierungsmechanismen des Marktes:

Da die unter 1. und 2. genannten Bedingungen für den Markt der Gründungsberatung in überschaubarer Zeit nicht erreichbar sind, bleibt als effektive Strategie die Selbstregulierungskräfte des Marktes zu mobilisieren. Die ökonomische Theorie fasst die hier zu diskutierenden Möglichkeiten der Anbieter von Dienstleistungen, im vorliegenden Fall der Beraterinnen und Berater, unter dem Begriff des „Signaling" zusammen.[7] Damit ist hier das marktmäßige Präsentieren solcher Informationen durch einen Anbieter, hier also von Beratungsdienstleitungen, gemeint, die geeignet sind, die Nutzen- und Qualitätsunsicherheit beim Nachfrager abzubauen. Als besonders wirkungsvoll, Vertrauen zu bilden, erweist sich dabei der Aufbau der folgenden Indikatoren:

- Signalisierung von professioneller Kompetenz mithilfe anerkannter Zeugnisse und Zertifikate. Das ist eine Möglichkeit, die auch für Neueinsteiger in diesem Markt offen steht. Zu klären ist allerdings, worauf sich die Anerkennung stützen sollte.

---

[6] So wurde, zum Beispiel Ende 1997 ein Gesetzentwurf des Bundes Deutscher Unternehmensberater (BDU) zum Schutz der Berufsbezeichnung „Unternehmensberater" vom damaligen Wirtschaftsminister abgelehnt, vgl. Groß 2003, S. 102.

[7] Vgl. Spence 1974, Möbes 1976.

- Aufbau von Reputation, das heißt Erlangung eines guten Rufes durch qualifizierte, professionelle Arbeit;
- Aufbau eines Netzwerkes von Geschäftsfreunden und zufriedenen Kunden, die den Anbieter weiterempfehlen;

Die hier aufgeführten Strategien sind zunächst individuelle mit einer vorwiegend lokalen Ausstrahlung. Eine Ablösung vom einzelnen Individuum durch einen zunehmenden Verallgemeinerungsprozess in Richtung der oben genannten zweiten Kategorie kann sich möglicherweise ergeben, wenn ein spezielles und den Erfordernissen des Market-Signaling entsprechendes Ausbildungs- oder Weiterbildungsprogramm so viele Nachfrager aus dem Bereich der Gründungsberatung anzieht, dass es sich zu einer Art Grundlagenprogramm entwickelt. Wenn sich daran eine Gruppenbildung anschließt, zum Beispiel durch eine Organisation der Absolventen, die sich zu einer Interessenvertretung ausbaut, dann wäre ein bedeutender Schritt in Richtung Professionalisierung getan.

2 Qualitätssicherung durch Professionalisierung

2.1 Strategische Eigenschaften einer Professionalisierung der Gründungsberatung

Die Generierung von Ausbildungszielen, die bestimmte Signaleigenschaften vermitteln, ist auch angesichts der Tatsache von Bedeutung, dass sich der Personenkreis, der in der Praxis mit der Gründungsberatung befasst ist, als sehr heterogen erweist. Gründungsberater, die ihre Tätigkeit von Berufs wegen ausüben[8], sind entweder in Institutionen, wie Banken und Sparkassen, Industrie- und Handelskammern sowie Technologie- und Gründerzentren angestellt oder sie üben die Gründungsberatung freiberuflich aus. Da definierende Kriterien fehlen, kann diese Tätigkeit gegenwärtig im Prinzip von jeder Person angeboten werden, die irgendein für Gründungen wichtiges Wissen besitzt, sei sie Buchhalter, Sachbearbeiter, Rechtsanwalt oder Unternehmensberater.[9] Im Hinblick auf dieses gründungsbezogene Wissen mag durchaus Ex-

---

[8] Mugler unterscheidet zum Beispiel zwischen professioneller und nicht professioneller Beratung, vgl. Mugler 1991, S. 375.

[9] Vgl. Gries/May-Strobl/Paulini 1997, S. 20 ff.

pertenschaft vorliegen, z.B. bei Finanzierungsberatungen durch einen Bankier oder Steuerberatung durch einen Steuerberater. Es gibt jedoch bislang weder eine Minimalkodifikation eines derartigen Expertenwissens der Gründungsberatung noch muss eine einschlägige Mindestqualifikation für die Durchführung nachgewiesen werden.[10]

Ist die Beratung von Gründern aber überhaupt ein eigenständiges Tätigkeitsfeld, für das besondere Kompetenzen und Qualifikationen der diese Tätigkeit Ausübenden erforderlich sind? Können diese Kompetenzen in Form von spezifischen Kenntnissen, Fähigkeiten und Handlungsformen über ein Berufsbild abgesichert werden, das den Rahmen für ein Ausbildungs- oder Weiterbildungskonzept hergeben würde? Sind die Inhalte beider Bereiche so beschaffen, dass sie zu einer Verberuflichung der Tätigkeit des Gründungsberaters führen und damit eine Basis für die Professionalisierung hergeben, über die diese Tätigkeit zum einen eine Qualitätssicherung erfahren und zum anderen öffentliche Anerkennung erlangen könnte? Einschlägige Forschungsrgebnisse können zwar zur Beantwortung dieser Fragen beitragen, doch wenn die Professionalisierung der Gründungsberatung in das Stadium eines Prozesses gelangt, dann werden die Sachverhalte, auf die die Fragen abzielen, nach und nach geschaffen werden, sind also als Gegenstände für die Forschung noch nicht verfügbar.

Allerdings ist die Professionalisierung einer Berufsposition ein sozialer Prozess, in den die Angehörigen einer bestimmten Berufssparte, ihre Promotoren und ihre gesellschaftliche Umwelt eingebunden sind.[11] Die Strategien, mit denen die Professionalisierung einer bestimmten Berufsposition vorangetrieben wird, sind zuförderst eine Angelegenheit von Angehörigen dieser Berufsposition.[12] Zu diesen Strategien gehört häufig der Versuch, im bildungspolitischen Raum den Erlass staatlicher Ausbildungsordnungen und staatlich anerkannter Prüfungen zu erreichen. Während eine solche Strategie aber erst in einem fortgeschrittenen Stadium der Professionalisierung eine Realisierungschance hat, ist in früheren Stadien auch die Entwicklung durch Anstöße aus den Hochschulen möglich, indem dort neue Studiengänge und Studienangebote bereitgestellt werden. Durch gezielte Wissensbereitstellungen können aus die-

[10] Vgl. Staudt/Bestel/Lewandowitz 1996, S. 9. Das gilt im Übrigen auch für den Beruf des Unternehmensberaters, vgl. Niedereichholz 1991, S. 24

[11] Vgl. dazu die Ausführungen bei Goode 1972, S. 158 ff., sowie bei Wilensky 1972, S. 198 ff..

[12] Vgl. dazu McClelland 1985, S. 244 ff.

sem Bereich dann auch Anstöße zur Formierung von Berufspositionen und damit auch zu einer Professionalisierung erfolgen.[13]

Ein spezielles Bildungsprogramm, das einen Beitrag zum Anstoß eines Professionalisierungsprozesses leisten kann, muss im Bildungsmarkt allerdings erst positioniert werden, was eine entsprechende Nachfrage voraussetzt. Der Erwerb von Eigenschaften, die die Qualität von Dienstleistungen marktmäßig signalisieren, ist zunächst eine subjektive Angelegenheit der eine Leistung anbietenden Person, die sich als latente oder auch als offene Bildungsnachfrage artikuliert. Eine entsprechende Nachfrage im Bereich der Gründungsberatung kann zwar als latent vermutet aber empirisch nicht ermittelt werden. Die Bereitstellung des zu lehrenden Wissens kann sich aber am bildungsökonomischen Absorbtionsansatz orientieren,[14] nach dem das Angebot als Verursachungsfaktor für den Bedarf bestimmt wird, d.h. hier, dass das Bildungsangebot im Beratungsbereich seine Nachfrage induzieren wird. Die Voraussetzung dafür ist das Zusammenpassen von Angebot und vermuteter Nachfrage.

Die marktmäßige Anerkennung von Zeugnissen und Zertifikaten bei Professionalisierungstendenzen wird durch Hochschulen als Bildungsanbieter nachhaltig gestützt, denn das qualitätsbestimmende Merkmal einer wissenschaftlichen Aus- und Weiterbildung ist deren Fundierung in der Forschung. Durch die ständige Kontrolle und Weiterentwicklung von Theorien und durch begleitende empirische Analysen besteht die Gewähr einer stets auf dem neuesten Erkenntnisstand beruhenden Wissensgrundlage,[15] und damit einer maximal erreichbaren Qualität und Aktualität des theoretischen Wissens.

2.2 Theoretische Fundierung des Professionalisierungsansatzes

2.2.1 Verwissenschaftlichung des Wissens und Professionalisierung

Alle Bemühungen um die Qualifizierung von Personen für eine bestimmte Tätigkeit und damit verbundene Maßnahmen zur Qualitätssicherung zielen letztlich auf die

---

[13] Diese Feststellung leitet sich aus dem bildungsökonomischen Absorbtionsansatz ab, nach dem das Angebot als Verursachungsfaktor für den Bedarf bestimmt wird (vgl. Baethge u.a. 31975, S. 11).

[14] Baethge u.a., 3. Aufl. 1975, S. 12.

[15] Hartmann 1972, S. 45.

Verbesserung und die Festigung des beruflichen Status dieser Tätigkeit ab. Werden dabei bestimmte Kriterien erfüllt, so wird nach einem verbreiteten berufsoziologischen Verständnis von „Professionalisierung" gesprochen. Darunter kann allgemein *„der dynamische und vielseitige Prozess"* verstanden werden, *„durch den moderne* professions *gestaltet, d.h. neue erst geschaffen und alte ‚klassische' modernisiert werden."*[16]

Die *Soziologen* A. M. CARR-SAUNDERS und P. A. WILSON definierten in ihrer bahnbrechenden Arbeit über die Professions „Professionalisierung" als die Herausbildung von Berufspositionen auf der Basis wissenschaftlicher Qualifikationen.[17] Der Terminus „Profession", definiert als *„die Gesamtheit aller Professionals einer bestimmten Art",*[18] wird vor allem auf solche Dienstleistungsberufe angewendet, die eine akademische Ausbildung voraussetzen.[19] Die Profession wird abgehoben von „Arbeit" als einer eher „untheoretischen" Ausübung von Tätigkeiten und von „Beruf" als *„einer typischen Kombination zusammenfließende(r) Arbeitsverrichtungen", „die auf Erwerb gerichtete( ), besondere Kenntnisse und Fertigkeiten sowie Erfahrungen erfordern( )."*[20]

Dienstleistungsberufe sind durch eine Austauschbeziehung zwischen dem Anbieter und dem Abnehmer einer Leistung definiert. Bei den sogenannten höheren Dienstleistungsberufen[21] besteht diese Austauschbeziehung in einer Interaktion zwischen Experten und Klienten, die durch eine Wissensasymmetrie gekennzeichnet ist.[22] Unter dem Begriff „Experte" kann dabei derjenige verstanden werden, *„von dem eine ‚Leistung' erwartet wird, der aufgrund seiner durch Fachwissen legitimierten Stel-*

---

[16] McClelland 1985, S. 237.
[17] Vgl. A.M.Carr-Saunders und P.A. Wilson 1933.
[18] Vgl. Daheim 1970, S. 39.
[19] Vgl. Rüschemeyer 1969, S. 301.
[20] Statistisches Bundesamt 1961, zitiert bei Hartmann 1972, S. 37.
[21] Vgl. Rüschemeyer 1969, S. 301.
[22] Vgl. u.a. Dewe 1991, S. 100 ff.

lung etwas geben soll.“[23] Demgegenüber wird der Klient als eine Person definiert, der *„eine ‚Leistung‘, zumeist als (lebenspraktische) Hilfe erwartet.“*[24]

Die Wissensasymmetrie entsteht also dadurch, dass auf der einen Seite eine Person mit der Lösung eines Problems beschäftigt ist, zu der ihr das erforderliche Lösungswissen fehlt und auf der anderen Seite eine Person vorhanden ist, die über das entsprechende Wissen verfügt und bereit ist, es als freies Gut oder auch gegen Entgelt für den Klienten einzusetzen. Aus dieser Interaktionsbeziehung ergeben sich Probleme, die einerseits die Wissensbasis des Experten, als Experteneigenschaft im engeren Sinne, und andererseits seine Verhaltensweisen, d.h. die ethische Basis, betreffen. Gegenstand wissenschaftlicher Analysen sind von daher zum einen die Wissensdimension und zum andern die Wertedimension der Professionen.

2.2.2 Die Wissensbasis der Gründungsberatung

Nach METZGER besteht die oberste Funktion einer Profession darin „die Probleme zu vereinfachen, die durch das unerbittliche Wachstum des Wissens hervorgerufen werden.“ Er geht dabei von der Annahme aus, „dass in dem Maße, wie die Menge des Wissens zunimmt, auch die relative Menge der Unwissenheit steigt, da jeder nur noch eine abnehmende Teilmenge dessen weiß, was gewusst werden kann.“[25] Aufgabe des Professionals sei es, die Probleme aus dieser Informationslücke zu vereinfachen, was bedeute, dass er „seine Klienten vor ihrer eigenen Unwissenheit zu bewahren“ habe.[26] Pragmatischer formuliert, geht es um den Bau einer Brücke zwischen Expertenwissen und Klientenbedürfnissen.

Die Dimension „Expertenwissen“ wird für alle „wissensvermittelnden, wissensberatenden und wissensanwendenden Tätigkeiten“ als konstitutiv betrachtet.[27] Die Tätigkeit des Experten setzt damit voraus, dass er auf einen bestimmten Ausschnitt des Wissens spezialisiert ist und möglichst die Grenzen dieses Ausschnittes kennt. Diese Spezialisierung erfolgt in der Regel über einen längeren wissenschaftlichen Ausbil-

[23] Dewe 1991, S. 111.
[24] Dewe 1991, ebendort.
[25] Metzger 1976,S. 51.
[26] Bowie 1991, S. 19.
[27] Schulz 1998, S. 11.

dungsprozess. Wie die Berufssoziologie aufgezeigt hat, ist in der Industriegesellschaft die Herausbildung von professionalisierten Berufspositionen tatsächlich dadurch bedingt, *„dass die Anforderungen an wissenschaftlicher Ausbildung für die Berufe aller Art gestiegen sind"*, ebenso wie die *„Leistungsansprüche an die Berufe."*[28] Das in vielen Tätigkeitsbereichen benötigte Wissen ist zunehmend theoretisch geworden, denn die Systematisierung des Wissens *„wird vorgetrieben zur Theorie"*.[29]

Der Dimension „Expertenwissen" sind von daher Merkmale wie „theoretisches Wissen", „akademische Ausbildung" und „Prüfung" zuzurechnen, wobei von vielen Autoren vor allem das spezialisierte und systematisierte technische Wissen betont wird. Diese Dimension steht für die fachlich-berufliche Kompetenz des Professionals, die für den Abnehmer der Leistung auch eine Qualitätssicherung a priori bedeutet. Wie RÜSCHEMEYER darlegt, dienen darüber hinaus die ausgedehnte Ausbildung und der komplizierte berufliche Sozialisierungsprozess nicht nur dem Erwerb der fachlichen Kompetenz, sondern auch *„der Identifikation mit dem Beruf und der Internalisierung von Normen und Idealen der Berufsethik."*[30]

Die Verwissenschaftlichung des beruflichen Wissens ist nicht nur deswegen von Bedeutung, weil sie das Wissen über die Gründe eines Problems mit dem Wissen über die Gründe für dessen Lösung verbindet,[31] sondern weil sie, über eine innige Verknüpfung mit der Forschung, auch der Obsoleszenz des Wissens entgegenwirken kann. Wie in der Literatur immer wieder behauptet wird, sieht sich die Gegenwartsgesellschaft einem sich beschleunigenden Prozess der Veraltung von Wissen gegenüber,[32] und wie HARTMANN dazu ausführt, hat diese Tatsache erhebliche Auswirkungen auf alle Formen einer Ausbildung, da der time-lag zwischen der Generierung neuen Wissens und der Umsetzung dieses Wissens in Lehr- und Ausbildungspläne zur Folge hat, dass immer nur weitgehend überholtes Wissen ausbildungsrelevant werden kann.

---

[28] Schelsky 1972, S. 29.

[29] Hartmann 1972, S. 41.

[30] Rüschemeyer 1969, S. 302.

[31] Vgl. Hartmann 1972, S. 41.

[32] Hartmann beruft sich schon 1972 auf Schätzungen, die von einem Wissensumschlag innerhalb von vier Jahren ausgehen, vgl. Hartmann 1972, S. 45.

Als Ausweg aus dem Obsoleszenzdilemma sieht HARTMANN die Forschung, da deren Ziel *„die fortlaufende Systematisierung unseres Wissens, und ihre Ergebnisse (...) jeweils die neuesten"* sei.[33] Der Logik entsprechend ist dieser Ausweg nur dann wirkungsvoll, wenn sich, was von HARTMANN nicht gefordert wird, ein individueller Professional nicht nur auf die während seiner akademischen Ausbildung erworbenen theoretischen Kenntnisse stützt, sondern er sich im Verlaufe seiner beruflichen Tätigkeit immer wieder der neuesten wissenschaftlichen Forschungsergebnisse versichert, d.h. wenn er sich einer beständigen Weiterbildung befleißigt. Gerade mit einer akademischen Ausbildung wird ja der Anspruch verbunden, die Fähigkeit zur selbstgesteuerten Wissensaneignung zu vermitteln. Für einen Professional ist diese Fähigkeit in Verbindung mit der entsprechenden Bereitschaft konstitutiv, denn sie sichert die Qualität seines professionellen Handelns.

2.2.3 Das ethische Fundament der Gründungsberatung

Das Vorhandensein einer Wertebasis gilt ebenfalls als konstituierendes Merkmal einer Profession, denn was Professionalität von Expertise unterscheidet, wird in dem Vorhandensein eines berufsspezifischen Ethos gesehen, das die Moral des Handelns fundiert.[34] Als ein wichtiges übergreifendes Element dieses Ethos wird in der Literatur die Kollektivitätsorientierung bzw. Gemeinwohlorientierung herausgehoben, in der sich sowohl eine besondere Verantwortung des Professionals gegenüber den Klienten und der Gesellschaft als auch das Dienstleistungsideal ausdrücken.[35] Von den Angehörigen einer Profession wird deshalb die Befolgung eines ethischen Kanons erwartet.[36] Der ethische Kanon betrifft zum einen das Verhältnis von Professional und Klient und zum andern das Verhältnis der Professionals untereinander.

Das Verhältnis von Professional und Klient ist häufig dadurch gekennzeichnet, dass der Klient als Abnehmer einer Leistung nicht in der Lage ist, *„die Qualität der Dienstleistungen zu kontrollieren."* Zudem sind *„viele Dienstleistungen der ‚pro-*

---

33 Hartmann 1972, S. 45.

34 Vgl. Terhat 1990, S. 153; Alisch 1990, S. 31 u. passim. Alisch weist zum Beispiel darauf hin, dass in vielen europäischen Ländern Lehrer nicht wegen fehlenden Sachwissens, „wohl aber wegen ethisch-normativer Verstöße aus dem Schuldienst entlassen werden können". ebendort.

35 Vgl. u.a. Daheim 1970, S. 41; Rüschemeyer 1969, S. 301.

36 Vgl. u.a. Millerson, zitiert bei Daheim 1970, S. 40.

fessions' nicht standardisierbar" und entzögen sich *„damit weitgehend auch einer indirekten Qualitätskontrolle vom Ergebnis her."*[37] Der Klient muss sich aber darauf verlassen können, dass die Dienstleistung ziel- und sachgerecht ist. DEWE fasst dieses Problem unter den Begriff der *„Legitimität des Wissens"*. Damit ist gemeint, *„dass die Definitionen, die es* (das Wissen, K.A.) *für die Beschreibung eines Gegenstandes verwendet, die Erkenntnismethoden, die es zur Analyse von Ursachen heranzieht und die Therapien, die es für die Bearbeitung von Folgen verwendet, anerkannt sind. Jedes Berufswissen als kompetentes Wissen muss diese Legitimität vorweisen können"*.[38]

Aus der besonderen Verantwortung gegenüber den Klienten ergibt sich auch, dass der Klient nicht übervorteilt werden darf. Diese altruistische Position wird ebenfalls als Ausfluss einer berufsethischen Grundhaltung gesehen: *„Die Hauptfunktion eines Professional ist nicht, sein spezielles Wissen zu nutzen, um sein Einkommen zu vermehren, sondern er soll dieses Wissen eher dazu benutzen, um unwissende Klienten vor der Ausbeutung durch andere zu schützen."*[39] Selbstverständlich soll der Professional selbst ebenfalls jede Übervorteilung von Klienten unterlassen.

Die Kanalisierung dieser Probleme über eine Regelung und Formalisierung der Interaktionsbeziehungen ist eine der Aufgaben, über die sich bei den freien Berufen die Berufs- und Standesorganisationen definieren. Hier erfolgt die Kontrolle über die Einhaltung solcher Grundsätze zu einem beträchtlichen Teil über die Selbstkontrolle und über die Kontrolle durch Fachkollegen.[40] Wie RÜSCHEMEYER in seiner These der Gemeinwohlorientierung von Professionen herausstellt, betrifft die Tätigkeit der Mitglieder von Professions immer auch *„die Wahrung und Förderung von zentralen Werten der Gesellschaft wie Gerechtigkeit, Gesundheit, Religion und Erziehung." Das bedingt, „dass die Berufsausübung nicht vollständig dem Ermessen der unmittelbar Beteiligten anheimgegeben wird."*[41] Die organisierten Berufsverbände haben deshalb die Aufgabe übernommen, durch interne Regelungen oder durch die

---

[37] Rüschemeyer 1969, S. 301.
[38] Dewe 1991, S. 116.
[39] Bowie 1991, S. 19 unter Berufung auf Metzger 1976.
[40] Vgl. Rüschemeyer 1969, S. 301.
[41] Rüschemeyer 1969, S. 301.

Einwirkung auf staatliche Regelungsinstanzen die Qualität der entsprechenden Dienstleistungen ebenso abzusichern wie die Orientierung am Gemeinwohl und am Wohl des Klienten.[42] In das Umfeld der Wissens- und der Wertedimensionen einer Profession gehört also auch die Bildung einer Berufsorganisation, deren Hauptaufgabe nach CARR-SAUNDERS *„die Überprüfung der Kompetenz der Berufsangehörigen und die Überwachung der Einhaltung der beruflichen Normen"* ist.[43]

Allen Definitionen von „Professionalisierung" ist gemeinsam, dass Beruf und Ausbildung die Basiselemente sind, um die herum sich eine Profession formieren kann. Beide Elemente stehen in einer dynamischen Beziehung zueinander, indem mit zunehmender Fixierung der beruflichen Merkmale auch eine Strukturierung der akademischen Ausbildung vonstatten geht.

3 Zum Stand der Professionalisierung von Gründungsberatern

Bei der Frage nach dem Stand der Professionalisierung der Tätigkeit des Gründungsberaters in der Bundesrepublik Deutschland ist zunächst einmal zu prüfen, ob diese Tätigkeit überhaupt *Merkmale* aufweist, die für die Definition von Professionen gelten, d.h. ob sie unter den Begriff „Profession" subsumierbar ist. Auf einer allgemeinen Ebene ist das möglich, denn der Kern der Beratung besteht in einer Interaktionsbeziehung zwischen dem Berater und dem potentiellen Gründer als Klienten,[44] die durch eine Wissensasymmetrie bestimmt ist. Sie beinhaltet *„die problembezogene Weitergabe von Fachwissen durch ‚Experten' an ‚Laien'"*.[45] Von daher ist die Tätigkeit eines Unternehmens- bzw. Gründungsberaters dem Bereich der Dienstleistungsberufe zuzuordnen, und entsprechend definiert MUGLER: *"Unternehmensberatung ist eine Dienstleistung, die durch Externalität, Unabhängigkeit und Professionalität gekennzeichnet ist"*.[46]

---

[42] Vgl. Rüschemeyer 1969, S. 301.

[43] Zitiert bei Daheim 1970, S. 41.

[44] Für Wohlgemuth ist die Interaktionsbeziehung das bestimmende Merkmal einer prozessorientierten Definition von Unternehmensberatung, vgl. Wohlgemuth 2000, S. 170.

[45] Dewe 1991, S. 110.

[46] Mugler 1987, S. 478.

In der Literatur weist der Begriff der Unternehmensberatung allerdings *„einen äußerst geringen Präzisionsgrad (...) und ein Höchstmaß an Inkonsistenz"* auf.[47] Insofern die Tätigkeit des Gründungsberaters als eine Variante der Unternehmensberatung bestimmt werden kann, ist diese Feststellung auf die *Gründungsberatung* übertragbar. Die gleiche Aussage gilt für die Elemente einer Theorie der Beratung.[48]

Auch auf empirischer Ebene zeigen sich nur wenige Anhaltspunkte für einen Prozess der Professionalisierung der Gründungsberatung. So ist diese Tätigkeit weder als ein Beruf definiert noch sind der Begriff „Gründungsberater" oder der Markt für diese Tätigkeit geschützt.[49] Die Frage der Qualifikation und der Kompetenzen eines Gründungsberaters ist ebenfalls noch kaum gestellt worden. Wie schon erwähnt, finden sich in den traditionellen Hochschulstudiengängen bislang keine speziell ausgerichteten Curricula für ein „Berufsprofil" des Beraters und Trainers für Unternehmensgründer. Geschweige denn, dass einschlägige Tests bestanden oder gar Zertifikate erworben werden könnten.

Dass bei den in der Gründungsberatung tätigen Personen in der Regel ein bestimmtes Expertenwissen vorhanden ist, wurde bereits erwähnt. Dieses Expertenwissen kann sich aus unterschiedlichsten Quellen speisen. So wird Gründungsberatung z.B. sowohl von Angehörigen von Berufen mit wirtschaftswissenschaftlicher Qualifikation als auch von Ingenieuren angeboten. Zu diskutieren bleibt, ob es über das Fachwissen hinaus einen spezifischen, von anderen beruflichen Wissensfeldern abgrenzbaren Wissensbereich gibt, über den ein Gründungsberater verfügen sollte.[50]

Neben der Wissensbasis ist auch die Frage nach der ethischen Basis in der Position des Gründungsberaters zu stellen, die in engem Zusammenhang mit der Unabhängigkeit des Beraters als einer grundlegenden Voraussetzung für jede professionelle Beratungssituation steht.[51] Hier kann die Unterscheidung nach der beruflichen Position

---

[47] Steyrer 1991, S. 7.

[48] Vgl. Steyrer 1991, S. 13 ff.

[49] Vgl. Staudt/Bestel/Lewandowitz 1996, S. 9.

[50] Vgl. den nächsten Abschnitt.

[51] Vgl. Wohlgemuth 2000, S. 171. Nach Wohlgemuth soll mit „dem Begriff professionelle Hilfe (...) ausgedrückt werden, dass es anerkannte und ethische Richtlinien zur Berufsausübung gibt". (ebendort).

von Bedeutung sein. Die beruflichen Gründungsberater sind zwei Gruppen zuzuordnen, je nachdem ob es sich um Angestellte größerer Organisationen oder um Selbständige handelt. Über angestellte Gründungsberater dürfte eine gewisse Verhaltens- und Qualifikationskontrolle durch die Institution oder Organisation ausgeübt werden, der sie angehören. Hinzu kommt, dass die institutionelle Beratung in der Regel für den Klienten kostenlos ist und auch der Berater kein Entgelt dafür enthält. Das Problem eines ‚moral hazards' ist hier gering.

Bei den Selbständigen ist es für die Kontrolle der Einhaltung eines ethischen Kanons von Bedeutung, wenn auch nicht ausschlaggebend, ob sie einer Standesorganisation angehören oder die Mitgliedschaft anstreben. Obwohl noch kein Verband der Gründungsberater besteht, gibt es doch Standesorganisationen für Unternehmensberater, denen sich selbständige Gründungsberater anschließen können. Wie z.B. die detaillierten *„Grundsätze für die Berufsausübung der Unternehmensberater im BDU"* zeigen,[52] wird hier durch normative Regeln den im Zusammenhang mit der Wertedimension dargelegten Erfordernissen Rechnung getragen, so dass hier bereits ein wichtiges Merkmal der Professionalisierung im Sinne der Kategorie 2 erfüllt ist. Die durch Grundsätze oder Ähnliches bewirkte Binnenkontrolle kann auch als ein Marktsignal für Unternehmensgründer dienen, das die im Gründungsbereich infolge einer fehlenden Qualitätssicherung beklagten *„erheblichen Such- und Informationskosten"*[53] reduzieren hilft.

Letztlich streben Professionen nach öffentlicher Anerkennung. Wie WILENSKY festgestellt hat, gelingt das offensichtlich nur recht wenigen Berufen.[54] Öffentliche Anerkennung kann u.a. bedeuten, dass Zugangsbeschränkungen zu einem Beruf und damit auch zu einer Standesorganisation öffentlich-rechtlich geregelt werden, zum Beispiel durch Hochschulcurricula. So ist in Kroatien seit 1999 die Tätigkeit als Gründungsberater grundsätzlich an eine Lizenz gebunden, die in einem speziellen, staatlich sanktionierten Kurs erworben werden muss.[55] In der Bundesrepublik ist ge-

---

[52] BDU = Bundesverband Deutscher Unternehmensberater.

[53] Vgl. Staudt/Bestel/Lewandowitz 1996, S. 9. Die Notwendigkeit einer Kontrolle wird auch für den Bereich der Unternehmensberater festgestellt, vgl. Niedereichholz 1991, S. 25.

[54] Vgl. Wilensky 1972, S. 198.

[55] Vgl. Republica Hrvatska 1999. Wie Wohlgemuth feststellt, besteht international eine starke Tendenz zur Professionalisierung der Unternehmensberatung, vgl. Wohlgemuth 2000, S. 188.

genwärtig keine der Standesorganisationen für Unternehmensberater als führender Berufsverband in der Weise allgemein anerkannt, dass er den Zugang zur entsprechenden professionellen Tätigkeit überhaupt beeinflussen kann.[56]

Wie die kurze Analyse gezeigt hat, befindet sich der Bereich der Gründungsberatung bestenfalls am Beginn einer beruflichen Formierung. Der erste Schritt, nämlich die Fixierung der Merkmale einer Berufstätigkeit, aus denen sich dann die Richtziele für ein Ausbildungsprogramm ableiten lassen, könnte in diesem Stadium von den im Gründungsberatungsbereich bereits tätigen Personen kommen. Wie bereits dargelegt, kann eine Initiative aber auch aus dem Hochschulbereich heraus erfolgen, indem ein auf ein bestimmtes berufliches Tätigkeitsfeld zugeschnittenes Studienangebot bereit gestellt und so eine Basis für die Entwicklung eines Berufskonzeptes geschaffen wird.[57]

4 Ansatzpunkte für die Entwicklung eines Berufsbildes „Gründungsberater“

Eine wichtige Voraussetzung für die Professionalisierung der Tätigkeit des Gründungsberaters liegt in der Chance, ein Berufsprofil zu konstruieren, das spezifische Wissens- und Handlungselemente beschreibt, die sich von dem Expertenwissen anderer Berufe abgrenzen lassen. Ein Weg zur Konstruktion eines solchen Berufsprofils besteht in einer funktional-deskriptiven Analyse,[58] bei der, ausgehend vom Anforderungsprofil der Tätigkeit eines Gründungsberaters, ein Leistungsprofil abgeleitet wird.

Der spezifische Gegenstand für den Gründungsberater sind die Entscheidungssituationen eines Gründers, die sich in der Regel über mehrere Phasen der erstrecken,[59] die einer in der Regel mehrfachen Zielsetzung unterliegen und die in ein ökonomisches und in ein soziales Umfeld eingebunden sind. Diese Situation ist eine ganzheitliche,

---

[56] Vgl. Wilensky 1972, S. 202.

[57] Diese Alternative wird gegenwärtig mit dem Professionalisierungsstudium „Start Up Counselling“ an der FernUniversität in Hagen verfolgt, vgl. hierzu den Beitrag von Sascha Peters in diesem Band.

[58] Die Alternative wäre ein normatives Vorgehen, bei dem aus Definitionen der Unternehmensberatung, der Gründungsberatung usw. abgeleitet würde, welche Aufgaben zu erfüllen seien.

[59] Vgl. u.a. Kailer 2000, S. 280.

denn alle den Verlauf des Gründungsprozesses steuernden Zielaspekte, die Persönlichkeitseigenschaften des Gründers sowie die Umweltfaktoren müssen als im Zusammenhang stehend angenommen und in ihren Wechselwirkungen diagnostiziert und prognostiziert werden.[60]

Um die der komplexen Beratungssituation entsprechenden Wissensfelder zu bestimmen und zu ordnen, ist es hilfreich, die Interaktionsbeziehung zwischen Gründungsberater und Gründer in einzelne Dimensionen aufzuspalten, in die sich die Tätigkeit des Gründungsberaters und deren Funktionen einordnen lassen. Hier kann zunächst auf KUBR zurückgegriffen werden, der zwei Rollen des Unternehmensberaters unterscheidet, den Ressourcenberater (resource consultant) und den Prozessberater (process consultant).[61] Aufgrund der ganzheitlichen Beratungssituation bei Unternehmensgründungen treffen auf die Tätigkeit des Gründungsberaters beide Rollen zu.[62]

Die Rolle des Ressourcenberaters beinhaltet die Lieferung von Expertenwissen und Dienstleistungen. Der Schwerpunkt der Aktivitäten liegt hier auf der Klärung von Entscheidungssituationen. Dazu ist die Fähigkeit erforderlich, die Ausgangssituation einer Gründung zu diagnostizieren, die Zielsituation dazu in Beziehung zu setzen, das Wertsystem des Gründers, z.B. seine Risikoneigung, einzuschätzen und seine möglichen Handlungsstrategien abzuwägen. Der Berater konstruiert im Idealfall die objektive Rationalität des Gründers in der Entscheidungssituation, d.h. er zeigt auf, wie sich der Gründer entscheiden müsste, wenn er bei gegebenen Handlungsalternativen seinen Zielen und Wertvorstellungen folgte.[63]

In dieser Rolle ist der Gründungsberater der Wissensexperte für die Entscheidungsparameter der Gründungssituation. Er muss über Finanzierungsalternativen ebenso Bescheid wissen, wie über Rechtsformen, Marketing, Arbeitsrecht und anderes

---

[60] Vgl. Kubr 31996, S. 388 ff.; Bohler/Löhr-Heinemann o.J.S. 54. Die ganzheitliche Problemsicht wird auch für eine Definition des Ideals der Unternehmensberatung überhaupt reklamiert (vgl. u.a. Wohlgemuth 2000, S. 170), wogegen in der Praxis eher die Spezialisierung vorzufinden ist, vgl. Walger/Scheller 2000, S. 28.

[61] Vgl. Kubr 31996, S. 7 ff.

[62] Zu einer aus der Perspektive der Organisations- und Personalentwicklungsberatung anderen Aufgabenverteilung vgl. Walter/Scheller 2000, S. 13.

[63] Voraussetzung ist allerdings, dass der Berater die individuellen Ziele und Maßstäbe auch kennt.

mehr.[64] Die Hauptfunktion dieser Rolle kann auch als *„Informations-Broking"* verstanden werden, indem der Berater es übernimmt, *„aus der Informationsflut die benötigten Auskünfte zu selektieren und aufzubereiten."*[65] Sein Erfolg hängt also von der korrekten Diagnose der Bedürfnisse und der effektiven Übermittlung des Expertenwissens an den Klienten ab. Von daher ist das gründungsbezogene Beratungswissen im engeren Sinne ein fachlich fundiertes Problemlösungswissen. Es setzt eine betriebswirtschaftliche Mehrfachqualifikation des Gründungsberaters voraus. Diese Voraussetzung ist in der Praxis offensichtlich nur selten oder gar nicht gegeben, weshalb MÜLLER-BÖLING/KIRCHHOFF den Einsatz von Expertensystemen vorschlagen.[66]

Die Rolle des Ressourcenberaters lässt sich weiter unterteilen in die Funktion der Einzelberatung und in die Funktion der Gruppenberatung. Bei der Einzelberatung wird das einer gegebenen Entscheidungssituation entsprechende Wissen mit einem Gründer „face to face" kommuniziert. Die Gruppenberatung besteht hauptsächlich in einer unterrichtsmäßigen Wissensvermittlung. Von vielen Institutionen, z.B. von Kammern und Sparkassen inzwischen aber auch von Hochschulen, werden Gründerseminare, Gründertage u.Ä. angeboten, die sowohl betriebswirtschaftliche Kenntnisse als auch Verhaltenstrainings, z.B. Rhetorik, beinhalten. Derartige Veranstaltungen dienen vorwiegend dazu, Gründer zu sensibilisieren und zu informieren, damit sie gezielt fragen und die Vorschläge eines Beraters verstehen, nachvollziehen und evtl. auch bewerten können.[67] Hier wird der Berater zum Lehrer bzw. zum Erwachsenenbildner.[68]

Neben dem fachlichen Experten- bzw. Problemlösungswissen benötigt der Berater aber auch ein Wissen, das sich auf den Prozessablauf der Beratung bezieht. Schein definiert Prozessberatung *als „eine Rolle von Aktivitäten auf Seiten des Beraters, die dem Klienten helfen, Prozessereignisse, die in der Umgebung des Klienten auftau-*

---

64 Vgl. u.a. Bohler/Löhr-Heinemann o.J., S. 46 ff.

65 Gries/May-Strobl/Paulini 1997, S. 4.

66 Vgl. Müller-Böling/Kirchholff 1991, S. 231.

67 „Sich beraten lassen, will gelernt sein". Mugler/Lampe 1987, S. 485, vgl. auch ebendort, S. 491.

68 Kailer beschreibt den Nutzen eines Einsatzes von Trainingsmaßnahmen in den verschiedenen Phasen eines Gründungsprozesses, vgl. Kailer 2000, S. 280 ff.

chen, wahrzunehmen, zu verstehen und mit ihnen umzugehen."[69] Wie STAUDT und Andere darlegen, dient der Beratungsprozess dazu, dem Gründer zu helfen, die erforderliche Gründungskompetenz in Form von fachlichem Wissen, Erfahrungswissen und Handlungsfähigkeit zu erwerben.[70] Der Klient soll in die Lage versetzt werden, seine Probleme letztlich selbst zu diagnostizieren und Lösungen zu finden.[71] Für den Gründer bedeutet das, dass er neben dem Entscheidungswissen, das er bei dem Experten abrufen kann, auch eine Gründungskompetenz erwirbt,[72] die letztlich dazu führen sollte, dass er sich von seinem Berater trennen kann.

Eine Beratung muss eröffnet und in ihrem Ablauf auch gesteuert werden. Der Berater muss das Vertrauen seines Klienten gewinnen, er muss eine möglichst genaue Diagnose durchführen, eine möglicherweise vorhandene *„Doppelbödigkeit zwischen der Formulierung der Aufgabe durch den Unternehmer und den wirklichen Erfordernissen des Unternehmens"* bewältigen können,[73] und anderes mehr. Eine intensive Beratung erfordert darüber hinaus noch die Fähigkeit des Beraters, sein Expertenwissen in ein situationsspezifisches Anwendungswissen zu transformieren. Hierzu benötigt er auf der sachlichen Ebene die Kompetenz, mit einem fast immer gegebenen Theorie-Praxis-Problem umgehen zu können. Die Ableitung von Handlungsstrategien über eine Technologisierung von Theorien durch tautologische Umformung ist allerdings ein wissenschaftlich noch nicht gelöstes Problem.[74] In der Gründungssituation wäre sie aufgrund der ganzheitlichen Situation zusätzlich erschwert. Dennoch kommt es darauf an, diese Situation vor dem Hintergrund theoretischer Ansätze und empirischer Forschungsergebnisse zu interpretieren und angemessene Handlungsmöglichkeiten zu entwickeln.

---

69 Schein 1969, S. 9.

70 Vgl. Staudt/Bestel/Lewandowitz 1996, S. 5 ff., so auch Wohlgemuth 2000, S. 171 und Kailer 2000, S. 279.

71 Vgl. Kubr 31996, S. 7. Für Walger/Scheller ist der Klient „Experte für die inhaltliche Bestimmung und Lösung des Problems, während der Berater sich mit seinen Interventionen auf den Prozess bezieht", Walger/Scheller 2000, S. 13.

72 Vgl. Staudt/Bestel/Lewandowitz 1996, S. 5.

73 Nobre 1995, S. 109.

74 Vgl. u.a. Bommes/Dewe/Radtke 1996, S. 219 ff.; zum Gesamtproblem aus organisationstheoretischer Sicht vgl. Kieser 1995.

Wie DEWE ausführt, ist zur Transformation von Wissen außer einer wissensanalytischen auch noch eine kommunikative Fähigkeit erforderlich. Es kommt nicht nur darauf an, Handlungsstrategien auf der Folie theoretischen Wissens zu entwickeln, sie müssen vom Klienten auch in ihrem Sinn und ihren Bedeutungen verstanden werden. *„Daraus ergibt sich, dass die professionelle Handlungslogik aus dem ambivalenten Nebeneinander zweier grundlegender Komponenten besteht, nämlich der Beherrschung eines wissenschaftlich fundierten Regelwissens mit der dazugehörigen Befähigung zum Umgang mit Theorien und der hermeneutischen Kompetenz des Verstehens eines Einzelfalles in der Sprache des Falles selbst."*[75] Während das betriebswirtschaftliche Fachwissen und seine problembezogene Aufbereitung den Inhalt der Beratung ausmachen, gehört der kommunikative Umgang mit dem Gründer zum Prozessablauf der Beratung.

Sofern Einzelberatung über das bloße Abrufen von Informationen durch den Gründer hinausgeht, ist sie von der Prozessberatung nicht zu trennen. Der Ablauf der Beratung setzt hier ein größeres psychologisches Geschick und die Kenntnis angemessener Vorgehensweisen voraus, denn im Gegensatz zu einem Manager in einem größeren Unternehmen, der in der Regel von einer beruflich bereits etablierten Position aus Beratungsdienste in Anspruch nimmt, steht der Gründer am Beginn einer neuen Tätigkeit mit ungewissem Verlauf, von dem nicht nur er allein sondern, je nach Situation, seine Familie und sein engeres soziales Umfeld betroffen sind.

Ein wichtiges Element der Beratung liegt deshalb zum einen in der Diagnose der Persönlichkeit des Gründers, seiner Belastbarkeit und seiner Kenntnisse, Fertigkeiten und Fähigkeiten, z.B. in Form einer biographischen Analyse.[76] Darüber hinaus wird es als sinnvoll angesehen, dass die Diagnose auch das Familienumfeld des Gründers mit einbezieht,[77] seine Familiensituation, die Einstellung des Partners zur Existenzgründung, die berufliche Situation des Partners und anderes mehr.

In haushaltsökonomischen Ansätzen der Betriebswirtschaftslehre erhalten in letzter Zeit unternehmerische Haushalte als *„kleinbetriebliche Verbundsysteme von Haus-*

---

[75] Dewe 1998, S. 71.

[76] Vgl. u.a. Bohler/Löhr-Heinemann o.J., S. 54.

[77] Bohler/Löhr-Heinemann o.J., S. 56.

halt und Unternehmung“[78] verstärkte Aufmerksamkeit geschenkt. Dabei wird angenommen, dass sich *„aus der tätigen Inhaberschaft und der geringen Unternehmensgröße (...) ein spezifischer personeller, organisatorischer und güterwirtschaftlicher Verbund von Privathaushalt und Unternehmung (ergibt), der sich auch im Selbstverständnis der maßgeblich Beteiligten widerspiegelt“*[79]. Gründungsberatung wird aus der Sicht dieser Ansätze nicht selten zur Einkommenserzielungsberatung,[80] oder zur Familienberatung. Die Prozessberatung enthält damit Handlungskomponenten, die psychologisches und auch therapeutisches Wissen involvieren.

Für die Eröffnung und Durchführung der Beratung und Qualifizierung des Gründers ist also einschlägiges betriebswirtschaftliches Expertenwissen einerseits und didaktisches und psychologisches Handlungswissen andererseits notwendig. Die zu Beginn des Abschnitts anvisierte Erstellung eines Anforderungsprofils ist damit aber noch nicht ganz vollständig, denn beide Wissensbereiche bedürfen einer theoretischen Bezugsbasis, von der her die Elemente einer Gründungssituation und eines Gründungsprozesses erklärt werden können, die aber auch den Begründungskontext für die Anwendung des Expertenwissens und die Konzeption von Beratungsstrategien bietet.

Eine derartige theoretische Bezugsbasis wird mit den verschiedenen Ansätzen des *„‘entrepreneurial‘ development“*[81] angeboten. Die globale Gründungsforschung stellt inzwischen ein breites Arsenal von theoretischen Ansätzen und empirischen Ergebnissen bereit, die viele Prozesse im Bereich von Unternehmensgründungen beschreiben und erklären. So gibt es inzwischen zahlreiche Ansätze und Konzepte

- zur Gründerpersönlichkeit,
- zu Formen von Gründungen, Zum Beispiel Einzelgründungen, Gruppengründungen, Gründungen innerhalb von Netzwerken,
- zu Erfolgsfaktoren,

---

78 Piorkowsky o.J. S. 8.

79 Piorkowsky o.J. S. 10.

80 Vgl. Piorkowsky 1998, S. 13 ff.

81 Vgl. Kubr 31996, S. 388.

- zur Einbindung des Gründungsgeschehens in soziale und ökonomische Zusammenhänge,
- zur Einbindung des Gründungsgeschehens in internationale Beziehungen,
- zur Unternehmensübernahme, usw.

Die Ansätze der Gründungsforschung stellen von daher ein allgemeines Referenzwissen dar, das ständig fortgeschrieben wird und das den neuesten Stand der Erkenntnisse repräsentiert. Die Vertrautheit mit diesem Referenzwissen wird hier unter den Begriff „entrepreneurial literacy“ gefasst.

Mit den drei Bereichen: Ressourcenwissen, Beratungsprozesswissen und entrepreneurial literacy sind die drei Hauptbereiche einer speziellen Qualifikation für Gründungsberater umrissen (Vgl. Abbildung).

Abb. 1: Professionalisierungsstudium „Start Up Counselling“

Zum Expertenwissen eines Gründungsberaters gehört vor allem auch ein fundiertes Praxiswissen, z.B. Branchenkenntnisse oder genderspezifische Kenntnisse. Auch sind Erfahrungen in der Beratungspraxis unverzichtbar. Hier ist ein Hochschulstudium auf Kooperation mit Institutionen aus der Beratungspraxis angelegt. Wie jüngste Recherchen ergaben, sind zum Thema „Gründungsberatung" bisher nur wenige Publikationen erschienen.[82] Es handelt sich also weiterhin um einen offenen Forschungsbereich.

5 Fazit: Über die Professionalität zur Profession

Zwar gibt es aufgrund unterschiedlicher Forschungskontexte keine halbwegs einheitliche Definition von „Profession",[83] doch sind die folgend genannten Merkmale am häufigsten als Kriterien zu finden:

- Der Terminus „Profession". Er wird vor allem auf solche Dienstleistungsberufe angewendet, die eine akademische Ausbildung voraussetzen.[84]
- Die Dimension „Expertenwissen".[85]
- Ein berufsspezifisches Ethos mit den Schwerpunkten Gemeinwohlorientierung und Klientenbeziehung.[86]
- Der Zusammenschluss der Professionsinhaber zu einer Berufsorganisation[87]

Auf der operativen Handlungsebene wurde die Professionalisierung in der Gründungsberatung unter dem Gesichtspunkt des Erwerbs einschlägiger Qualifikationen des Expertenhandelns beschrieben. Die dabei zu verfolgenden Lernziele „Professionelles Verhalten und professionelles Können" sind Ziele, die per effectum angestrebt werden können, d.h. der Lernerfolg oder besser, der Bildungsgewinn ist grundsätzlich vorhersagbar und die Markteintrittsbedingungen sind somit herstellbar.

[82] Das einzige bisher für diesen Zweck geschriebene Lehrbuch wurde von der Republik Kroatien in Auftrag gegeben, vgl. Republika Hrvatska, Ministarstvo Gospodarstva (Hrsg.) (1999).

[83] Zu einer Schilderung der Auseinandersetzung um eine angelsächsische und eine deutsche Bestimmung des Professionsbegriffes vgl. Vath, 1975, S. 13 ff.

[84] Vgl. Rüschemeyer 1969, S. 301.

[85] Schulz 1998, S. 11.

[86] Vgl. Terhart 1990, S. 153; Alisch 1990, S. 31 u. passim. Alisch weist zum Beispiel darauf hin, dass in vielen europäischen Ländern Lehrer nicht wegen fehlenden Sachwissens, „wohl aber wegen ethisch-normativer Verstöße aus dem Schuldienst entlassen werden können". ebendort.

[87] Vgl. Millerson 1964, S. 4.

Die Entwicklung eines Berufsprofils und ein darauf ausgerichtetes Bildungsprogramm leisten über diese operative Ebene hinaus einen Beitrag zur Professionsbildung indem sie eine institutionell kontrollierte Ebene der Qualifizierung und Qualitätssicherung entstehen lassen, auf der auch eine Ergänzung der fachlichen Qualifikation durch eine ethische erreicht werden kann.[88]

Zwar ist die Professionsbildung ein sozialer Prozess, doch die Hochschulen haben die Chance, durch gezielte Wissensbereitstellungen Anstöße zur Formierung von Berufspositionen und damit zu einer Professionsbildung zu geben.[89] Derartige Ziele können über ein Bildungsprogramm allerdings nicht per effectum sondern nur per intentionem erreicht werden.

Eine Verankerung der Qualifikationssicherung in einem staatlich sanktionierten Regelungssystem, wie eingangs erwähnt, kann aus universitärer Sicht nur als visionäre Möglichkeit mit aufgenommen werden, denn hier liegt eine zentrale Aufgabe der organisierten Berufsverbände und der Institutionen, die Gründungsberaterinnen und -berater einsetzen.[90]

Zusammenfassend kann gesagt werden, dass unter dem Aspekt der Selbstregulierungskraft auf dem nicht geschützten Markt für gründungsbezogene Beratungsdienste und Qualifizierungsangebote den Anbietern solcher Dienstleistungen vor allem ein Weg bleibt:

Professionalität erwerben, Professionalität signalisieren und Professionalität praktizieren.

---

[88] Die Sicherung einer Standesethik über eine Regelung, Formalisierung und Kontrolle der Interaktionsbeziehungen zwischen Experten und Klienten ist eine der Aufgaben, über die sich bei den freien Berufen die Berufs- und Standesorganisationen definieren, vgl. Rüschemeyer 1969, S. 302.

[89] Diese Feststellung leitet sich aus dem bildungsökonomischen Absorbtionsansatz ab, nach dem das Angebot als Verursachungsfaktor für den Bedarf bestimmt wird (vgl. Baethge u.a. 31975, S. 11).

[90] Vgl. Rüschemeyer 1969, S. 302.

Literaturverzeichnis

Alisch, Lutz-Michael: Einleitung: Professionalisierung und Professionswissen , in: Alisch, Lutz-Michael; Jürgen Baumert und Klaus Beck (Hrsg.): Professionswissen und Professionalisierung. Braunschweig 1990, S. 9-75.

Baethge, Martin; Friedrich Gerstenberger; Horst Kern; Michael Schumann; Hans W. Stein; Elisabeth Wienemann: Produktion und Qualität. Eine Vorstudie zur Untersuchung von Planungsprozessen im System der beruflichen Bildung. Hannover 1975.

Bohler, Karl-Friedrich und Brigitte Löhr-Heinemann: Ansatzpunkte zur Verbesserung der Gründungs- und Unternehmensberatung. Neue Formen der Potential- und Risikoanalyse, in: eibe o.J. (Hrsg.): Workshop. Erweiterung des Handlungsspielraumes privater Haushalte und Familien durch selbständige Erwerbstätigkeit Rostock o.J., S. 46-58.

Bommes, Michael; Bernd Drewe und Frank-Olaf Radtke: Sozialwissenschaften und Lehramt, Opladen 1996.

Bowie, Norman E.: Business Ethics as a Discipline: The Search for Legitimicy, in: Freeman R. Edward (Hrsg.): Business Ethics: The State of the Art. New York/Oxford 1991, S. 17- 41.

Carr-Saunders, A. M. and P. A. Wilson: The Professions. Oxford 1933.

Daheim, Hansjürgen: Soziale Herkunft, Schule und Rekrutierung der Berufe, in: Luckmann, Thomas und Walter M. Sprondel (Hrsg.): Berufssoziologie. Köln 1972, S. 53-70.

Dewe, Bernd: Beratende Wissenschaft. Göttingen 1991.

Dewe, Bernd: Zur Relevanz der Professionstheorie für pädagogisches Handeln, in: Schulz, Wolfgang K. (Hrsg.): Expertenwissen Soziologische, psychologische und pädagogische Perspektiven. Opladen 1998. S. 67-86.

Gries, Christin-Isabel; Eva May-Strobl und Monika Paulini: Die Bedeutung der Beratung für die Gründung von Unternehmen. Bonn 1997.

Groß, C. (2003): Unternehmensberatung – auf dem Weg zur Profession?, in: Soziale Welt 54 (2003), S. 93-116.

Goode, William J.: Professionen und die Gesellschaft: Die Struktur ihrer Beziehungen, in: Luckmann/Sprondel 1972, S. 157-168.

Hartmann, Heinz: Arbeit, Beruf, Profession, in: Luckmann, Thomas und Walter M. Sprondel (Hrsg.): Berufssoziologie. Köln 1972, S. 36-52.

Kailer, Norbert: Unterstützung von UnternehmensgründerInnen und JungunternehmerInnen durch Beratung und Training, in: Kailer, Norbert und Gerd Walger (Hrsg.): Perspektiven der Unternehmensberatung für kleine und mittlere Unternehmen: Probleme - Potentiale - empirische Analysen, Wien 2000, S. 275-304.

Kieser, Alfred: Quo vadis Organisationstheorie - mit der Organisationspraxis, ihr voraus oder hinterher oder ganz woanders hin? in: Zeitschrift für Organisation, 64 (1995) 6, S. 347-352.

Kubr, Milan (Hrsg.): Management Consulting, 3. Auflage, Genf (ILO) 1996.

McClelland, Charles E.: Zur Professionalisierung der akademischen Berufe in Deutschland, in: Conze, Werner und Jürgen Kocka (Hrsg.): Bildungsbürgertum im 19. Jahrhundert, Teil I Stuttgart 1985. S. 233-247.

Metzger, Walter P.: What is a Profession? in: College and University, 52 (1976), S. 42-55.

Möbes, H.-J.: Die Filterfunktion des Bildungswesens, in: M. Kolle (Hrsg.), Arbeitsmarkttheorie und Arbeitsmarktpolitik, Opladen 1976, S. 148-163.

Müller-Böling, Detlef und Susanne Kirchhoff: Zum Einsatz von Expertensystemen in der Gründungsberatung, in Die Betriebswirtschaft 51 (1991) 2, S. 231-244.

Mugler, Josef: Unternehmensberatung für Klein- und Mittelbetriebe, in: Hofmann, Michael (Hrsg.): Theorie und Praxis der Unternehmensberatung Bestandsaufnahme und Entwicklungsperspektiven. Heidelberg 1991, S. 371-402.

Mugler, Josef und Rainer Lampe: Betriebswirtschaftliche Beratung von Klein- und Mittelbetrieben - Diskrepanz zwischen Angebot und Nachfrage und Ansätz zu ihrer Verminderung, in: Betriebswirtschaftliche Forschung und Praxis, 1987, H. 6, S. 477 - 224.

Niedereichholz, Christel: BWL allein kann nicht die Basis sein. DUZ-Interview mit der Ludwigshafener Professorin für Unternehmensberatung Christel Niedereichholz, in: DUZ, 22/1991, S. 24-26.

Nobre, Thierry: Die Rolle der Unternehmensberatung bei Unternehmen in der Nachgründungs- und Vorentwicklungsphase, in: Internationales Gewerbearchiv, 8 (1995) 2, S. 101-115.

Piorkowski, Michael-Burkhard: Einkommenserzielungsberatung - Wege in die Selbständigkeit, in: eibe e. V. (Hrsg.): Dokumentation der 3. Fachtagung "Prävention - Der Umgang mit Geld im Familienhaushalt" . Zwischenbilanz und Ausblick des Bundes- und Landesmodellprojektes für Familien in Rostock am 5. Mai 1998, Rostock 1998. S. 13 - 21.

Piorkowsky, Michael-Burkhard: Plädoyer für eine neues Verständnis von Kleinunternehmen und kleinen Familienbetrieben, in: eibe o.J. (Hrsg.): Workshop. Erweiterung des Handlungsspielraumes privater Haushalte und Familien durch selbständige Erwerbstätigkeit, Rostock o.J. S. 4-17.

Republika Hrvatska, Ministarstvo Gospodarstva (Hrsg.): Poduzetništvo za stoljeće piručnik za učitelje/trenere, savjetnike i promotore poduzetništva. Zagreb 1999.

Rüschemeyer, Dietrich: Freie und akademische Berufe, in: Bernsdorf, Wilhelm (Hrsg.): Wörterbuch der Soziologie, 2. neubearbeitete und erweiterte Auflage. Stuttgart 1969. S. 301-305.

Schein, Edgar H.: Process consultation, Reading (Mass.) 1969.

Schelsky, Helmut: Die Bedeutung des Berufs in der modernen Gesellschaft , in: Luckmann, Thomas und Walter M. Sprondel (Hrsg.): Berufssoziologie. Köln 1972, S. 25-35.

Schulz, Wolfgang K.: Einleitung, in: derselbe (Hrsg.), Expertenwissen: Soziologische, psychologische und pädagogische Perspektiven, Opladen 1998. S.7-16.

Spence, M. (1974): Market Signaling, Harvard 1974.

Staudt, Erich; Sybille Bestel und Tanja Lewandowitz: ExistenzGründungsberatung - Kritische Bestandsaufnahme bestehender Angebote - Bochum (Institut für angewandte Innovationsforschung) 1996.

Steyrer, Johannes: "Unternehmensberatung" - Stand der deutschsprachigen Theorienbildung und empirischen Forschung, in: Hofmann, Michael (Hrsg.): Theorie und Praxis der Unternehmensberatung. Bestandsaufnahme und Entwicklungsperspektiven, Heidelberg 1991. S. 1-44.

Terhart, Ewald: Professionen in Organisationen: Institutionelle Bedingungen der Entwicklung von Professionswissen, in: Alisch, Lutz-Michael; Jürgen Baumert und Klaus Beck (Hrsg.): Professionswissen und Professionalisierung. Braunschweig 1990, S. 151-169.

Vath, R. (1975): Die Professionalisierungstendenz in der Erwachsenenbildung, Diss. Regensburg 1975

Walger, Gerd und Christian Scheller: Der Markt der Unternehmensberatung in Deutschland, Österreich und der Schweiz, in: : Kailer, Norbert und Gerd Walger (Hrsg.): Perspektiven der Unternehmensberatung für kleine und mittlere Unternehmen: Probleme - Potentiale - empirische Analysen, Wien 2000, S. 1-40.

Wilensky, Harold L.: Jeder Beruf eine Profession?, in Luckmann, Thomas und Walter M. Sprondel (Hrsg.): Berufssoziologie, Köln 1972, S. 198-218.

Wohlgemuth, André C.: Professionelle Unternehmensberatung - Möglichkeiten und Grenzen, in: Kailer, Norbert und Gerd Walger (Hrsg.): Perspektiven der Unternehmensberatung für kleine und mittlere Unternehmen: Probleme - Potentiale - empirische Analysen, Wien 2000, S. 167-194.

Der Gründungsberater –
Ein konzeptioneller Ansatz zum Berufsbild

Dipl.-Volkswirt Sascha A. Peters, FernUniversität in Hagen

1 Einleitung

Existenzgründer müssen sich bei Ihrem Unterfangen, den Weg in die Selbständigkeit zu gehen mit zahlreichen, teilweise sehr komplexen Zusammenhängen und Problemen beschäftigen, die sie nur teilweise eigenständig zu lösen im Stande sind. Wissenslücken, Probleme in der Informationsbeschaffung bzw. fehlende Interpretationen der zur Verfügung stehenden Informationen zählen neben generellen Finanzierungsproblemen und personenbezogenen Problemen zu den Hauptursachen des Scheiterns von Unternehmensgründungen.[1] Daher ist es nicht verwunderlich, dass auch stark politisch motiviert, eine kaum mehr überschaubare Anzahl an unterschiedlichsten Gründungsinitiativen, wie z.B. *StartUp*, *Go!*oder *EXIST*, existieren. Auch Industrie- und Handelskammern (IHK), Banken, Wirtschaftsministerien und andere Institutionen bieten ihre Hilfe an.

Bei den meisten dieser so genannten Gründerinitiativen stehen, aufgrund des hohen Beratungsbedarfs von Existenzgründern, Beratungsaktivitäten nach wie vor im Mittelpunkt. Damit ist die Hoffnung verbunden, die Erfolgsquote von Existenzgründungen zu erhöhen, da ein Großteil von nicht erfolgreichen Existenzgründungen auf unzureichende Vorbereitung und Informations- und Wissenslücken der Existenzgründer zurückzuführen ist. Durch die Verbesserung des Informations- und Wissensstandes der potentiellen Existenzgründer sollen und können daher grobe Fehleinschätzungen und die damit einhergehenden Fehlentscheidungen vermieden werden. Dies würde folglich die Chance einer erfolgreichen Existenzgründung erhöhen. Allerdings wird eine gute Beratung nicht nur an einer erfolgreichen Gründung festgemacht, sondern besteht auch in dem Abraten eines Gründungsprojektes, welches

---

[1] BMWI, 1995, S. 9; Hunsdiek und May-Strobl, 1986, S. 117 ff.; May-Strobl und Paulini, 1996, S. 5 f.

nur geringe Aussicht auf Erfolg hat und damit gar nicht erst begonnen wird. Beide Szenarien können als erfolgreiche Beratung gewertet werden.[2]

Die Problematik ist, dass die Beratung von Existenzgründern heutzutage von einer sehr heterogenen Gruppe von Beratern wahrgenommen wird. Beratungsinstitutionen sind insbesondere Industrie- und Handelskammern, Handwerkskammern und Organisationen des Handwerks, Wirtschaftsförderungsämter/-gesellschaften, Unternehmensberater, Steuerberater, Kreditinstitute, Verbände und Beratungsinstitutionen für bestimmte Zielgruppen (Technologie und Gründerzentren, Arbeitsagenturen, Transferstellen, etc.). Angesichts dieses großen und für den normalen Existenzgründer unüberschaubaren Angebotes an Beratungsleistungen dürfte es der Gründerperson Schwierigkeiten bereiten, den für sich geeigneten Berater zu identifizieren und auszuwählen. „So ist diese Tätigkeit weder als ein Beruf definiert noch sind Begriffe wie Gründerberater oder der Markt für diese Tätigkeit geschützt.“.[3]

Aufgrund der unterschiedlichen Ansätze und Situationen, die in der Existenzgründung vorkommen, entstehen ebenfalls eine Vielzahl von Beratungsansätzen und –möglichkeiten. Dies im Einzelnen darzustellen würde den Rahmen dieser Arbeit allerdings sprengen und wird daher nicht Hauptbestandteil der Ausführungen sein. Die zentrale Aufgabe ist eher die inhaltliche Ausgestaltung des Gründungsberaterprofils, da ein solches bisher noch nicht existiert. Die zentrale Frage ist daher, wie kann ein mögliches Berufsbild eines Gründungsberaters konzipiert werden?

2 Methodologie

Im Mittelpunkt dieses Beitrags liegt die Erarbeitung eines Berufsbildes für Gründungsberater. Einführend werden die wesentlichen Grundlagen und Begriffe im Zusammenhang mit der Gründungsberatung erläutert, damit eine einheitliche Sprach- und Diskussionsgrundlage gegeben ist. Dabei wird kurz Bezug genommen auf die allgemeine Unternehmensberatung aus der auch der Gründungsberater abzuleiten ist. Allerdings stellt sich das Aufgabenspektrum eines Gründungsberaters komplexer dar als bei einem, in der Regel spezialisierten, Unternehmensberater.

---

[2] Anderseck, 2000, S. 3

[3] Anderseck, 2001, S. 264; vgl. Staudt, Bestel und Lewandowitz, 1996, S. 9

Anschließend werden die grundsätzlichen Charakteristika der Beratung und die Spezifika bei der Existenzgründung in Zusammenhang gebracht, um ein mögliches Berufsprofil für Gründungsberater abbilden zu können. Hierbei wird auf die bisherigen wissenschaftlichen Abhandlungen als auch auf Projektergebnisse Bezug genommen. Als Ergebnis soll ein generelles Berufsbild stehen, welches keinen Anspruch auf Vollständigkeit erheben kann und möchte. Inhaltlich wird es sich insbesondere auf die Qualifikationsebene eines Gründungsberaters beziehen. Es soll zudem dazu dienen, die Diskussion um einheitliche Standards für die Gründungsberater anzustoßen und zu schaffen.

3 Theoretische Fundierung

Die in der Literatur zu findenden Gestaltungsansätze für ein Berufsbild des Gründungsberaters kann man als sehr übersichtlich bezeichnen. Bisherige Definitionen der Gründungsberatung bauen auf einer Spezialisierung der Unternehmensberatung bei Gründungsvorhaben auf. Dabei lassen sich aus dem Begriff „Beratung“ zwei grundlegende Bedeutungen ableiten. Das transitive Verständnis „jemanden mit Ratschlag beistehen“ und das intransitive Interaktionsmuster des „gemeinsamen Überlegens, Besprechen, sich Beratens“.[4]

Die bisherigen Definitionen für Gründungsberatung- bzw. gründen auf einem Spezialfall der Unternehmensberatung auf (s. Tabelle 1). Oftmals werden die Begriffe Gründungsberatung[5] und Existenzgründungsberatung[6] synonym verwendet. Der wesentliche Unterschied besteht jedoch in der Bezugsebene beider Begriffe. Die Gründungsberatung bezieht sich insbesondere auf Unternehmensgründungen, die die Organisation in den Mittelpunkt stellen. Bei der Existenzgründungsberatung wird speziell auf die Gründerperson abgestimmt, da eine personengebunden Aktivität, nämlich die Existenzgründung, beraten wird. In diesem Beitrag wird der Begriff Gründungsberatung als Oberbegriff für das Berufsbild verwendet, da eine Unterscheidung der Begrifflichkeiten in der Praxis keine Anwendung findet.

[4] Weisbach, 1990, S. 64; Bohland, 1991, S. 10

[5] Schütte, 1996, S. 25

[6] VBV e.V., 1995, S. 2

Tab. 1: Definitionen des Begriffes Gründungsberatung und Existenzgründungsberatung

Definitionen von Existenzgründungsberatung	Autor
"Gründungsberatung ist der Spezialfall der Unternehmensberatung, der die Unternehmensgründung zum Gegenstand hat. Basierend auf den Definitionen der Unternehmensberatung und –gründung kann die Gründungsberatung als individuelle Hilfestellung Externer für Unternehmensgründer im Rahmen eines Beratungsprozesses verstanden werden."	Schütte, A. (1996), S. 25.
"Die Existenzgründungsberatung hat die Aufgabe, das Beratungsbedürfnis des Existenzgründers bereits in der Phase vor der Unternehmensgründung zu befriedigen. Im Rahmen Beratung soll der Existenzgründungsberater – gemeinsam mit dem Gründer – eine betriebswirtschaftlich orientierte und am Markt durchsetzbare Unternehmenskonzeption entwickeln. ... Gegenstand der Gründungsberatung ist stets das Unternehmen in seinem Markt, nicht jedoch die Optimierung einzelner Funktionsbereiche."	VBV e.V. (1995), S. 2.

Die bisherigen wissenschaftlichen Arbeiten[7] befassen sich zudem primär mit der Prozessebene und nicht mit der Qualifizierungsebene der Gründungsberatung. Die einzigen Arbeiten, die sich bisher mit dem möglichen Berufsbild eines Gründungsberaters, deren Legitimation und der Professionalisierung beschäftigen stammen von Anderseck[8]. So kommt Anderseck[9] zu dem Schluss, dass die Gründungsberatung eine eigene Profession, definiert als „die Gesamtheit aller Professionals einer bestimmten Art“[10], darstellt. Dieser Terminus wird vor allem auf solche Dienstleistungsberufe angewendet, die eine akademische Ausbildung als Grundlage der Berufsausübung voraussetzen.[11] Die Soziologen Carr-Saunders und Wilson definieren entsprechend „Professionalisierung als die Herausbildung von Berufspositionen auf der Basis wissenschaftlicher Qualifikationen“.[12]

Betrachtet man die Beratungsleistung von Unternehmen und Personen allgemein, so kommt es zu Fragen, Problemen oder Entwicklungen, die eine Vielzahl von Einflussfaktoren wie z.B. die konkrete Beratungssituation, die Art des Beratungsproblems, die individuellen Vorraussetzungen und Zielvorstellungen seitens des Klienten und seitens des Beraters, die Umwelteinflüsse auf die Beratung zu beachten. Alle Ein-

[7] Bensch, 1992; Hüfner und Icks, 1995; Schütte, 1996; Tödt, 2001
[8] Anderseck, 2000, 2001
[9] Anderseck, 2000, S. 5
[10] Daheim, 1970, S. 39
[11] Rüschemeyer, 1969, S. 301
[12] Carr-Saunders und Wilson, 1933

flussgrößen haben Auswirkungen auf den Beratungsprozess, auf die Beziehung zwischen Klient und Berater und den Erfolg der Beratung. Dies ist gerade bei der Gründungsberatung noch ausgeprägter, da der Existenzgründer nicht losgelöst von seiner persönlichen und unternehmerischen Umwelt agieren kann. Daher bedarf es einer eingehenden Analyse eines jeden Umweltfaktors.[13] Tödt sieht dabei insbesondere zwei wesentliche Ziele der Gründungsberatung.[14] So wird durch den Berater „der persönliche Entscheidungsprozeß des Existenzgründers für oder gegen das geplante Vorhaben ... unterstützt (Wissensvermittlung und Anregung zur Selbstreflektion)" und es werden „bei Entscheidung für die Existenzgründung, die inhaltlich-konzeptionellen Grundlagen für die Entwicklung eines tragfähigen Vorhabens geschaffen...(Handlungsorientierung und Unterstützung)."[15] Durch diese Ziele entstehen Interaktionsbeziehungen zwischen dem potentiellen Existenzgründer und seinem Berater, die, wie bei Dienstleistungsberufen üblich, durch eine Leistung definiert sind. Diese Interaktion zwischen Klienten und Experten ist durch eine Wissensasymmetrie gekennzeichnet.[16] Unter Experte ist hier jemand zu verstehen, „von dem eine Leistung erwartet wird, der aufgrund seiner durch Fachwissen legitimierten Stellung etwas geben soll".[17] Als Klient wird hierbei derjenige definiert, der „eine Leistung zumeist als (lebenspraktische) Hilfe erwartet".[18]

Für die Gründungsberatung lassen sich im Vergleich zur Unternehmensberatung folgende Besonderheiten postulieren:

- „Der Gegenstand der Beratung stellt sich als eine untrennbare Verbindung von persönlichen und vorhabensbezogenen Entscheidungs- und Entwicklungsprozess dar. ... Die Gründungsberatung sollte deshalb von einem ganzheitlichen Betrachtungsansatz (Gründer, Vorhaben, Umwelt) ausgehen.

[13] Hunsdiek und May-Strobl, 1986, S. 114 ff.
[14] Tödt, 2001, S. 94
[15] Tödt, 2001, S. 94
[16] Dewe, 1991, S. 110 ff.
[17] Dewe, 1991, S. 111
[18] Dewe, 1991, S. 111

- Ergebnisse und Empfehlungen, die im Rahmen der Beratung gemeinsam erarbeitet oder die vom Berater gegeben werden …, haben häufig sehr starke persönliche und langfristige Auswirkungen auf den Gründer und seine Familie.

- …Die Voraussetzungen, dass Beratung als „Hilfe zur Selbsthilfe" stattfinden kann, müssen u.U. erst geschaffen werden, da der Gründer noch nicht in ausreichendem Maß über die dazu notwendigen fachlichen Kenntnisse und Erfahrungen … und/oder soziale Kompetenzen … verfügt.

- … der Berater eine besondere Verantwortung für das Gelingen der Beratungsbeziehung und für die erarbeiteten Beratungsempfehlungen trägt."[19]

4 Ergebnisse

Aufgrund der vorhergehenden Diskussion und Ergebnisse, lässt sich ein erstes Kompetenzanforderungsprofil als Leitfaden für ein Berufsbild von Gründungsberatern zeichnen. Dieses wurde unter anderem im Bereich der Gemeinschaftsinitiative Equal, unter Mitwirkung von EU und dem Bundesministerium für Arbeit und Soziales, entwickelt.[20] Die vier wesentlichen Kompetenzanforderungen sind:

- Wissen
- Erfahrung
- Fähigkeiten
- (Beratungs-) Ansatz

Zur Kompetenz Wissen eines Gründungsberaters gehört ein generalistisches Wissen, da er als Experte einen generalistischen Beratungsansatz hat. Dieses beinhaltet daher

- Fachübergreifendes Wissen (rechtliche und wirtschaftliche Aspekte, Marketing, etc.)

- Methodenkenntnisse (in Bezug auf harte und weiche Faktoren)

---

[19] Tödt, 2001, S. 95-96
[20] VDG, 2006

- Grundlegende Kenntnisse über branchenspezifische Anforderungen (hier ist eine Branchenspezialisierung des Beraters erforderlich)
- Regionale und lokale gründungsspezifische Gegebenheiten
- Finanzierungszugänge und Kenntnisse über Förderprogramme
- IuK-Grundlagen

Der Erfahrungsschatz des Gründungsberaters ist sicherlich auch von entscheidender Bedeutung. Dies bezieht sich nicht nur auf das praxisrelevante Wissen, sondern auch auf die Umsetzung- bzw. Implementierungskompetenz von vorgeschlagenen und erarbeiteten Lösungsansätzen. Gerade die Umsetzungskompetenz nimmt in der heutigen Beratungslandschaft einen immer größer werdenden Stellenwert ein. So sollte der Gründungsberater über Unternehmenserfahrung, wobei nicht zwingend Selbständigkeit gemeint ist, und Führungserfahrung verfügen. Zusätzlich ist Erfahrung mit Menschen bzw. Beratungserfahrung notwendig, um auf eventuelle Konflikte im Beratungsablauf eingehen und adäquat regieren zu können.

In Bezug auf die Fähigkeiten gibt es ein breiteres Spektrum an Anforderungen:

- Methoden der Informationsbeschaffung
- Kooperationsfähigkeit in Netzwerken
- Koordinationsfähigkeit im Gründungsprozess
- Soziale Kompetenz
    - Empathie
    - Zuhören-können
    - Grenzen setzen können
    - Konsequenz in der Nachverfolgung von Prozessen
    - Kommunikative Fähigkeiten
    - Selbstreflexion

- Teamfähigkeit

- Beurteilungsfähigkeit für Geschäfts- und Finanzplanung
- Analytische Fähigkeiten
- Sensibilität für unternehmerische Fähigkeiten
- Pädagogische Fähigkeiten

Beim allgemeinen Beratungsansatz, der sicherlich nicht nur speziell auf den Gründungsberater Anwendung findet, umfassen die Kompetenzanforderungen folgende Punkte:

- Proaktivität
  - Verbindlichkeit und Seriösität
  - Eigenmotivation
- Offenheit, Neugier und Vorurteilsfreiheit
- Orientierung auf Kundenbedürfnisse
- Objektivität, Realitätssinn und Ehrlichkeit
- Vertrauen und Zuversicht

Abb. 1: Mindestanforderungen an Gründungsberater

Wissen	Fähigkeiten
• Finanzierungszugänge • Regionale/lokale gründungsspezifische Gegebenheiten • Fachübergreifendes Wissen (rechtliche und wissenschaftliche Aspekte, Marketing ...) • Methodenkenntnisse	• IuK und Informationsbeschaffung • Netzwerkkompetenz • Projektmanagement • Analytische Fähigkeiten • Soziale Kompetenz (Empathie, Zuhören können, kommunikative Fähigkeiten, Selbstreflexion, Teamfähigkeit) • Geschäfts-/Finanzplanung • Pädagogische Fähigkeiten
Erfahrung	**(Beratungs-)ansatz**
• Unternehmenserfahrung (ist die Erfahrung einer eigenen Selbstständigkeit essentiell?) • Arbeit mit Menschen/ Beratungserfahrung	• Proaktivität - Verbindlichkeit/Seriösität - Eigenmotivation • Offenheit/Neugier/Vorurteilsfreiheit • Orientierung auf Kundenbedürfnisse • Objektivität/Realitätssinn/Ehrlichkeit • Vertrauen/Zuversicht

5 Implikationen für Entrepreneurship-Forschung und -Praxis

Diese Arbeit bietet einen ersten konzeptionellen Ansatz für die Entwicklung eines Berufsbildes für Gründungsberater. Sie liefert einen, wenn auch sicherlich nicht vollständigen, komprimierenden Überblick über die wesentliche Literatur zum Thema Gründungsberatung mit dem Schwerpunkt auf der Qualifikationsebene der Beratung.

Für die weitere Auseinandersetzung mit dem Thema Berufsbild für Gründungsberater ist es von großem Interesse, auf die nationalen Gegebenheiten und Besonderheiten in Bezug auf diesen Ansatz einzugehen. Da die bisherige Literaturauswahl als sehr beschränkt anzusehen ist und dies gleichzeitig den bisherigen Forschungsstand aufzeigt, besteht hier großer Bedarf an weiteren Forschungsarbeiten. Notwendig ist dabei die weitere Untersuchung der generellen Anforderungen an ein Berufsprofil und dessen Durchsetzbarkeit in der Öffentlichkeit, als auch die Weiterentwicklung bestehender

Professionalisierungsprogramme für Gründungsberater wie dem GründerFernstudium an der FernUniversität in Hagen.

Von weiterem Interesse sind aber insbesondere empirische Untersuchungen zum Thema, da diese bisher überhaupt nicht existieren. Auch eine generelle Untersuchung des Markets wäre sinnvoll und notwendig, um den Status Quo der Gründungsberatung in ganz Deutschland betrachten zu können. Dies bezieht sowohl auf Förderprogramme durch Bund und Länder als auch auf weitere Spezialisierungen der Gründungsberatung. Auch die generell hohe Interdisziplinarität des Themas bietet viel Raum für zukünftige Untersuchungen.

Literaturverzeichnis

Anderseck, K. (2000): Start Up Counselling, Ein Ansatz zur Professionalisierung in der Gründerberatung, Diskussionsbeiträge Fachbereich Wirtschaftswissenschaft, Nr. 293, FernUniversität in Hagen.

Anderseck, K. (2001): Der Gründungsberater – Elemente zu seiner Professionalisierung, in: Internationales Gewerbearchiv, Nr. 49, S. 256-272.

Bensch, D. (1992): Problemperzeption und Beratungsbedarf bei der Unternehmensgründung: eine empirische Arbeit über das Erkennen von Problemen in der Gründungsphase und die daraus abgeleitete Beratungsnachfrage originärer Unternehmensgründungen, Service Fachverlag an der Wirtschafts-univ., Wien.

Bohland, H. (1991): Interaktionsstrukturen im Einzelberatungsgespräch der landwirtschaftlichen Beratung, Wiss. Verlag Vauk, Kiel.

Bundesministerium für Wirtschaft (BMWI) (1995): Starthilfe – Der erfolgreiche Weg in die Selbständigkeit, 5. Auflage, Bonn.

Carr-Saunders, A. M. und Wilson, P. A (1933): The Professions, Oxford.

Daheim, H. (1970): Der Beruf in der modernen Gesellschaft, 2. Auflage, Köln-Berlin.

Dewe, B. (1991): Beratende Wissenschaft, Göttingen.

Hüfner, P. und Icks, A. (1995): Die Qualifizierung von Selbständigen Unternehmern in den Neuen Bundesländern, Institut für Mittelstandsforschung, ifm-Materialien, Nr. 110, Bonn.

Hunsdiek, D. und May-Strobl, E. (1986): Entwicklungslinien und Entwicklungsrisiken neugegründeter Unternehmen, Schriften zur Mittelstandsforschung, Nr. 9 NF, Stuttgart.

May-Strobl, E. und Paulini, M. (1996): Insolvenzen im Mittelstand – Daten und Fakten, ifm-Materialien, Nr. 121, Bonn.

Rüschemeyer, D. (1969): Freie und akademische Berufe, in: Bernsdorf, W. (Hrsg.): Wörterbuch der Soziologie, 2. Aufl., Stuttgart, S. 301-305.

Schütte, A. (1996): Unternehmensberatung in der Bundesrepublik Deutschland: unter besonderer Beachtung der Beratung bei Unternehmensgründung, theoretische und empirische Analyse sowie konzeptionelle Weiterentwicklung, Frankfurt am Main, Berlin, Bern, New York, Paris, Wien, Lang.

Tödt, A. (2001): Wirkung und Gestaltung von Beratung und Weiterbildung im Prozeß der Existenzgründung: eine qualitative Untersuchung am Beispiel von Existenzgründern im ostdeutschen Transformationsprozeß, Mering:Hampp, München.

Vereinigung Beratender Betriebs- und Volkswirte e.V. (VBV), Hrsg. (1995): Grundsätze ordnungsmässiger Gründungsberatungen – GoG-, 3. grundlegend überarbeitete Auflage.

Verein Deutscher Gründungsinitiativen (VDG) (2006): Vortrag zu den Kompetenzanforderungen and Gründungsberater/innen in der AG Qualitätstestierung, Berlin, 31. August 2006.

Weissbach, Ch. R. (1990): Beratung kann man lernen – ist empathische Kompetenz trainierbar?, in: Brunner, E. J. und Schöring, W. (1990), S. 62-75.

Unternehmensberatung für Gründungsunternehmen:

Eine Übersicht über das Berufsfeld der Gründungsberatung

Prof. Dr. Reinhard Schulte, Leuphana Universität Lüneburg

Prof. Dr. Sascha Kraus, Hochschule Liechtenstein

1 Einführung[1]

Bereits Anfang des neuen Jahrtausends konstatierte Anderseck, es gäbe kaum ein Phänomen, das – auch von politischer Seite – so viel Zuspruch und Zustimmung erfahre wie die Förderung von Unternehmensgründungen. Die Zahl von Gründerinitiativen von öffentlicher Hand, IHK und anderen Institutionen sei sogar bereits nahezu unüberschaubar. Im Mittelpunkt dieser Gründerinitiativen stehen zumeist Beratungsaktivitäten, mit dem Ziel, Überleben und Erfolg der Unternehmensgründungen zu erhöhen.[2] Das Feld der *Gründungsberatung* erfuhr in Folge immer größere Beachtung in Medien und Praxis.

Neu gegründete Unternehmen[3] sind vielfältigen Risiken ausgesetzt, die u.a. auf Erfahrungs-, Kompetenz- und Informationsdefiziten beruhen. Bei einer Unternehmensgründung stehen zudem nicht selten betriebswirtschaftlich unerfahrene Wirt-

---

[1] Der vorliegende Beitrag ist eine Weiterentwicklung des Beitrags von Schulte (2008), auf dem er in weiten Teilen basiert.

[2] Vgl. Anderseck (2000), S. 3.

[3] In weiten Teilen der betriebswirtschaftlichen Literatur werden die Begriffe Unternehmens- bzw. Existenzgründung weitgehend synonym verwendet oder die Existenzgründung als Untergruppe der Unternehmensgründung angesehen. Unternehmensgründungen bezeichnen aber genauer die Neuerrichtung eines vorher nicht existierenden Unternehmens, unabhängig davon, ob dadurch eine persönliche, wirtschaftlich existenztragende Einkommensquelle entstehen soll. Der Begriff stellt also die Organisation in den Mittelpunkt. Existenzgründungen hingegen bezeichnen eine personengebundene Aktivität zur Schaffung einer eigenständigen Existenz, vgl. Schmude (1993), S. 8, die im Zusammenhang mit dem Wechsel in die berufliche Selbstständigkeit steht. Existenzgründungen können in Form der Neuerrichtung eines vorher nicht existierenden Unternehmens, also als Unternehmensgründung, aber auch in Form der Übernahme eines bestehenden Unternehmens oder der tätigen Beteiligung an einem solchen auftreten. Der Begriff der Existenzgründung stellt also die Person des Handlungsträgers in den Mittelpunkt. Vgl. zur Abgrenzung insbesondere Schulte (2002), S. 21 f. Der Einfachheit halber wird im Rahmen des vorliegenden Beitrages nur auf die Unternehmensgründung eingegangen, der Inhalt gilt jedoch analog auch für Existenzgründungen.

schaftssubjekte einer Vielzahl von Problemen gegenüber, die in einem vergleichsweise knappen Zeitraum bewältigt werden müssen.[4] Selbst hoch qualifizierte und erfahrene Unternehmensgründer haben häufig einen hohen Informations- und somit auch potentiellen Beratungsbedarf, etwa aufgrund der Komplexität und Intransparenz z.B. des Steuerrechts. Durch den quantitativen und qualitativen Mangel an Erfahrungen und Kompetenzen im Management der Unternehmensgründung[5] kann somit regelmäßig eine „Managementlücke" konstatiert werden, welche durch entsprechende (Gründungs-)Beratung verringert werden kann.[6]

Der vorliegende Beitrag hat zum Ziel, einen Überblick über das Themenfeld der Gründungsberatung herzustellen. Damit behandelt er ein Gebiet innerhalb der Gründungsforschung[7], welches bislang noch kaum wissenschaftlich untersucht und zu dem bislang noch keine umfassende Theorie respektive Übersicht entwickelt wurde.

Der Beitrag ist wie folgt aufgebaut: Im Rahmen von Kapitel 1 wird nach dieser Einleitung eine Eingrenzung des Begriffs der Gründungsberatung und eine Einordnung in das Themengebiet *Professional Service Firms* bzw. genauer *Unternehmensberatungen* vorgenommen. Kapitel 2 behandelt die drei möglichen Formen bzw. Grundtypen der Gründungsberatung, während Kapitel 3 den Markt der Gründungsberatung beleuchtet. Das nachfolgende Kapitel 4 bildet schließlich den Gründungsberatungsprozess inklusive dessen Ablauf, Inhalten, Qualität und Wirkungen ab. Der Beitrag schließt mit einer Übersicht über die Probleme bzw. Grenzen der Gründungsberatung.

1.1 Begriff der Gründungsberatung

Unter Gründungsberatung wird eine Dienstleistung verstanden, mit der externe, vorwiegend betriebswirtschaftliche, Expertise in den Prozess der Unternehmensgründung eingebracht wird, um die zielorientierte Gestaltung der Gründungs- und Frühentwicklungsprozesse (bei Übernahmen der Weiterentwicklung, Bestandssicherung

---

[4] Vgl. Hebig (2004), S. 17 ff.

[5] Vgl. z.B. Schulte und Tegtmeier (2008), S. 118 ff.

[6] Zur Kompetenzentwicklung durch Beratung am Beispiel kleiner und mittlerer Unternehmen vgl. Kailer und Scheff (2000) sowie Alten und Weiß (2000), zum Ausgleich von Kompetenzbarrieren und – defiziten durch Beratung vgl. Kailer und Merker (2000).

[7] Vgl. Schulte und Tegtmeier (2008), S. 118 ff., vgl. Kraus und Mohe (2007), S. 263.

und ggf. Neuausrichtung) des Unternehmens zu unterstützen und die genannten Mängel auszugleichen.

Die Gründungsberatung offeriert dem Unternehmensgründer im Idealfall möglichst unabhängig fachgerechte Expertenberatung und kommt vorwiegend dann ins Spiel, wenn eine Unternehmensgründung innerhalb eines vergleichsweise kurzen Zeitraums eine Vielzahl betriebswirtschaftlicher Entscheidungen zu treffen hat, welche die Unternehmensgründer etwa aufgrund von Know-how-Defiziten oder mangelnder Erfahrung nicht adäquat behandeln können.[8]

Die Gründungsberatung bietet innerhalb des tertiären Sektors wissens- und beratungsbasierte Dienstleistungen an, und kann somit der Gruppe der sog. *Professional Service Firms (PSF)*[9] zugeordnet werden. Genauer stellt sie eine spezifische Form der *Unternehmensberatung* dar (s. Abb. 1):

Abb. 1: Einordnung der Gründungsberatung

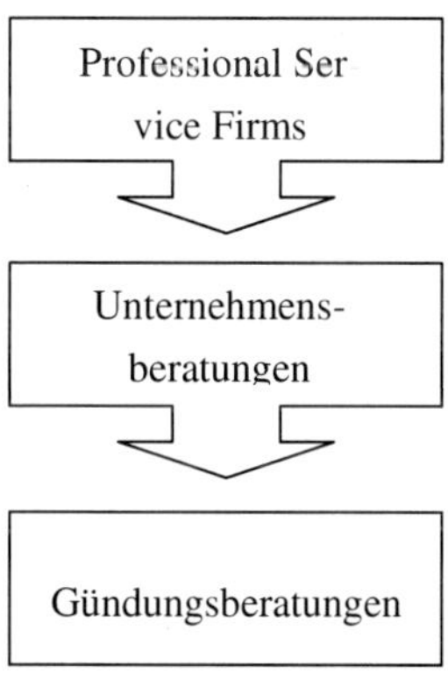

Wird bei der Unternehmensberatung allgemein häufig konstatiert, dass die wissenschaftliche Auseinandersetzung mit dem Themengebiet sich noch immer relativ am

[8] Vgl. Zitzelsberger (2004), S. 22; Brösel et al. (2005), S. 1286.

[9] Zu den Professional Service Firms gehören z.B. Unternehmensberatungen, Investmentbanken, Anwalts- und Wirtschaftskanzleien, IT-Dienstleister oder Kommunikations-, Marketing- oder Werbeagenturen; vgl. etwa Kraus et al. (2008a), S. 162 ff.; Kraus et al. (2008b), S. 257 ff.

Anfang befindet[10], so ist diese „Theorie- und Empirieflaute“[11] bei der Gründungsberatung als noch ausgeprägter anzusehen. Wie die allgemeine Unternehmensberatung, so weist auch deren Untergruppe der Gründungsberatung folgende Merkmale auf:[12]

- *Externalität*: Gründungsberatung wird durch Personen erbracht, die nicht zum Gründungsunternehmen gehören.
- *Unabhängigkeit*: Die Berater handeln eigenverantwortlich. Die Beratungsleistungen, insbesondere Expertise und Problemlösungsvorschläge des Beraters, sind unabhängig von Weisungen des Klienten oder Dritter.
- *Individualität*: Die Beratungsleistungen werden auf die spezifischen Bedürfnisse des Klienten zugeschnitten.
- *Professionalität*: Die Beratungsleistungen werden im Rahmen einer beruflichen Betätigung erbracht.
- *Freiwilligkeit*: Der Klient nimmt die Beratung aus freier Entscheidung in Anspruch.
- *Kooperation*: Die Beratungsleistungen werden im Rahmen eines interaktiven Prozesses partnerschaftlicher Zusammenarbeit zwischen Berater und Klienten erbracht, in dem der Klient durch die Bereitstellung von immateriellen und materiellen Ressourcen, insbesondere von Informationen, Unterlagen und Entscheidungen, aktiv mitwirken muss.
- *Informationstransfer*: Wesentlicher Bestandteil der Beratungsleistung ist die Vermittlung von Informationen – sowohl ausgehend vom Klienten zum Berater gerichtet, als auch umgekehrt.
- *Ganzheitlichkeit*: Die Beratungsleistung wird nicht isoliert auf Teilprobleme ausgerichtet, sondern berücksichtigt die durch die Verzahnung verschiedener

[10] Vgl. Kraus und Mohe (2007), S. 263.

[11] Steyrer (2001), S. 3.

[12] Vgl. dazu die Merkmalskataloge bei Althaus (1994) und Köppen (1999). Zum Leistungsspektrum und zu den Merkmalen der Beratung von Gründungen, vgl. auch Kailer (2000a) bzw. Kailer (2000b).

Unternehmens- und Entscheidungsbereiche entstehenden Aus- und Nebenwirkungen von Gestaltungsvorschlägen auf die Gesamtheit der Klientensituation.

- *Problemorientierung*: Durch die Beratungsleistung wird eine konkrete, vor Aufnahme der eigentlichen Beratungsarbeit einvernehmlich definierte Problemstellung bearbeitet, deren Lösung Ziel des Beratungsprozesses ist.
- *Befristung*: Die Beratung ist projektbezogen ausgerichtet und hat ein vorab zeitlich oder sachlich definiertes Ende.
- *Immaterialität*: Die Leistungserstellung führt nicht zu einem physischen Produkt, sondern stellt eine Dienstleistung dar.

In Abgrenzung zur allgemeinen Unternehmensberatung müssen bei der Gründungsberatung darüber hinaus die strukturellen Besonderheiten von Gründungsunternehmen berücksichtigt werden. Dazu gehören z.B. 1.) die Organisationsstruktur, die meist Eigentümer- bzw. Geschäftsführungsdominiert ist und häufig eine Überorientierung am Tagesgeschäft beinhaltet[13], 2.) die Größendimension sowie 3.) die Altersstruktur der Gründungsunternehmen[14], die i.d.R. *kleine* Unternehmen, also Bestandteil der Gruppe der KMU, und *junge* Unternehmen sind, und entsprechend den *liabilities of newness* und den *liabilities of smallness* unterlegen.[15]

Ziel der Gründungsberatung ist es aus Sicht des Klienten (des Gründungsunternehmens), dass sie gegen Fehlentscheidungen absichert (Konfirmationsfunktion), vor Betriebsblindheit schützt (Objektivierungsfunktion), die Unternehmensgründer stimuliert und ggf. die Arbeit des Gründungsteams moderiert (Katalysatorfunktion).[16] Sie soll zudem durch den Transfer von Informationen und Kompetenzen nachhaltig wirken und den Unternehmensgründern Hilfe zur langfristigen Selbsthilfe bieten (Transferfunktion). Ihr Anspruch ist es, im Vergleich zur Situation ohne externe Be-

---

[13] Vgl. Kailer (1999), S. 223.

[14] Vgl. dazu z.B. Brösel et al. (2005), S. 1288.

[15] Danach verzeichnen junge Unternehmen Nachteile in Bezug auf ihre Ressourcenausstattung sowie mangelnde Bekanntheit. Die geringe Unternehmensgröße wird zudem mit einer geringeren Überlebenswahrscheinlichkeit in Beziehung gebracht; vgl. dazu insbes. Stinchcombe (1965), S. 142 ff.; Aldrich und Auster (1986), S. 29 ff.

[16] Vgl. dazu die ähnlichen Überlegungen zur Unternehmensberatung von Althaus (1994), S. 32 ff.

ratung eine wirtschaftlich günstigere Problemlösung zu ermöglichen (Wirtschaftlichkeitsfunktion).

2 Formen der Gründungsberatung

Obwohl jede Unternehmensgründung sich von einer anderen in zahlreichen Aspekten unterscheidet, so dass eine Notwendigkeit der Individualisierung der Beratungsleistung konstatiert werden kann, kann das Feld der Gründungsberatung grob in drei weitgehend in sich homogene Grundtypen strukturiert werden:[17]

2.1 Gründungsberatung durch standardisierte Konzepte

Diese Variante zeichnet sich dadurch aus, dass keine konzeptionellen Neuentwicklungen entworfen, sondern auf der Grundlage der Verallgemeinerung von Kenntnissen und Erfahrungen vorhandene, bewährte Lösungskonzepte auf die individuellen Bedürfnisse des Klienten zugeschnitten werden. Der konzeptionelle Teil der Beratungsleistung ist dabei bereits vor dem eigentlichen Beratungsprozess im Wesentlichen abgeschlossen.

Beispiele für solche in hohem Maße standardisierbaren Lösungen sind Businessplan- oder Organisationskonzepte oder Konzepte zum Aufbau des Rechnungswesens. In diesen Fällen beruht die Beratung wesentlich auf der Weitergabe und Wiederanwendung von gesammelten Erkenntnissen und Erfahrungen. So besteht bspw. ein Businessplan überwiegend aus zwingend geforderten Bausteinen, die unabhängig vom Geschäftsmodell jeweils nach bestimmten (Standard-)Vorgaben zu erstellen sind, die dann gründungsspezifisch auszuformen sind.[18] Ähnliches gilt für die Beratung bei der Organisation von Arbeitsabläufen oder beim Aufbau einer Buchführung in jungen Unternehmen. Sie erfordern in der Regel keine *konzeptionell neuartigen* Individuallösungen.

Damit verbunden ist die Gefahr, dass die Gründungsberatung durch standardisierte Konzepte zu wenig auf individuelle Anforderungen des Klienten eingeht und undifferenzierte Pauschallösungen bietet.

---

[17] In Anlehnung an Walger und Schenking (2001), Teil 2, S. 51 ff.
[18] Vgl. Kraus und Harms (2005), S. 57 ff.

2.2 Gründungsberatung durch gutachterliche Individualberatung

Die Beratung durch gutachterliche Individualberatung stellt die klassische Form der Gründungsberatung dar. Dabei soll der Berater Entscheidungssituationen vorbereiten, indem er die vom Klienten vorgegebene individuelle Problemstellung durch eine qualifizierte und objektive Bewertung des Sachverhaltes beurteilt. Dessen Urteile dienen der Entscheidungsfindung beim Klienten, dem zwar Informationen und Sachkunde zur Beurteilung im erforderlichen Maße fehlen, der aber dennoch eine qualifizierte Entscheidung treffen muss. Die unternehmerische Entscheidung selbst obliegt dabei jeweils dem Klienten, nicht dem Berater.

Beispiele für derartige Beratungstätigkeiten sind etwa die Analyse von Branche und Wettbewerbern vor einem Markteintritt, die Ermittlung eines Unternehmenswertes, die Prognose einer Marktentwicklung, die Bewertung von Geschäftsideen oder die Entwicklung einer frühen Wachstumsstrategie.

Da in diesen Fällen in weit geringerem Maße auf standardisierte Lösungskonzepte zurückgegriffen werden kann, müssen individuelle Lösungswege gefunden werden, wobei mitunter auch verschiedene Lösungsstrategien und Gestaltungsempfehlungen denkbar sind. Verschiedene Berater müssen daher nicht zwangsweise zum gleichen Lösungsvorschlag gelangen. Daraus resultiert die Möglichkeit des so genannten „Gutachtendilemmas" des Klienten, widersprüchlichen Gestaltungsempfehlungen ausgesetzt zu sein.[19]

Ziel der gutachterlichen Gründungsberatung ist es, den individuellen Gründungsprozess zum Erfolg zu führen. Gelingt dies, wird sich das junge Unternehmen[20] am Markt etablieren können, und der Berater sich dadurch überflüssig machen. Gerade im Erfolgsfall wird der Berater also keine Folgeaufträge generieren können, denn in der Gründungsberatung führt Kundenzufriedenheit regelmäßig nicht zu „Stammkunden". Dies kann zu einem *Gutachter*dilemma des Beraters zwischen der Qualität der Beratungsleistung auf der einen und Beratungserlösmaximierung auf der anderen Seite führen.

---

19 Vgl. Wandschneider (1991), S. 248.

20 Vgl. zur Begriffsabgrenzung junger Unternehmen Schulte (2006a), S. 419.

2.3 Persönlichkeitsorientierte Gründungsberatung

Eine persönlichkeitsorientierte Gründungsberatung basiert auf der Vorstellung, dass die unternehmerische Persönlichkeit ausgebildet und entwickelt werden kann. Dabei versucht der Berater, persönlichkeitsbezogene Stärken und Defizite seines Klienten aufzudecken und Vorschläge für eine zweckmäßige Weiterentwicklung zu entwerfen. Dies geschieht häufig unter Einsatz etablierter Instrumente der Persönlichkeitsdiagnose. Der Berater begleitet die personenzentrierte Umsetzung der Vorschläge und die individuelle Weiterentwicklung des Klienten durch regelmäßige Rückkopplungsgespräche über erreichte Ergebnisse, wobei auch akute Probleme, zwischenzeitliche Neuentwicklungen und geänderte Rahmenbedingungen reflektiert werden.

Eine persönlichkeitsorientierte Beratung kann berufliche und private Inhalte umfassen und ist dabei grundsätzlich nicht auf den Gründungskontext zu beschränken. Sie richtet sich auch an angestellte oder selbstständige Führungskräfte bereits etablierter Unternehmen.

Eine Sonderform der persönlichkeitsorientierten Gründungsberatung ist das Coaching, das als individuelle Begleitung zur persönlichen und emotionalen Stärkung durch reflektierende Gespräche verstanden werden kann und damit mittelbar auch zur Verbesserung der Arbeitsleistung und -zufriedenheit beitragen soll.[21] Coaching richtet sich an Fach- und Führungskräfte, und intendiert die Förderung von Selbstreflexion und -wahrnehmung zur langfristigen Verbesserung des Selbstmanagements. Dabei findet ebenfalls eine fortwährende Begleitung durch eine unabhängige externe Person statt. Beim Coaching handelt es sich jedoch um eine Betreuung im persönlichen Entwicklungsprozess durch ständige Reflektion, aber ohne aktives Eingreifen, während die Persönlichkeitsberatung im engeren Sinne eher als aktive Personalentwicklungsmaßnahme zu verstehen ist, die im Unterschied zum Coaching strukturierte Eingriffe durch Analyse, Maßnahmenplanung und Maßnahmendurchführung erfordert.

[21] Vgl. Staehle et al. (1999), S. 949 f.

2.4 Angebote der Gründungsberatung

Eine Unternehmensgründung ist nicht als ein zeitpunktbezogener, auf den Gründungsakt beschränkter Vorgang aufzufassen: Gründer beschäftigen sich im Durchschnitt bereits 29 Monate vor der Gewerbeanmeldung mit dem Schritt in die Unternehmensgründung, die Aufbauphase wird meist mit etwa fünf Jahren angesetzt.[22]

Entlang der verschiedenen Phasen des Gründungsprozesses[23] lassen sich auch Angebots*schwerpunkte* der Gründungsberatung identifizieren, nämlich die Hilfe bei der Erstellung des schriftlichen Gründungskonzeptes (Vorgründungsphase), die Hilfe bei der Herstellung der Leistungsbereitschaft (Institutionalisierungsphase) sowie Wachstums- und Organisationsentwicklungsberatung (Frühentwicklungsphase)[24], wobei die letztgenannte Form gewissermaßen als *Unternehmensberatung für junge Unternehmen* interpretiert werden kann.[25] In allen drei Phasen kann daneben eine auf die Gründerpersonen ausgerichtete Persönlichkeitsberatung angeboten werden.[26]

3 Markt für Gründungsberatung

Der Markt für Gründungsberatung zeichnet sich durch ausgeprägte Informationsprobleme und ein aus Klientensicht sehr intransparentes Angebot aus. Wesentliche Ursachen dafür sind die Vielzahl an Angeboten und die Qualitätsunsicherheit im Vorfeld einer Beratung, die u.a. auf die ungeschützte Berufsbezeichnung von Gründungs- bzw. Unternehmensberatern und die geringe Präzision und Inkonsistenz des Beratungsbegriffes zurückzuführen sind.[27] Aus Anbietersicht handelt es sich wegen geringerer Tagessätze sowie eher kleiner Beratungsprojekte, die wegen des durch den grundsätzlich erforderlichen Koordinationsaufwands mit Fixkosten verbunden sind, um einen eher unattraktiven Markt, der zudem kaum Anschlusskunden generiert, da erfolgreich etablierte Klienten keine Gründungsberatung mehr benötigen. Große und

---

22 Vgl. IfM (1997); Kailer (2002).

23 Vgl. Schulte (2006b), S. 479.

24 Vgl. dazu z.B. Brösel et al. (2005), S. 1286.

25 Vgl. dazu z.B. Nobre (1995), S. 101 ff.

26 Für eine Differenzierung ohne Bezugnahme auf den Gründungsprozess vgl. Walger und Schenking (2001).

27 Vgl. dazu auch Steyrer (1991), S. 8.

mittlere Beratungsgesellschaften sind entsprechend in diesem Feld kaum vertreten. Öffentlich geförderter Beratung dagegen kommt eine hohe Bedeutung zu, wobei Mitnahmeeffekte durch fachfremde Anbieter nicht auszuschließen sind.

Die wenigen existierenden empirischen Untersuchungen zum Thema Gründungsberatung aus Deutschland und Österreich zeigen, dass im Gründungsprozess und darüber hinaus für Beratungsaufgaben besonders häufig Steuerberater frequentiert werden.[28] Vor und während der Gründung werden vergleichbar oft auch Wirtschaftskammern aufgesucht. Deren Bedeutung nimmt nach vollzogenem Markteintritt allerdings immer weiter ab, was insbesondere dadurch zu erklären ist, dass die Kammern zwar das Ziel der Gründungsförderung verfolgen und daher auch entsprechende Informationen vermitteln und Einstiegsberatungen anbieten, aber nicht durch vertiefende Beratungen in Konkurrenz zu gewerblichen Beratungsanbietern treten dürfen.

Der Personenkreis, der sich in der Praxis mit Gründungsberatung beschäftigt, ist äußerst heterogen. Wie auch der Begriff des *Unternehmensberaters*, ist der Begriff des *Gründungsberaters* in Deutschland ist nicht geschützt, auch fehlen bislang noch jegliche „Mindestanforderungen" oder wissenschaftliche Definitionskriterien.[29] Entsprechend kann ihn im Prinzip jeder, der ein gewisses „Expertenwissen"[30] besitzt (oder vorgibt zu besitzen), ausüben.[31]

Dieses Expertenwissen ist kennzeichnend für die Gruppe der PSF, deren Geschäftsmodell hauptsächlich auf (Fach-)Wissen, Erfahrung, Beziehungskompetenz und Problemlösungsfähigkeit der Mitarbeiter, den sog. *professionals*, basiert[32] Der Begriff *professional* bezieht sich allerdings nicht primär auf den Ablauf oder die Qualität bzw. Professionalität der angebotenen Dienstleistung, sondern auf die Herkunft der Branche: so entstammen PSF im Regelfall bestimmten Berufsständen, den sog. *pro-*

---

[28] Vgl. Brüderl et al. (1998); Schulte (2002). Die Auswahl und Nutzung externer Berater durch bereits bestehende *Klein- und Mittelunternehmen* untersuchen Wick (2000) sowie Mugler und Lampe (1987).

[29] Vgl. Staudt et al. (1996), S. 20 ff.; Anderseck (2001), S. 257.

[30] Dies wird in der Unternehmensberatung als „Expertenberatung" bezeichnet; vgl. z.B. Weick (1995), S. 355 f.

[31] Vgl. Gries et al. (1997), S. 20 ff.

[32] Vgl. Kaiser (2004) S. 163 ff.

fessions.[33] Auch beim Gründungsberater handelt es sich entsprechend um eine *profession*, die mit Expertenwissen – das sich oft in Form eines akademischen Abschlusses manifestiert – einhergeht.[34]

Wenn der Gründungsberatung jedoch eine große Bedeutung für die Verringerung des Risikos, bei einer Gründung zu scheitern, zukommt, dann stellt sich zwangsläufig auch die Frage nach der Qualität der Beratungen, deren Kontrolle und nachhaltiger Sicherung und damit letztendlich auch nach der Qualifikation des Gründungsberaters.[35] Anderseck konstatiert, dass für die Eröffnung und Durchführung der Beratung und Qualifizierung des Gründers jedoch einschlägiges betriebswirtschaftliches Expertenwissen wie auch didaktisches und psychologisches Handlungswissen notwendig ist.[36]

Dem Beratungsbedarf einer Unternehmens- oder Existenzgründung steht ein vielfältiges Angebot verschiedenster Anbieter entsprechender Beratungsleistungen gegenüber.[37] Bei Gründungsberatern handelt es sich in der Praxis häufig um Steuerberater, Rechtsanwälte, Mitarbeiter von Banken, Sparkassen, Verbänden, Wirtschaftsförderungseinrichtungen, den Kammern oder in letzter Zeit auch verstärkt öffentlicher Hochschulen und deren Transferstellen, (Prä-)Inkubatoren oder Technologie- und Gründerzentren. Neben diesen angestellten Gründungsberatern, bei denen davon auszugehen ist, dass sie durch ihre Organisation einer gewissen Verhaltenskontrolle unterliegen und einen Qualifikationsnachweis erbracht haben, gilt dies nicht für die *Gruppe der selbständigen Gründungsberater.*[38]

Wie Tabelle 1 zeigt, spielen diese selbständigen Gründungsberater bei sehr jungen Unternehmen – die in der zitierten Untersuchung genannten Unternehmen waren bei

---

[33] Vgl. Alvesson (1995)
[34] Vgl. Rüschemeyer (1969), S. 301.
[35] Vgl. Anderseck (2000), S. 3.
[36] Vgl. Anderseck (2000), S. 16.
[37] Vgl. Hebig (2004), S. 27 ff.
[38] Vgl. Anderseck (2001), S. 264.

der Befragung null bis fünf Jahre am Markt – jedoch nur eine nur geringe Rolle.[39] Die Ursachen dafür ergeben sich

- aus der Schwierigkeit, angesichts der eigenen Managementlücke geeignete Anbieter zu identifizieren – gerade jene Defizite, die durch externe Beratung überbrückt werden sollen, verhindern schließlich auch eine sachkundige Beurteilung von potenziellen Beratungsanbietern,
- aus der für Gründungen typischen Ressourcenknappheit, die ohne öffentliche Beratungsförderung nur selten die Verpflichtung eines Experten zu beratungsüblichen Honorarsätzen erlaubt,
- aus der durch das begrenzte Honorarpotenzial geringen Attraktivität des Marktes für hochpreisige Anbieter,
- aus der Schwierigkeit, Preis und zu erwartende Leistung angesichts der Immaterialität der Leistung vorab sicher zu bestimmen und gegeneinander abzuwägen. Da Kompetenz- und Qualitätssiegel am Gründungsberatungsmarkt ebenso wie Zulassungsbeschränkungen weitgehend fehlen, ist nicht nur jedem Anbieter der unkontrollierte Marktzugang möglich, sondern die Beraterauswahl wird zudem häufig von Zufällen bestimmt.

Tab. 1: Inanspruchnahme von Beratungsinstitutionen deutscher Unternehmensgründungen[40]

Nutzung in %, Mehrfachnennungen	
Steuerberatung	72,8
Kammer	71,4
Bank/Sparkasse	50,8
Befreundete Unternehmen	22,6
Verbände (z.B. Innung, Fachverband)	22,5
Übergebende (bei Nachfolgeexistenzgründ.)	21,2
Gründungs-/Unternehmensberater	11,5
Sonstige (z.B. Ehepartner, Freunde, Bekannte)	5,3

[39] Vgl. auch Jungbauer-Gans und Preisendörfer (1991), S. 989.
[40] Vgl. Schulte (2002), S. 226.

Zahlreiche Gründungsunternehmen nehmen überhaupt keine Beratungsleistungen in Anspruch. Die Analyse der Gründe für die Nichtinanspruchnahme von Beratungsleistungen zeigt, dass Unternehmensgründern häufig das Bewusstsein für den qualitativen Mangel an Managementkapazitäten und die damit verbundenen Gefahren fehlt und dass Vorbehalte gegen die Preisgestaltung von Beratungsleistungen bestehen.[41] Als Hauptproblem in Beratungsprozessen gelten unrealistische Erwartungen der Klienten.[42]

4 Prozess der Gründungsberatung

4.1 Prozessablauf

Gründungsberatungsprozesse lassen sich idealtypisch in die in der nachfolgenden Tabelle 2 genannten Phasen einteilen:[43]

Tab. 2: Der Gründungsberatungsprozess

Phase	Aufgaben/Gegenstand
1. Beratungsbedarfsanalyse	Problemaufnahme und -dokumentation
2. Beratungsplanung	Aufgabenplanung, Zeitplanung, Kapazitätsplanung
3. Beratungsarbeit	kooperative, interaktive Prozessdurchführung (ggf. arbeitsteilig)
4. Implementierung	Vorlage der Arbeitsergebnisse der Beratung, Installation der Beratungslösung, Erstellung und Vorlage des Beratungsberichtes
5. Nachbetreuung	Sicherung der Nachhaltigkeit, Klärung offener Fragen

Den Ausgangspunkt des Gründungsberatungsprozesses bildet die *Beratungsbedarfsanalyse*. Dabei wird der Problemlösungsbedarf des Klienten im Rahmen eines Erstgespräches und ggf. anhand der von ihm selbst vorgelegten Unterlagen und Informationen aufgenommen. Gleichzeitig konkretisiert der Gründungsberater seine Dienstleistung und das damit verbundene Problemlösungspotenzial sowie die zu erwartenden Ergebnisse, soweit dies nicht schon im Rahmen vorher gehender Akquisitionsgespräche und -verhandlungen passiert ist.

[41] Vgl. Schulte (2002), Schütte (1996).
[42] Vgl. Frank (1993).
[43] Für eine ähnliches Phasenschema vgl. Hoffmann und Hlawacek (1991), S. 427f.

Eine solche Beratungsbedarfsanalyse soll Informationen liefern, die zur anschließenden Beratungsplanung erforderlich sind. Sie soll insbesondere folgende Fragen klären:

1. Was genau ist das Problem? Decken sich die Einschätzungen von Klient und Berater in dieser Hinsicht?

2. Welche Informationen liegen bereits vor und welche müssen noch eingeholt werden? Wo und vom wem sind sie einzuholen?

3. Wie kann das Problem im Gründungsteam bzw. (im Falle zweier oder mehrerer Berater) in der Beratungsgruppe arbeitsteilig bewältigt werden? Was sollen Teilaufgaben und Schnittstellen in der Zusammenarbeit sein? Wie werden Zuständigkeiten aufgeteilt? Wie soll der Zeitplan aussehen? Was sind die unmittelbar nächsten Schritte?

4. Wo liegen mögliche Probleme und Hindernisse? Wie soll damit umgegangen werden?

Nicht selten wird der Gründungsberater in dieser Phase zu einer anderen Einschätzung der Problemlage gelangen, als der Klient annimmt. Dessen Erfahrungs- und Kompetenzdefizite verhindern häufig eine fundierte Problemerkennung und –durchdringung. Zudem können Betriebsblindheit, Subjektivität, Euphemismus und verzerrte Selbstwahrnehmung den Blick auf tatsächliche Gegebenheiten verstellen. Schließlich ist es auch möglich, dass die Informationslage noch gar nicht hinreichend ist, um überhaupt zu einer angemessenen Problemanalyse zu kommen, weil der Klient entsprechende Informationen nicht vorlegen konnte oder weil diese noch nicht erhoben wurden. In solchen Fällen ist es mitunter erforderlich, noch während der eigentlichen Beratungsarbeit die Bedarfsanalyse zu ergänzen oder zu korrigieren. Derartige Fälle sind in der praktischen Gründungsberatungsarbeit keineswegs selten. Gründungsberatung ist gerade im Bereich der gutachterlichen Einzelfallberatung ein ergebnisoffener Prozess, bei dem zwischenzeitlich erzielte Erkenntnisse und Resultate immer auch zu einer Maßnahmen- oder gar Zielkorrektur führen können.

Die Ergebnisse dieses initialen Informationsaustausches müssen strukturiert und schriftlich dokumentiert werden, um von beiden Seiten einvernehmlich als tragfähige

Prozessgrundlage anerkannt werden zu können. Auf dieser Basis kann eine *Planung der Beratungsmaßnahmen* vorgenommen werden, die in eine schriftliche Zielvereinbarung zwischen Berater und Klient – dem Beratungsvertrag – münden sollte. Ggf. ist dieses Dokument im Prozessablauf noch zu ergänzen oder zu korrigieren, falls inzwischen neue Erkenntnisse eine Abweichung vom ursprünglichen Kurs notwendig machen. Die schriftliche Zielvereinbarung bildet das Fundament der Beratung und kann als entscheidend für den Erfolg des Beratungsprozesses angesehen werden, weil sie auf beiden Seiten Klarheit und Verbindlichkeit schafft und für eine realistische Einschätzung der Möglichkeiten und Grenzen des Beratungsprojektes sorgt. Einzelne Vereinbarungen sollten daher möglichst konkret und an leicht nachprüfbare Kriterien geknüpft sein, damit die Einhaltung der Ziele im Nachhinein unstrittig kontrolliert werden kann.

Die anschließende *Gründungsberatungsarbeit* orientiert sich eng am Beratungsvertrag, der Ziele und Maßnahmen konkret definiert und dazu die Rechte und Pflichten beider Parteien festlegt. Im Gegensatz zu vielen anderen Dienstleistungen, die keine Mitwirkung des Leistungsempfängers erfordern, kann Gründungsberatung nur bei entsprechender Kooperation des Klienten gelingen. Die Durchführung eines im Sinne der Zielvereinbarung erfolgreichen Beratungsprozesses ist daher von einem kooperativ-partnerschaftlichen, interaktiven Miteinander beider Seiten geprägt. Wie bei der Unternehmensberatung allgemein steht auch im Sonderfall der Gründungsberatung hier die *Wissenstransferfunktion* im Mittelpunkt, genauer der Vorgang der „Übertragung von Know-how, das heißt die Vermittlung von Informationen sowie den Transfer von Erfahrungen, Wissen und Verfahrenstechniken von dem Beratungsunternehmen an die Klientenorganisation.“[44]

Mit der Vorlage bzw. *Implementierung der Beratungsergebnisse* sowie – falls die Zielvereinbarungen dies vorsehen – deren schriftlicher Dokumentation in Form eines Beratungsberichtes können die gesetzten Ziele überprüft werden. Dabei wird die Beratungslösung nicht zwingend erst zum Projektende komplett vorgelegt. Vielmehr werden regelmäßig schon im laufenden Prozess wesentliche Teilleistungen erbracht. Insofern sind Verwerfungen zwischen den Phasen der Beratungsarbeit und der Implementierung durchaus üblich. Die Phasenabgrenzungen sind also nicht als zwin-

[44] Althaus (1994), S. 34.

gende chronologische Folge, sondern als sachbezogen idealtypische Unterscheidung zu verstehen.

Nach der Implementierung findet im Regelfall in begrenztem Umfang noch eine *Nachbetreuung* des Klienten statt, um die nachhaltige Wirkung des Beratungsprojektes zu sichern oder um später auftretende Fragen zu klären.

4.2 Beratungsinhalte

Die Gründungsberatung kann in sämtlichen Phasen des Gründungsprozesses in Anspruch genommen werden.[45] In der *Vorgründungsphase* stehen Gründungsplanung, Informationsbeschaffung und kritische Reflektion des Gründungsvorhabens im Mittelpunkt der Beratung. In der *Gründungsphase* fokussiert die Beratung sich auf die Unterstützung bei der Beschaffung von Ressourcen und beim Aufbau und der Organisation der Betriebsabläufe. In der *Frühentwicklungsphase* schließlich handelt es sich um eine der klassischen Unternehmensberatung zunehmend ähnliche Betreuung des jungen Unternehmens in allen betriebswirtschaftlichen Belangen.

Gerade vor und während des Markteintritts wird jedoch fast immer die Erstellung, Analyse oder Weiterentwicklung eines Businessplans in der einen oder anderen Weise tangiert, so dass die Gründungsplanung zu den zentralen Inhalten der Gründungsberatung gezählt werden kann. Unter Gründungsplänen bzw. -konzepten versteht man schriftliche Pläne, die den Geschäftszweck eines Gründungsunternehmens, dessen Ziele und die Strategien zu deren Erreichung darstellen.[46] Die Gründungsplanung bezeichnet den Prozess der Erstellung eines entsprechenden Planes. Durch die Komplexität der Planungs- und Entscheidungsprozesse bei Gründungen und Übernahmen sind Gründungspläne notwendig, um eine geordnete Unternehmungsfrühentwicklung zu gewährleisten.

Vollständige Gründungspläne enthalten insbesondere Angaben zum Leistungsprogramm und zu den relevanten Absatzmärkten, zu den Gesellschaftern, zu Ausbildung und Erfahrung der Geschäftsführung, zur geplanten (und ggf. bisherigen) Entwicklung der Unternehmung (z.B. Umsatz, Mitarbeiter, Investitionen, Gewinne) und zur

[45] Vgl. Schulte (2006b), S. 479.
[46] Vgl. Struck (2001), S. 1; Kraus und Harms (2007), S. 51; Hisrich et al. (2008), S. 199.

Finanzplanung.[47] Je nach Wirtschaftsbereich und Geschäftszweck der Unternehmung können sich dabei im Detail große Unterschiede zeigen, die etwa von den Intentionen der Verfasser, der Art der Existenzgründung, der Höhe des Mittelbedarfs oder den branchenüblichen Planungs- und Geschäftsusancen abhängen.

Da Unternehmensgründungen zu einem erheblichen Teil[48] in Form der Übernahme von Unternehmen erfolgen, ergibt sich daraus eine weitere für die Gründungsberatung typische Beratungskonstellation.[49]

4.3 Beratungsqualität

Die Dienstleistungen inhärente Immaterialität macht die Sicherung und Prüfung der Leistungsqualität problematisch. Dies gilt besonders für Beratungsprozesse, da eine individuelle Leistungserstellung deren Vergleichbarkeit grundsätzlich erschwert. Zudem sind dabei erzielte Ergebnisse nicht allein vom Leistungserbringer abhängig, sondern auch vom kooperativen Mitwirken des Klienten sowie ggf. sogar vom Verhalten unbeteiligter Dritter (z.B. Marktentwicklungen). Beratungsergebnisse und ihre Wirkung beim Klienten sind mithin nicht nur im Vorfeld einer Beratung kaum abzuschätzen, sondern sogar während des Beratungsprozesses und danach nur bedingt festzustellen oder gar zu belegen.[50]

Damit erlangen die *Messung* sowie insbesondere die *Sicherung* der Dienstleistungsqualität auch Relevanz im Rahmen der Gründungsberatung.[51] Die Messung der Beratungsqualität wird dabei im Wesentlichen anhand einer *nachträglichen Evaluierung* von Beratungsprozessen vorgenommen.[52] Bei einer derartigen Evaluierung unterwirft

---

47 Einen Überblick über die typische Struktur eines professionellen Gründungsplans geben Dowling (2003), S. 242 ff., Timmons und Spinelli (2007), S. 228 f., Mugler (1998), S. 200 ff., Pleschak und Werner (1998), S. 78, Ripsas (1997), S. 124 ff., Müller-Böling und Graf (1988), S. 616 f. oder Nathusius (1980), S. 340 ff.

48 Im Gründungspanel NRW basiert rund ein Drittel aller Existenzgründungen auf der Übernahme von Unternehmen, vgl. Schulte (2001), S. 55.

49 Vgl. Köppen (1999), Schulte und Wille (2005).

50 Vgl. Steyrer (1991), S. 21.

51 Zur Qualitätssicherung der Beratung von kleinen und mittleren Unternehmen vgl. Kailer und Falter (2000).

52 Vgl. zur Problematik der Evaluierung von Beratungsprozessen z.B. Kraus und Mohe (2007), S. 247.

sich der Berater der Beurteilung durch den Klienten, um daraus ein Zufriedenheitsurteil sowie detaillierte Hinweise zur Verbesserung künftiger Beratungsprozesse abzuleiten. Da in der Praxis der betriebswirtschaftlichen Beratung kein eindeutiger Qualitätsbegriff existiert, sondern unterschiedliche Qualitätsdefinitionen verwendet werden und die Bewertungskriterien einer Qualitätsmessung je nach Anwender stark differieren, werden zur nachträglichen Evaluierung sehr unterschiedliche Messinstrumente angewendet. Üblicherweise wird ein kundenbezogener Qualitätsbegriff heran gezogen, wobei vorwiegend attributbezogene Methoden auf der Basis von Ratingurteilen zur Messung von Dienstleistungsqualität zu Anwendung kommen.[53]

Zur vorsorglichen *Qualitätssicherung* in der Gründungsberatung wird von der *Vereinigung beratender Volks- und Betriebswirte e.V. (VBV)* die Einhaltung so genannter „Grundsätze ordnungsgemäßer Gründungsberatung“ empfohlen, die u.a. als Konkretisierung der nötigen theoretischen und praktischen Ausbildung sowie des erforderlichen Erfahrungshorizontes zu verstehen sind.[54] Darüber hinaus können auch – allerdings nicht gründungsspezifisch formulierte und daher fachbezogen weniger aussagekräftige – Beratungskodizes nationaler oder internationaler Vereinigungen von Beratungsunternehmen herangezogen werden.[55]

Eine zentrale Rolle für die praktische Umsetzung der Qualitätssicherung in der Gründungsberatung spielt der bereits angesprochene *Beratungsvertrag*. Er dient vor allem dazu, den Umfang des Beratungsauftrages genau festzulegen, die Mitwirkungspflichten des Klienten zu definieren, Vertraulichkeitsverpflichtungen und Haftungsausschlüsse zu bestimmen sowie Kündigungsmöglichkeiten und Vergütungsmodalitäten zu regeln. Bei einem Beratungsvertrag handelt es sich üblicherweise um einen Dienstvertrag, durch den der Berater meist keinen exakt definierten Erfolg schuldet, sondern lediglich zur Erbringung einer ordnungsgemäßen Beratungsleistung verpflichtet wird. Gleichwohl bietet es für beide Vertragsparteien erhebliche Vorteile,

[53] Vgl. z.B. Haller (1995); Parasuraman et al. (1988).

[54] Dazu gehören etwa ein einschlägiger Hochschulabschluss sowie einschlägige Beratungs- oder Führungserfahrungen der Beratenden, s. unter www.vbv.de unter „Qualitätsstandards“ (Stand: Dezember 2007).

[55] So beispielsweise der „Code of Professional Conduct“ des International Council of Management Consulting Institutes (www.icmci.org), dem auch der Fachverband Unternehmensberatung und Informationstechnologie (für Österreich), die Association of Management Consultants (für die Schweiz) und der Bundesverband Deutscher Unternehmensberater angehören.

die zu erbringenden Leistungen und die zu erreichenden Ziele so exakt wie möglich festzulegen, da dies zur Präzisierung von Erwartungen und Zielvorstellungen zwingt, Unsicherheiten und Missverständnisse vermindert, dadurch beiderseits Klarheit darüber schafft, was zu erwarten und was zu leisten ist, realistische Planungsgrundlagen sichert und schließlich Unzufriedenheit, falsche Erwartungen, Enttäuschungen und nachträgliche Konflikte vermeidet. Durch die daraus resultierende Selbstbindung signalisiert der Berater dem Klienten zudem bereits vorab Vertrauenswürdigkeit und schafft damit Sicherheit, die den Beratungsprozess insgesamt unterstützt.

Tab. 3: Exemplarische Zielvereinbarungen im Rahmen der Gründungsberatung

Problembeispiel	Zielvereinbarung
Der Klient (K) benötigt zur Finanzierung seines Gründungsvorhabens eine Bürgschaft/einen Kredit. Der potenzielle Bürge/Kreditgeber verlangt vorab jedoch geeignete Informationen und entsprechend aufbereitete Unterlagen, die der Berater (B) erstellen soll.	Ziel des Beratungsauftrages ist es, das die Bürgschaft/der Kredit vergeben wird.
K benötigt zum Aufbau seines Unternehmens einen geeigneten Mitarbeiter und beauftragt B mit der Suche und Auswahl	Ziel des Beratungsauftrages ist es, den richtigen Mitarbeiter zu finden und einzustellen
K benötigt für den Markteintritt seines Unternehmens eine Marketingstrategie und beauftragt B mit deren Erstellung.	Ziel des Beratungsauftrages ist es, eine Marketingstrategie zu erstellen und schriftlich zu dokumentieren. Sie besteht aus einer Zielgruppen- und Wettbewerbsanalyse sowie aus Gestaltungsempfehlungen zur Anwendung marketingpolitischer Instrumente im Rahmen eines Marketing-Mix.
Der Gründungsplan des K wird von einem potenziellen stillen Gesellschafter G als unvollständig zurückgewiesen; B soll die Mängel beheben.	Ziel des Beratungsauftrages ist es, den Gründungsplan soweit zu vervollständigen, dass dieser von G akzeptiert wird.
K hat ein Buchführungssystem erworben und installiert, dass immer wieder zu falschen Kalkulationen und Ausgangsrechungen führt. B soll die Ursachen suchen und beseitigen.	Ziel des Beratungsauftrages ist es, dass das Buchführungssystem fehlerfrei läuft.
Die Beschaffungskosten für die Betriebs- und Geschäftsausstattung übersteigen die Möglichkeiten des K und sollen mit Hilfe von B reduziert werden.	Ziel des Beratungsauftrages ist es, die Beschaffungskosten für die Betriebs- und Geschäftsausstattung um 20% zu senken.

Exakte Zielvereinbarungen sind das zentrale Mittel zur Sicherung dieser Klarheit und damit auch zur vorausschauenden Qualitätssicherung. Dazu müssen Zielvereinbarungen so formuliert werden, dass sie im Nachhinein intersubjektiv mess- und nachprüfbar sind. Der Klient soll nach dem Ende des Beratungsprojektes den Nutzen der Beratungsleistung erkennen und an einem Maßstab messen können. Beispiele für geeignete Zielvereinbarungen sind in Tabelle 3 zusammengestellt.

4.4 Beratungswirkungen

Neben der weiter oben diskutierten Problematik der Qualitätssicherung auf der Prozessebene stellt sich auch die Frage der *wirtschaftlichen Erfolgsrelevanz* der Gründungsberatung. Abgesehen von wenigen Ausnahmen wurde dieser Aspekt – wie die Gründungsberatung insgesamt[56] – von der einschlägigen Forschung bisher weitgehend vernachlässigt. Untersuchungen des Zusammenhanges von Gründungsberatung und Gründungserfolg – im Sinne von Bestandsfestigkeit und Wachstum junger Unternehmen – zeigen allerdings, dass Gründungsberatung nicht pauschal als genereller Erfolgstreiber gesehen werden kann.[57]

Dessen ungeachtet zeigt sich aber auch, dass die Beratung von Unternehmensgründungen punktuell erhebliche Wirkungen entfaltet und durch ihre Zielgruppe äußerst unterschiedlich genutzt und wahrgenommen wird. Dabei kommt den verschiedenen Beratungsinstitutionen eine je nach Beratungskonstellation zu differenzierende Bedeutung zu. Bezieht man die Qualitätswahrnehmungen und das Inanspruchnahmeverhalten der Klienten mit ein, lassen sich den Beratungsanbietern differenzierte Leistungsprofile zuordnen. Demnach können Steuerberater als typische, dauerhafte und geschätzte Beratungspartner ohne direkte Wirkung auf den Wachstumserfolg angesehen werden. Kammern fungieren bei Unternehmensgründungen als wichtiger und punktuell auch erfolgswirksamer, aber eher kurzzeitiger Begleiter. Fachverbände und Innungen treten als weniger frequentierter und durchschnittlich geschätzter, dafür aber langfristig genutzter Nebenberater auf. Der Gruppe der kommerziellen Unternehmensberater kommt vor allem die Rolle eines effizienzsteigernden Krisenhelfers zu, der ein äußerst heterogenes Leistungs- und Qualitätsprofil aufweist und nur in Ausnahmefällen herangezogen wird. Banken schließlich können als konditionierende

---

[56] Mit jungen, im Prozess der Frühentwicklung befindlichen Unternehmen befassen sich in Bezug auf die Gründungsberatung bislang lediglich die Arbeiten von Schütte (1996), Kailer (2000a/b) und Schulte (2002, 2005).

[57] Vgl. Schulte (2005), S. 384 ff.

Gouvernante mit strengen Leistungskriterien angesehen werden, die allein daraus und ohne intensive eigene Beratungstätigkeit Effizienz- und Wachstumswirkungen fördern.

Die Gründungsberatung kann dann als erfolgreich angesehen werden, wenn das Gründungsunternehmen a) über einen bestimmten Zeitraum hinweg überlebt (notwendige Bedingung) und b) bestimmte finanzielle (quantitative) Erfolgskriterien wie z.B. bestimmte Umsatz- oder Gewinnziele (hinreichende Bedingung) erreicht.[58] Darüber hinaus kann Gründungsberatung auch dann als erfolgreich erachtet werden, wenn ein Gründungsprojekt mit nur geringer Aussicht auf Erfolg als Ergebnis der Beratungsaktivität gar nicht erst begonnen wird.[59]

Diese Überlegungen einschränkend wenden Beratungsanbieter mitunter ein, dass eine allein auf die Frühentwicklungsphase gerichtete Erfolgsmessung im Sinne von Bestandsfestigkeit und Wachstum junger Unternehmen der Gründungsberatung nicht gerecht werde, da Beratungsprozesse ihre vollen Wirkungen vielfach erst auf längere Sicht entfalten. Allerdings greift diese Einschränkung nur begrenzt, denn die durch Ressourcenlimitationen gekennzeichnete Gründungssituation verlangt gerade von den konsultierten Beratern schnelle Ergebnisse. Wird diese gründungsspezifische Anforderung verfehlt, werden sie ihrer Aufgabe kaum gerecht.

5 Probleme und Grenzen der Gründungsberatung

Eine der wenigen empirischen Studien, die sich – wenn auch nur am Rande – mit den Erfahrungen der Unternehmensgründer mit der Gründungsberatung beschäftigen, ist die Längsschnittstudie von Frank et al., bei der 600 Unternehmensgründer befragt wurden.[60]

Dabei stellte sich heraus, dass die befragten Unternehmensgründer die Beratungsqualität im Nachhinein deutlich kritischer und differenzierter beurteilten als während

[58] Vgl. z.B. Kraus (2006), S. 56.
[59] Vgl. Anderseck (2000), S. 3.
[60] Vgl. Frank et al. (2007), S.

des Gründungsprozesses. Als typische Probleme im Zusammenhang mit Beratungsangeboten konnten die Autoren identifizieren:[61]

- Die Verlässlichkeit von Beratung: während des Gründungsprozesses positiv wahrgenommene Beratung stellte sich häufig im Zeitverlauf als unzureichend heraus, z.B. Annahmen über die Unternehmensentwicklung und erwartete Nachfrage. Zuverlässigkeit beinhaltet daher auch die kritischen Durchleuchtung möglicher Risiken und evtl. sogar eine Abbruchentscheidung des Gründungsvorhabens.

- Die *Beratungsqualität in Hinblick auf mögliche kritische Ereignisse*: Hier wurde vor allem bemängelt, im Rahmen der Gründungsberatung nicht ausreichend über Schwierigkeiten, die in der Praxis auftreten können, informiert und auf mögliche Komplikationen vorbereitet worden zu sein. Dies galt insbesondere für Gründungsberatungen durch das Arbeitsamt.

- Das Verhältnis der *Beratung vor und nach der Gründung*: Hier wurde seitens der Unternehmensgründer gerügt, dass die beim Gründungsakt noch recht umfangreiche Gründungsberatungsangebote im Laufe der Unternehmensentwicklung stark nachließen.

- Die *Komplexität einer Unternehmensgründung*: Die komplexen Anforderungen an die Unternehmensgründer in Bezug auf Gründungsvorgang, Fortführung, Stabilisierung und Weiterentwicklung ihres Unternehmens verlangen ein breites Kompetenzspektrum (z.B. Marketing-, Finanzierungs- oder Rechtskenntnisse), über das sie in vielen Fällen nicht verfügen. Daher können viele Unternehmensgründer ihre eigene Unternehmensentwicklung und die damit verbundenen Anforderungen nicht adäquat einschätzen. Hier wurde von den befragten Unternehmensgründern häufig angemängelt, dass Gründungsberater insbesondere der Kammern, der Wirtschaftsförderungsfonds, des Arbeitsamtes etc. häufig nur „Pflichtprogramm“ abspulen, allerdings kaum Alternativpläne für den Fall unvorhergesehener Entwicklungen bereitstellen.

---

[61] Frank et al. (2007), S. 72 f.

Aus den bisherigen Ausführungen ergeben sich weitere Probleme und Grenzen der Gründungsberatung.

Marktbezogene Probleme der mangelnden *Angebots- und Qualitätstransparenz* betreffen Beratungsleistungen ganz allgemein. Während die klassische Unternehmensberatung seit langem versucht, durch gewisse Selbstverpflichtungen (Unterwerfung unter einen Beratungskodex, restriktiver Zugang zu Beratungsverbänden) und Gütesiegel (Nachweise der Beraterausbildung und Beraterzertifizierung) anbieterseitige Qualitätssignale zu senden, um dem Problem der ungeschützten Berufsbezeichnung entgegen zu wirken, existieren im Bereich der Gründungsberatung bislang noch keine vergleichbaren und etablierten Standards oder Prüfzeichen.

Prozessbezogene Probleme bestehen auf mehreren Ebenen des Beratungsprozesses. Die im Rahmen der Gründungsberatung oft praktizierte Anwendung heuristischer Lösungsansätze, die Vielfalt der alternativen Lösungswege und der Mangel an objektivierbarer „Korrektheit" lassen bisweilen den Eindruck von *Beliebigkeit* und mangelnder Fundiertheit der Beratungsarbeit entstehen.[62]

Hinzu kommt die Problemebene unterschiedlicher Wahrnehmungen und Erwartungen zwischen Berater und Gründer, die fast immer mit Defiziten in der Berater-Klienten-Kommunikation korrespondiert. *Kommunikationsstörungen* durch unterschiedliche Sprache, Misstrauen, Missverständnisse, unklare Zielvorstellungen oder abweichende Problemeinschätzungen[63] gelten als Hauptproblem in der Berater-Klienten-Kommunikation.

Schließlich gehört dazu auch die Problematik expliziter oder impliziter *Beratungsablehnung oder -resistenz* bei einzelnen Beteiligten eines Gründungsvorhabens. Werden Beratungsprozesse klientenseitig nicht umfassend und kooperativ mitgetragen, führt der Prozess fast zwingend zu suboptimalen Ergebnissen.

Auf der Prozessebene bestehende Probleme lassen Gründungsberatung an gewisse Grenzen stoßen. Sie treten auf, wenn

---

[62] Vgl. Schütte (1996), S. 106.

[63] Vgl. Müller-Böling und Kirchhoff (1991), S. 231 f.

- *fachlich-qualifikatorische Kompetenz- und Erfahrungsdefizite des Beraters* bestehen. Das Problem wird dann nicht vollständig erfasst oder durchdrungen, und Sach- oder Methodenwissen zur Problemlösung fehlt.

- *eine mangelnde Offenheit und Kooperationsbereitschaft des Klienten* besteht. Möglicherweise ausgelöst durch Angst vor der Weitergabe interner Informationen durch den Berater steht der Klient selbst einer sachgerechten Problemlösung im Weg.

- *auf Grund geringer Ressourcen bei Gründungen hoher Kosten- und Zeitdruck* besteht. Zeitdruck und Budgetbegrenzungen können die erforderliche Breite oder Tiefe für einen umfassenden Beratungsansatz verhindern und zu suboptimalen Problemlösungen führen.

Im Rahmen des vorliegenden Beitrags wurde versucht, erstmalig im Rahmen der deutschsprachigen Forschung einen möglichst vollständigen Überblick über das Themenfeld der Gründungsberatung herzustellen, um der von Wissenschaftlern häufig konstatierten Theoriearmut entgegenzutreten. Gleichsam können durch das Aufzeigen von Grenzen und Problemfeldern wichtige Erkenntnisse für die Praxis – sei es für Gründungsberater selbst, an Gründungsberatung interessierte Unternehmensgründer oder öffentliche Institutionen – abgeleitet werden. Darüber hinaus ist verstärkte wissenschaftliche Forschung, insbesondere empirischer Natur, zu empfehlen, um weiteres Wissen über das Themenfeld zu erhalten und die Theoriebildung weiter voranzutreiben und abzusichern.

Literaturverzeichnis

Aldrich, H. E. und Auster, E. (1986): Even Dwarfs Started Small: Liability of Age and Size and Their Strategic Implications, in: Aldrich, H.E., Auster, E., Staber, U. und Zimmer, C. (Hrsg.): Population Perspectives on Organizations. Uppsala: Uppsala University Press, S. 29-59.

Alten, W. und Weiß, R. (2000): Neue Wege für das Management von KMU – Kompetenzentwicklung durch Beratung, Weiterbildung und Kooperation, in: Kailer, N. und Walger, G. (Hrsg.): Perspektiven der Unternehmensberatung für kleine und mittlere Betriebe. Linde, Wien, S. 71-104.

Althaus, S. (1994): Unternehmensberatung. Gestaltungsvorschläge zur Steigerung der Effizienz des Beratungsprozesses. Dissertation, Hochschule St. Gallen, Hallstadt.

Alvesson, M. (1995): Management of Knowledge Intensive Companies. De Gruyter: Berlin u.a.

Anderseck, K. (2000): Start Up Counselling: Ein Ansatz zur Professionalisierung der Gründerberatung, Diskussionsbeitrag Nr. 293, Fernuniversität Hagen, Hagen.

Anderseck, K. (2001): Der Gründerberater – Elemente zu seiner Professionalisierung, in: Internationales Gewerbearchiv, 49. Jg., Nr. 1-4, S. 256-272.

Brösel, G., Olbrich, M. und Rudolf, J. (2005): Gründungsberatung durch den Wirtschaftsprüfer – Einige betriebswirtschaftliche und juristische Anmerkungen, in: Die Wirtschaftsprüfung, 58. Jg., Nr. 23, S. 1284-1293.

Brüderl, J., Preisendörfer, P. und Ziegler, R. (1998): Der Erfolg neugegründeter Betriebe, Eine empirische Studie zu den Chancen und Risiken von Unternehmensgründungen, 2. Auflage. Duncker & Humblot, Berlin.

Dowling, M. (2003): Businesspläne, in: Dowling, M. und Drumm, H. J. (Hrsg.): Gründungsmanagement. 2. Aufl., Springer, Berlin, Heidelberg, New York, S. 239-246.

Frank, H. (1993): Small Business Owners and Consultants: An empirical analysis of their Relationship, in: Journal of Small Business & Entrepreneurship, 10. Jg., S. 32-43.

Frank, H., Kessler, A., Korunka, C. und Lueger, M. (2007): Gründungsrealisierung und Erfolg von jungen Unternehmen in Österreich – Eine Analyse der Entwicklung im Verlauf von acht Jahren (1998 – 2005). BMWA, Wien.

Gries, C.-I., May-Strobl E. und Paulini, M. (1997): Die Bedeutung der Beratung für die Gründung von Unternehmen. IfM, Bonn.

Haller, S. (1995): Beurteilung von Dienstleistungsqualität. DUV, Wiesbaden.

Hebig, M. (2004): Existenzgründungsberatung. Steuerliche, rechtliche und wirtschaftliche Gestaltungshinweise zur Unternehmensgründung. 5. Aufl., Erich Schmidt, Bielefeld.

Hisrich, R. D., Peters, M. P. und D.A. Shepherd (2008): Entrepreneurship. Starting, Developing, and Managing a new Enterprise. 7. Aufl., Mcgraw-Hill, New York u.a.

Hoffmann, W. und Hlawacek, S. (1991): Beratungsprozesse und -erfolge in mittelständischen Unternehmen, in: Hofmann, M. (Hrsg.): Theorie und Praxis der Unternehmensberatung. Physica, Heidelberg, S. 403-436.

IfM (1997): Wissenschaftliche Begleitforschung 1996 zur Gründungsoffensive Nordrhein-Westfalen, IfM-Materialien 123. Institut für Mittelstandsforschung, Bonn.

Jungbauer-Gans, M. und Preisendörfer, P. (1991): Verbessern eine gründliche Vorbereitung und sorgfältige Planung die Erfolgschancen neugegründeter Betriebe?, in: ZfbF, 43. Jg., S. 987-996.

Kailer, N. (1999): Beratung von kleinen und mittleren Unternehmen: Empirische Ergebnisse aus Österreich, Deutschland und der Schweiz, in: Internationales Gewerbearchiv, 47. Jg., Nr. 4, S. 221-234.

Kailer, N. (2000a): Unterstützung von UnternehmensgründerInnen und JungunternehmerInnen durch Beratung und Training, in: Kailer, N. und Walger, G. (Hrsg.): Perspektiven der Unternehmensberatung für kleine und mittlere Betriebe. Linde, Wien, S. 275-304.

Kailer, N. (2000b): Gründung und Frühentwicklung von Unternehmen. Leistungsspektrum der Gründungshelfer, Kooperationsprobleme und Ansatzpunkte zur Verbesserung, in: Kailer, N., Pernsteiner, H. und Schauer, R. (Hrsg.): Initiativen zur Unternehmensgründung – Unternehmensentwicklung. Linde, Wien, S. 57-90.

Kailer, N. (2002): Beratung und Training bei Unternehmensgründung und -nachfolge von KMU und Familienunternehmen, in MER Journal für Management und Entwicklung, Nr. 2.

Kailer, N. und Falter, C. (2000): Sicherung der Qualität von Beratungsprozessen in kleinen und mittleren Unternehmen – Ergebnisse einer Qualitätsmessung, in: Kailer, N. und Walger, G. (Hrsg.): Perspektiven der Unternehmensberatung für kleine und mittlere Betriebe. Linde, Wien, S. 129 166.

Kailer, N. und Merker, R. (2000): Kompetenzbarrieren und -defizite in der Beratung von Klein- und Mittelunternehmen, in: Kailer, N. und Walger, G. (Hrsg.): Perspektiven der Unternehmensberatung für kleine und mittlere Betriebe. Linde, Wien, S. 233-274.

Kailer, N. und Scheff, J. (2000): Beratung als Dienstleistung: Die Zusammenarbeit von kleinen und mittleren Unternehmen und Unternehmensberatern, in: Kailer, N. und Walger, G. (Hrsg.): Perspektiven der Unternehmensberatung für kleine und mittlere Betriebe. Linde, Wien, S. 41-70.

Kaiser, S. (2004), Humanressourcen-Management in Professional Service Firms, in: Ringlstetter, M., Bürger, B. und Kaiser, S. (Hrsg.): Strategien und Management für Professional Service Firms. Wiley: Weinheim, S. 163-184.

Köppen, R. O. (1999): Erfolgsfaktoren von Unternehmensberatungen. Die Nachfolgeregelung in kleinen und mittleren Unternehmen. DUV, Wiesbaden.

Kraus, S. (2006): Strategische Planung und Erfolg junger Unternehmen. Gabler, Wiesbaden.

Kraus, S. und Harms, R. (2005): 2005: Gründungsplanung: von der Geschäftsidee zum Geschäftsmodell, in: Konrad, E.D. (Hrsg.): Aspekte erfolgreicher Unternehmensgründungen. Hinweise – Vorgehen – Empfehlungen. Waxmann, Münster, S. 57-72.

Kraus, S. und Harms, R. (2007): Gründungsplanung, in: Wirtschaftswissenschaftliches Studium, 36. Jg., Nr. 1, S. 56-54.

Kraus, S. und Mohe, M. (2007): Zur Divergenz ideal- und realtypischer Beratungsprozesse, in Nissen, V. (Hrsg.): Consulting Research – Unternehmensberatung aus wissenschaftlicher Perspektive – Analysen, Modelle, und Theorien. Gabler, Wiesbaden, S. 263-279.

Kraus, S., Jensen, S.H. und Poulfelt, F. (2008a): Professional Service Firms, in: Wirtschaftswissenschaftliches Studium – Zeitschrift für Ausbildung und Hochschulkontakt, 37. Jg., Nr. 3, S. 162-164.

Kraus, S., Jensen, S.H., Poulfelt, F. und Harms, R. (2008b): Management-Kompetenz in kleinen und mittelgroßen Professional Service Firms – Die Generierung von Wettbewerbsvorteilen aus der Ressource Wissen, in: Meyer, J.-A. (Hrsg.): Jahrbuch der KMU-Forschung 2008 – Managementkompetenz in kleinen und mittleren Unternehmen. Eul, Lohmar/Köln, S. 257-270.

Mugler, J. (1998): Betriebswirtschaftslehre der Klein- und Mittelbetriebe. Band 1, 3. Aufl., Springer, Wien, New York.

Mugler, J. und Lampe, R. (1987): Betriebswirtschaftliche Beratung von Klein- und Mittelbetrieben, in: Betriebswirtschaftliche Forschung und Praxis, 39. Jahrgang, S. 477-493.

Müller-Böling, D. und Graf, H. (1988): Planungsinstrumente für die Gründung von Unternehmungen, in: Wirtschaftswissenschaftliches Studium, 17. Jg., S. 615-619.

Müller-Böling, D. und Kirchhoff, S. (1991): Zum Einsatz von Expertensystemen in der Gründungsberatung, in: Die Betriebswirtschaft, 51 Jg., S. 231-244.

Nathusius, K. (1980): Gründungsplanung, in: Betriebswirtschaftliche Forschung und Praxis, 32. Jg., S. 336-342.

Nobre (1995): Die Rolle der Unternehmensberatung bei Unternehmen in der Nachgründungs- und Vorentwicklungsphase, in: Internationales Gewerbearchiv, 8. Jg., Nr. 2, S. 101-115.

Parasuraman, A., Zeithaml, V. und Berry, L.L. (1988): SERVQUAL: A Multiple-Item Scale for Measuring Consumer Perception of Service Quality, in: Journal of Retailing, 64. Jg., Nr. 1, S. S. 12 - 40.

Pleschak, F. und Werner, H. (2000): Unternehmenskonzeptionen und wirtschaftliche Entwicklung junger Technologieunternehmen in den neuen Bundesländern, in: Finanzbetrieb, 2. Jg., S. 117-122.

Ripsas, S. (1997): Entrepreneurship als ökonomischer Prozess. Perspektiven zur Förderung unternehmerischen Handelns. Gabler, Wiesbaden.

Rüschemeyer, D. (1969): Freie und akademische Berufe, in: Bernsdorf, W. (Hrsg.): Wörterbuch der Soziologie, 2. Aufl., Fischer, Frankfurt, S. 301-305.

Schmude, J. (1993): Geförderte Unternehmensgründungen in Baden-Württemberg. Eine Analyse der regionalen Unterschiede des Existenzgründungsgeschehens am Beispiel des Eigenkapitalhilfeprogramms (1979 bis 1989), Habilitationsschrift, Heidelberg.

Schulte, R. (2001): Konzeption und Methodik des Gründerpanels Nordrhein-Westfalen, in: Klandt, H., Nathusius, K., Mugler, J. und Heil, H.: Gründungsforschungs-Forum 2000. Dokumentation des 4. G-Forums. Eul, Lohmar, Köln, S. 47-62.

Schulte, R. (2002): Finanzierungs- und wachstumstheoretische Aspekte der Frühentwicklung von Unternehmungen und deren empirische Analyse, Habilitationsschrift, Universität Dortmund 2002.

Schulte, R. (2005): Existenzgründungsberatung: Nutzung, Qualitätswahrnehmung und Wirkungen, in: Schulte, R. (Hrsg.): Ergebnisse der MittelstandsForschung. LIT, Münster, S. 377-397.

Schulte, R. (2006a): Begriff und Merkmale junger Unternehmen, in: Wirtschaftswissenschaftliches Studium, 35. Jg., Nr. 7, S. 419.

Schulte, R. (2006b): Phasen der Unternehmensgründung, in: Wirtschaftswissenschaftliches Studium, 35. Jg., Nr. 8, S. 479.

Schulte, R. (2008): Gründungsberatung, in: Kraus, S. und Fink, M. (Hrsg.): Entrepreneurship. Theorien und Fallstudien zu Gründungs-, Wachstums- und KMU-Management. WUV, Wien, S. 182-196.

Schulte, R. und Wille, C. (2005): Unternehmensnachfolgeprozesse in Klein- und Mikrounternehmen. Ergebnisse einer empirischen Untersuchung, in: Brost, H.. Faust, M. und Thedens, C. (Hrsg.): Unternehmensnachfolge im Mittelstand. Frankfurt School Verlag, Frankfurt/Main, S. 393-416.

Schulte, R. und Tegtmeier, S. (2008): Theorien zur Unternehmensgründung, in: Gundolf, K. und Kraus, S. (Hrsg.): Stand und Perspektiven der deutschsprachigen Entrepreneurship- und KMU-Forschung. Ibidem: Stuttgart, S. 118-134.

Schütte, A. (1996): Unternehmensberatung in der Bundesrepublik Deutschland. Unter besonderer Beachtung der Beratung bei Unternehmensgründung. Theoretische und empirische Analyse sowie konzeptionelle Weiterentwicklung. Lang, Frankfurt/Main.

Staehle, W. H., Conrad, P. und Sydow, J. (1999): Management. Eine verhaltenswissenschaftliche Perspektive. 8. Aufl., Vahlen, München.

Staudt, E., Bestel, S. und Lewandowitz T. (1996): Unternehmensgründerberatung – Kritische Bestandsaufnahme bestehender Angebote. Institut für angewandte Innovationsforschung: Bochum.

Steyrer, J. (1991): „Unternehmensberatung“ – Stand der deutschsprachigen Theorienbildung und empirischen Forschung, in: Hofmann, M. (Hrsg.): Theorie und Praxis der Unternehmensberatung. Physica, Heidelberg, S. 1-44.

Stinchcombe, A.L. (1965): Organizations and social structure, in: March, J.G. (Hrsg.): Handbook of Organizations. Rand McNally & Company, Chicago, S. 142-193.

Struck, U. (2001): Geschäftspläne. 3. Aufl., Schäfer-Poeschel, Stuttgart.

Timmons, J. A. und Spinelli, S. (2007): New Venture Creation. Entrepreneurship for the 21st century. 7. Aufl., McGraw-Hill, New York u.a.

Walger, G. und Schenking, F. (2001): Grundlagen der Gründerberatung, Teil 1 und 2, Kurs Nr. 75035 des Fachbereichs Wirtschaftswissenschaft der FernUniversität Hagen, Hagen.

Wandschneider, D. (1991): Das Gutachtendilemma. Über das Unethische partikularer Wahrheit, in: Lenk, H. (Hrsg.): Wissenschaft und Ethik. Reclam, Stuttgart.

Wick, V. (2000): Die Auswahl und Nutzung externer Berater durch Klein- und Mittelunternehmen – eine empirische Untersuchung, in: Kailer, N. und Walger, G. (Hrsg.): Perspektiven der Unternehmensberatung für kleine und mittlere Betriebe. Linde, Wien, S. 105-128.

Zitzelsberger (2004): Beratungsaufgaben der Wirtschaftsprüfer, in: Kütting, K. (Hrsg.): Saarbrücker Handbuch der betriebswirtschaftlichen Beratung, 3. Aufl., Herne/Berlin, Verlag Neue Wirtschafts-Briefe, S. 14.

Wege zu anerkannten Qualitätsstandards in der Gründungsberatung: Vorgehen, Erfahrungen und Herausforderungen bei der Entwicklung und Etablierung eines Qualitätsmodells für zielgruppenspezifische Gründungsberatungsorganisationen

Dr. Birgit Buschmann, Vorstand Deutsches Gründerinnen Forum e.V.

1 Einführung

Bisher gab es im Markt der Gründungsunterstützung keine anerkannten Qualitätsstandards. Für Anbieter bestehen keine allgemein verbindlichen, gesetzlich geregelten Zugangsvoraussetzungen, zudem existieren bisher keine allgemein verbindlichen Qualifikations-, Prozess- und Leistungsstandards in der Gründungsberatung. Hieraus resultieren Angebotsvielfalt, Qualitätsunterschiede und Intransparenz über verlässliche und verbindliche Leistungsstandards und -qualität für Gründer/innen und Fördermittelgeber. Handlungsbedarf wird diesbezüglich sowohl seitens der Anbieter selbst, der Fördermittelgeber, besonders aber aus Sicht der Gründer/innen gesehen.

Das Deutsche Gründerinnen Forum e.V. (DGF) entwickelte – gefördert durch das Bundesministerium für Arbeit und Soziales aus Mitteln des Europäischen Sozialfonds und kofinanziert vom Bundesministerium für Familie, Senioren, Frauen und Jugend – in einem zweijährigen EQUAL-Projekt (2006-7) in der nationalen Entwicklungspartnerschaft AWoPE (Activating Women's Potential for Entrepreneurship) ein Qualitätsmodell für gender- und zielgruppenspezifische Gründungsberatungsorganisationen.[1]

Im Rahmen dieses Beitrages werden die Vorgehensweisen und Methoden, Ergebnisse und Erfahrungen sowie Herausforderungen bei der Entwicklung und Etablierung eines Qualitätsmodells für zielgruppen- und genderspezifische Beratungsorganisationen aufgezeigt.

---

[1] Das Deutsches Gründerinnen Forum e.V. verfolgt - als bundesweites Expertinnennetzwerk und Lobby zur Förderung der Existenzgründung von Frauen in Deutschland - seit Gründung im Jahr 1997 im Rahmen seines Vereinszwecks die Zielsetzung zur Förderung der Qualität in Bildung und Beratung. In den vergangenen Jahren wurde zunächst im Rahmen einer Arbeitsgruppe an der Entwicklung von Qualitätsstandards gearbeitet.

2 Ausgangssituation und Zielsetzung

Hochwertige Gründungsberatung setzt ein professionelles und seriöses Leistungsangebot auf Basis einer realistischen Selbstdarstellung und Transparenz des eigenen Leistungsprofils und -verständnisses sowie einer leistungsfähigen Organisations- und Führungskultur und Ressourcenausstattung voraus.

Das aktuelle Gründungsgeschehen mit einem Zuwachs an neuen Zielgruppen in den vergangenen Jahren, u.a. bei Gründungen aus Arbeitslosigkeit, Gründerinnen und Migranten stellt wachsende Anforderungen an Beratungsangebote und -konzepte und setzt spezifisches Wissen, Kompetenzen und Erfahrungen im Umgang mit diesen verschiedenen Zielgruppen voraus, einschließlich der adäquaten Umsetzung von Strategien der Chancengleichheit und des Gender Mainstreaming.

Beratungseinrichtungen, die eine qualitäts- und zielgruppenorientierte Angebotspolitik betreiben, haben wesentliche Wettbewerbsvorteile.

Sie können

- sich im Markt der Gründungsunterstützung besser positionieren und profilieren,
- Kundinnen und Kunden leichter gewinnen und von Ihren Leistungen überzeugen und
- ihre Effektivität und Effizienz gegenüber Fördergebern leichter legitimieren und unter Beweis stellen.

Allerdings fehlte bisher die notwendige Transparenz sowie die verbindliche Definition und Etablierung von Qualitätskriterien.

Das DGF-Projekt „Qualitätsstandards für zielgruppenspezifische Beratungen" ver folgte v.a. zwei Ziele:

- Angebotsanalyse, Befragung und Monitoring zielgruppenspezifischer Gründungsberatung

- Definition und Etablierung einheitlicher zielgruppenspezifischer und genderorientierter Qualitäts-Mindeststandards

Im Mittelpunkt stand die Erarbeitung von Qualitätsmindeststandards für zielgruppenspezifisch und genderorientiert arbeitende Gründungsberatungsorganisationen, die mit einem Zertifikat professionell im Markt verankert werden sollen.

3 Vorgehensweise und Methoden

3.1 Befragungen von Beratungsinstitutionen und Gründer/innen (Juni bis August 2006 und Juni bis August 2007)

Im Rahmen des Projektes wurden im ersten Schritt der Stand der Qualitätsentwicklung in den Beratungsorganisationen sowie die Anforderungen aus Sicht der Gründer/innen durch Befragungen bei Beratungsinstitutionen und Gründern/innen ermittelt.[2]

Zentrale Ergebnisse

Die Befragungen dienten einer empirisch fundierten Bestandsaufnahme zum Stand der Qualitätsentwicklung in der Beratung von Existenzgründer/innen. Auf Seiten der Anbieter wurden Informationen zum Qualitätsverständnis und zu den Aktivitäten zur Qualitätssicherung erhoben. Die Gründerinnen und Gründer wurden zur Passgenauigkeit der Beratung und Qualifizierung sowie zu ihren Anforderungen an die Beratungsqualität befragt. Beide Befragungen wurden im Zeitraum Juni bis August 2006 online realisiert.

---

[2] Die Befragung der Beratungsinstitutionen zum Stand der Qualitätsentwicklung sowie der Gründer/innen zur Zufriedenheit mit dem Angebot der Beratungseinrichtungen wurde von Elisabeth Kerkhoff, Sozialforschung und Beratung (http://www.sozialforschung-online.de/) durchgeführt. Der Ergebnisbericht kann als Langfassung oder Kurzfassung http://www.-dgfev.de/ErgebnisseQualitaet.htm im Internet abgerufen werden. Die Wiederholungsbefragung der Beratungsorganisationen sowie der Gründer und Gründerinnen wurde ebenfalls von Elisabeth Kerkhoff, Sozialforschung und Beratung, durchgeführt. Gleichzeitig wurde eine Monitoringkonzeption entwickelt, so dass ein Vorschlag für die regelmäßig Bestandsaufnahme der Qualitätsentwicklung in der Gründungsberatung vorliegt. Der Bericht kann im Internet abgerufen werden: http://www.dgfev.de/ErgebnisseQualitaet.htm

Befragung von Beratungseinrichtungen

Die Befragung richtete sich an Träger, die in der öffentlich geförderten/finanzierten Gründungsberatung aktiv sind:

- Beratungsstellen zur Förderung der (Frauen-)Erwerbstätigkeit, die einen wesentlichen Beitrag zur niedrigschwelligen zielgruppenspezifischen Gründungsberatung leisten.
- Beratungsstellen und Agenturen für Existenzgründung, deren zentrales Geschäftsfeld die Beratung und Unterstützung von Existenzgründer/innen ist.
- Ämter und Gesellschaften für Wirtschaftsförderung der Kommunen und Landkreise die im Rahmen ihrer Aktivitäten Gründer/innen beraten und unterstützen sowie Gründungszentren (ebenfalls in kommunaler oder regionaler Regie oder als public-private-partnership).
- Anbieter von Leistungen für Gründer und Gründerinnen mit jeweils spezifischer Schwerpunktsetzung, u.a. Projekte im Hochschulbereich, Förderbanken u.a. Organisationen mit speziellen Angeboten für Gründer/innen sowie ehrenamtlich arbeitende Gründungs-Initiativen mit professionellem Hintergrund.

Per Mail kontaktiert wurden insgesamt rd. 600 Adressaten. Teilgenommen haben an der Befragung 193 Träger mit insgesamt 253 Geschäftsstellen, die pro Jahr für insgesamt ca. 57.000 (potenzielle) Gründerinnen und Gründer Dienstleistungen erbringen.

Qualitätsverständnis und –aktivitäten

Die Fragen zu diesem Komplex bezogen sich auf folgende Handlungsfelder:

- Orientierung an Referenzmodellen
- Selbstverständnis und Leitbild
- Kompetenzbegriff und -management
- Instrumente und Verfahren zur Qualitätssicherung
- Kooperation und regionale Vernetzung.

Was den Grad der Umsetzung von Qualitätssicherungsinstrumenten angeht, so erweisen sich in den meisten dieser Bereiche die genderspezifisch orientierten Anbieter als

vergleichsweise weiter fortgeschritten gegenüber denjenigen ohne oder mit anderer Zielgruppenorientierung. Hier zeigt sich, dass die in dieser Gruppe anteilig stärker repräsentierten auf Gründungsberatung spezialisierten Träger bereits häufiger ihr Qualitätsverständnis in konkrete Maßnahmen umgesetzt haben.

Referenzmodelle haben bisher eher wenig Bedeutung: Genannt wurden einige landesweite Modelle (Eckpunktepapier des Arbeitskreises „Qualität der Gründungsberatung“ in NRW; Leitfaden der GIB in NRW, Landesprojekt der Kontaktstellen Frau und Beruf Schleswig Holstein). Die im EQAL-Kontext (u.a. 4-Phasen-Modell) entwickelten Referenzmodelle haben bisher wenig Breitenwirkung in dem Sinne entfaltet, dass sie durch andere Anbieter von Beratungsleistungen adaptiert worden wären, sondern werden im wesentlichen von den Entwicklern praktiziert.

Beim Kompetenzmanagement wird bisher vor allem auf den internen, z.T. auch auf den regionalen Wissenstransfer gesetzt. Deutlich seltener existieren Konzepte zur Organisations- und Personalentwicklung oder zur Kompetenzbildung der Mitarbeiter/innen. Mit hoher Wahrscheinlichkeit spielt hier die Kostenfrage die entscheidende Rolle, nach eigenen Angaben verfügen lediglich knapp 30% der Einrichtungen über ein Weiterbildungsbudget. Hier wird Handlungsbedarf sichtbar: praktikable Lösungen für eine verstärkte, kostengünstige Berater/innenqualifizierung zu entwickeln.

Weit verbreitet ist der Einsatz von Instrumenten zur Qualitätssicherung: Rund 70% aller befragten Einrichtungen geben an, sich an Prozess- und Beratungsstandards zu orientieren. Dies ist allerdings nicht durchgängig für den gesamten Beratungsprozess der Fall, sondern schwerpunktmäßig in der Anfangsphase (Situationsanalyse und Definition des Beratungsauftrags) sowie zum Teil auch bei der Weitervermittlung. Unterschiedlich ist der Verbreitungsgrad standardisierter „Tools“ zur Prozessbegleitung und Dokumentation. Insgesamt rd. 50% der Antworter/innen geben an, ein Businessplan-Formular einzusetzen, eine Prozessdokumentation findet bei knapp 40% statt. Bisher kaum (von weniger als 10%) verwendet wird ein Gründerpass.

Empfehlung: Es wäre ggf. ein Informationsaustausch und Qualifizierungsmaßnahmen zwecks Transfer und Adaption existierender Best-Practice-Beispiele sinnvoll.

Der Einsatz von Qualitätsmanagement-Systemen ist bisher auf einen relativ kleinen Kreis von knapp 15% meist größeren Einrichtungen begrenzt. Dies verweist auf den konkreten Handlungsbedarf hinsichtlich der Etablierung eines breiter anerkannten Qualitätsmodells.

Nach den Ergebnissen dieser Befragung steht die Profilbildung gegenüber Kunden, Kooperationspartnern und Wettbewerbern für die Träger im öffentlich geförderten Beratungssektor überwiegend noch bevor. Bei der Leitbild-Entwicklung haben insbesondere die genderspezifisch orientierten Anbieter viel inhaltliche Substanz einzubringen, da hier die zentralen Begrifflichkeiten bzgl. des Beratungsverständnisses klar umrissen sind. Noch weniger konkret ist generell das eigene Kompetenz- und Rollenverständnis in der Gründungsberatung. Viele Qualitätsansätze sind zudem noch nicht explizit formuliert.

Befragung von Gründer/innen

Die Kontaktaufnahme zu den Gründer/innen fand wie geplant in Kooperation mit den Teilnehmern der Einrichtungsbefragung statt. Diese leiteten (sofern Adresspools vorhanden waren) die Kontakt-Mail an ihre bereits selbständigen Klient/innen weiter. An der Befragung beteiligten sich insgesamt 552 Gründer/innen (70% Frauen, 82% aus Westdeutschland und Berlin, 18% aus den neuen Bundesländern).

Die Teilnehmer/innen die während des Gründungsprozesses kontinuierlich durch eine (Haupt-)Instanz begleitet wurden, wurden detailliert nach den erhaltenen Leistungen und etwaigen Lücken gefragt:

- Die Anbieter erwiesen sich sämtlich als full-service-Dienstleister: Ein Defizit zeichnet sich allerdings in Hinblick auf die Unterstützung in der Nachgründungsphase ab: Insgesamt jede/r Fünfte (30% der Männer, 17% der Frauen) gibt an, dass er/sie eine weitergehende Begleitung gebraucht, jedoch nicht erhalten habe.

- In den meisten Aspekten (gründungsrelevantes Fach- und Businesswissen, Engagement, Erklärungsgeschick und Flexibilität) fällt die Bewertung der Gründungsberater/innen gut bis sehr gut aus. Kritischer beurteilt wird die fallbezogene Kooperation zwischen Einrichtungen (zwischen 2,3 und 2,6).

- Schlusslicht im Ranking bildet die Branchenkompetenz der Mitarbeiter/innen mit 2,2 (Berater/innen) bzw. 2,7 Punkten (frauenspezifische Beratungsstellen).

Es zeigt sich, dass das Qualitätsverständnis der Gründer/innen im Wesentlichen personen- und angebotsorientiert ist. Im Vordergrund stehen die Kriterien, die den Leistungsstandard definieren: Die Kompetenz des/der Berater/in, Art und Umfang der Angebote, Vermittlungsmethoden und die Prozessgestaltung (klare Regelungen, Steuerung und Kooperation); auch die Zielgruppenorientierung der Einrichtungen und der Berater/innen, hat bei den Befragten unabhängig vom Geschlecht eine hohe Priorität. Als wichtig, aber nachrangiger gegenüber anderen Faktoren wird die Genderkompetenz beurteilt.

Bei der Leistungsbewertung schneiden die frauenspezifischen Einrichtungen gut ab. Die Beratung in der Orientierungsphase erhält sogar mit 1,6 Punkten (Skalierung: 1= positiv, 4 = negativ) im Vergleich der Einrichtungstypen den besten Wert. (Zum Vergleich: Beratungsstellen für Existenzgründung und selbständige Berater/innen: 1,8; IHKn: 2,3; Agenturen für Arbeit: 2,7). Die frauenspezifischen Anbieter/innen sollten demnach ggf. ihre spezifische Genderkompetenz in der Orientierungsberatung stärker herausstellen und vermarkten sowie möglicherweise den Lebenslagen- und den Genderaspekt argumentativ verbinden.

Bisher generell weniger wichtig sind aus Sicht der Gründer/innen Kriterien in Zusammenhang mit der Sicherung und Kontrolle der Angebotsqualität wie Qualitätssiegel, Leistungskennzahlen und die Durchführung von Kundenbefragungen.

Empfehlung ist daher, in der Kundenkommunikation klare Aussagen zu den Kernkompetenzen, Leistungen und Methoden zu treffen. Der konkrete Nutzen von Qualität für die Kunden/Kundinnen sollte kommuniziert und erklärt werden, welche Rolle die Qualitätssicherung spielt und welche Funktion Qualitätssiegel erfüllen.

Ergebnisse der Wiederholungsbefragung in 2007

Den Ergebnissen der Befragung der Anbieter von Beratungs- und Unterstützungsleistungen für Existenzgründer/innen zufolge hat in der öffentlich finanzierten Gründungsberatung die Zielgruppenorientierung weitreichende Bedeutung: Der Zielgruppenfokus, speziell was Gründungen unter erschwerten Voraussetzungen betrifft, ist definiert und wird auch überwiegend auf der konzeptionellen und angebotsorganisatorischen Ebene umgesetzt. Insgesamt stellen bei den in dieser Befragung präsenten Trägern diejenigen Gründer/innen, die unter erschwerten Rahmenbedingungen in die Selbständigkeit starten, die Mehrzahl der Kunden/Kundinnen. Diese Ergebnisse sind zwar - weil sich möglicherweise in erster Linie diejenigen Beratungsorganisationen beteiligten, die sich zielgruppenspezifisch engagieren – ggf. eingeschränkt repräsentativ. Gemessen an den Eckwerten des Gründungsmonitors der KfW - mit einem Anteil von 18% Gründungen aus der Arbeitslosigkeit insgesamt - ist jedoch die Annahme berechtigt, dass Gründer/innen aus der Benachteiligung von der öffentlich finanzierten Gründungsberatung überproportional erreicht werden.

Das Angebotspektrum der Beratungsorganisationen orientiert sich, abhängig vom Hauptgeschäftsfeld, unterschiedlich stark an der Idee einer phasenübergreifenden Begleitung. Den vollständigsten Leistungskatalog in diesem Sinne haben die Agenturen für Gründungsberatung, die mehrheitlich auch Angebote für die Nachgründungsphase machen. Demgegenüber steht bei den Organisationen der beruflichen Beratung, in Übereinstimmung mit dem Leistungsverständnis, die Orientierungsberatung im Vordergrund. Die Institutionen der Wirtschaftsförderung sind, insgesamt betrachtet, maßgeblich auf die Information und Beratung in Finanzierungsfragen hin orientiert.

Außerdem in der Gründungsberatung bisher noch seltener, von lediglich jeder zweiten Agentur für Gründungsberatung und jeder dritten Einrichtung der Wirtschaftsförderung, durchgeführt wird ein systematisches Profiling - wichtig sowohl zur Risikominimierung für die Gründer/innen als auch im Interesse der gezielten Prozessoptimierung und Verwendung von Fördermitteln wünschenswert. Insofern bleibt die schon in Zusammenhang mit den Ergebnissen der ersten Befragungsrunde formulierte Anregung an die Akteur/innen der öffentlich finanzierten Gründungsberatung, sich am Austausch über Profilingmethoden und -verfahren zu beteiligen, weiterhin aktuell.

Die Ergebnisse zum Stand der Qualitätsentwicklung in den Beratungsorganisationen lassen auf eine wachsende Sensibilisierung in diesem Punkt bzw. auf eine zunehmende Aktualität des Themas Zertifizierung schließen. Auf welche Akzeptanz die neu entwickelten Modelle stoßen, wie „umsetzungsfreundlich" sie sich in der Praxis erweisen und welche Effekte für die Beratungsanbieter und -kunden/kundinnen damit verbunden sind, könnte ggf. in Folgebefragungen bzw. in Zusammenhang mit einem fortlaufenden Monitoring der Beratungsqualität thematisiert werden.

Aus der Perspektive der Kunden/Kundinnen spiegelt die Bewertung der erhaltenen Informations-, Beratungs- und Unterstützungsleistungen und des Service, wie schon im Vorjahr, auch 2007 durchgängig ein hohes Maß an Zufriedenheit wieder: Über 80% würden „ihre" Agentur für Gründungsberatung weiterempfehlen. Aber es wird auch Kritik artikuliert:

- Zum Teil unzureichend abgedeckt wird der Informationsbedarf bezüglich des regionalen Gesamtangebots und der Fördermöglichkeiten für Gründungen, gleiches gilt darüber hinaus rückblickend für den Bedarf an Spezialinformationen und Informationen zur Finanzierung.

- Nur etwa die Hälfte der befragten Gründer/innen ist der Ansicht, dass in ihrem Fall die Einbeziehung anderer Anbieter systematisch erfolgt sei. Öfter bemängelt werden auch die Kontakte zu für die Gründer/innen interessanten Leistungsanbietern und Netzwerken.

- Auch das Branchenwissen der Berater/innen wird – bei ansonsten hervorragender Beurteilung von Know-how und Beratungskompetenz – vergleichsweise schlechter eingestuft.

Abb.1: Defizite in der Beratung/Unterstützung

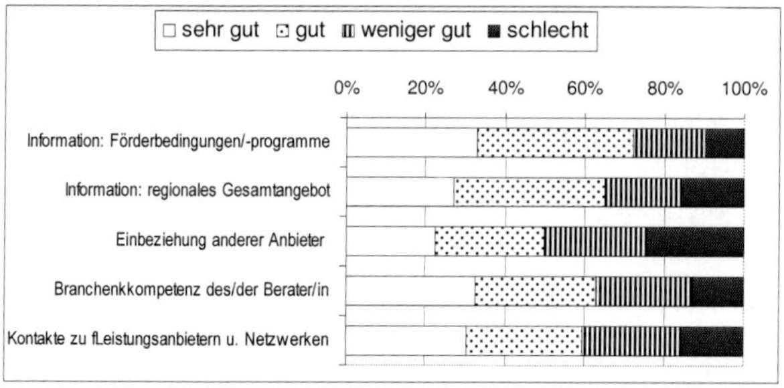

Befragung der Beratungskunden und -innen 2007; n=459

Diese Ergebnisse unterstreichen die zentrale Bedeutung des Handlungsfelds „Kooperation und Vernetzung in der Gründungsberatung“: Um den Kunden/Kundinnen eine umfassende Orientierung über Angebotsspektrum und Fördermöglichkeiten zu vermitteln, durch fundierte Empfehlungen das für das spezifische Gründungvorhaben relevante Branchen-Know-how, Fachexpertise und Netzwerkkontakte zu erschließen sowie eine phasenübergreifende Unterstützung zu gewährleisten.

Dass die regionale Kooperation der Beratungsanbieter nicht unproblematisch ist, wurde bereits in der ersten Befragung der Beratungsorganisationen 2006 (vgl. DGF, Kerkhoff (2006)) deutlich: Vor allem in den westlichen Bundesländern bisher selten sind regional abgestimmte Konzepte der Gründungsförderung, die auf gemeinsamen Prämissen beruhen und die Kooperation durch verbindlich definierte Vermittlungsmechanismen steuern. Insgesamt stellt sich jedoch nach den aktuellen Befragungsergebnissen die Zusammenarbeit mit den Institutionen der Arbeitsverwaltung und mit Qualifizierungsanbietern zwar schwierig dar, jedoch scheint die Kooperationssituation nicht gravierend durch strukturelle Probleme beeinträchtigt, die fallbezogene Kooperation und den Informationstransfer verhindern würden. Insofern läge es im Interesse der Beratungsorganisationen, die existenten regionalen und überregionalen Netzwerke sowie auch die im EQUAL-Kontext etablierten Plattformen, Informationssysteme und persönlichen Kontakte auch weiterhin zu nutzen bzw. strukturiert auszubauen, um sich über Optimierungsmöglichkeiten und –strategien der regionalen Kooperation und good practice auszutauschen.

3.2 Qualitätsrecherche (September 2006)

Neben Befragungen setzte das Projekt bei der Entwicklung des Qualitätsmodells weitere Methoden und Instrumente ein.

Weiterbildung Hamburg e.V. (http://www.weiterbildung-hamburg.de/) wurde damit beauftragt, eine Übersicht über bereits bestehende Qualitätsmodelle zu erarbeiten.[3]

Zielsetzung

Ziel des Auftrages war die Recherche und Aufbereitung bestehender Qualitätsstandards und Qualitätsverfahren zielgruppenspezifischer Beratungsleistungen.

Hierzu sollten zunächst gängige Qualitätsmanagementverfahren zusammengestellt und im weiteren Verlauf Qualitätsmanagementverfahren in der (zielgruppenspezifischen) Existenzgründungsberatung recherchiert und ausgewertet werden.

Aus beiden Rechercheteilen sollten schließlich Mindest-Qualitätsstandards für zielgruppenspezifische Beratungsleistungen in Form einer Empfehlung für einen entsprechenden Katalog zusammengestellt werden.

Die Art der Darstellung der Recherche-Ergebnisse sollte darüber hinaus geeignet sein, um sie im weiteren Projektverlauf (ExpertInnen-Delphi und Expert/innen-Ausschuss) weiter nutzen zu können. Vorgehensweise

Die methodische Vorgehensweise erfolgte in fünf Schritten (zum größten Teil parallel), die in der folgenden Grafik schematisch dargestellt sind.

[3] Der Ergebnisbericht steht als Langfassung oder als Kurzfassung http://www.dgfev.de/ErgebnisseQualitaet.htm im Internet zur Verfügung

Abb.2: Methodische Vorgehensweise

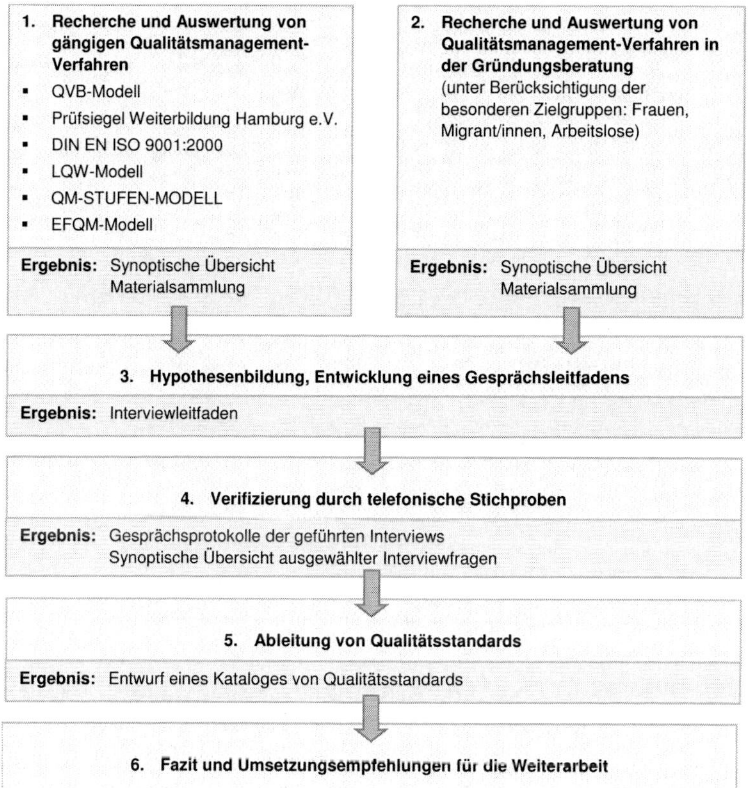

Fazit zu den allgemein gängigen Qualitätsmanagementsystemen

Die allgemein gängigen Qualitätsmanagementsysteme helfen, das Qualitätsverständnis zu professionalisieren, indem unterschiedliche Qualitätsbereiche identifiziert und einzelne Verfahren als in sich geschlossene Kreisläufe betrachtet werden. Daneben bieten diese Verfahren gute Anregungen und Impulse für eingesetzte Instrumente in der Qualitätssicherung und -entwicklung. Eine Übertragung dieses Qualitätsverständnisses und einzelner Instrumente auf die Gründungsberatung wäre grundsätzlich möglich und wünschenswert.

Gleichzeitig sind diese QM-Komplett-Systeme für die meisten Existenzgründungsberatungseinrichtungen zu umfangreich dimensioniert und nicht „eins-zu-eins" übertragbar. Ihre Einführung und Pflege ist mit einem hohen zeitlichen und finanziellen (Vorbereitungs-)Aufwand verbunden, der für viele der meist kleinen Beratungseinrichtungen unrealistisch ist.

Im Unterschied zu komplexen Qualitätsmanagement-Modellen, wie DIN ISO, EFQM oder LQW, wäre jedoch eine Orientierung an einem kostengünstigen und ressourcenschonenden System von Selbstverpflichtung und Selbstkontrolle denkbar (vgl. z.B. Qualitätsstandards von Weiterbildung Hamburg e.V.). denkbar. Aber auch das EFQM-Modell ist als individualisierte und bewusst „schlank" angewendete Variante geeignet Unternehmen regelmäßig einen aktuellen und systematischen Statusbericht zu liefern, der Ausgangspunkt für weitere Aktivitäten sein kann. (Übersicht: siehe Abschlussbericht zur Qualitätsrecherche)

Recherche und Auswertung von Qualitätssicherungsverfahren in der Gründungsberatung

Die Auswahl der Modelle erfolgte in Absprache mit der Auftraggeberin. Es kam darauf an, möglichst in sich geschlossene Verfahren zu finden, die an gut definierten Qualitätsbereichen ansetzen und über schlüssige Bewertungsverfahren verfügen. Die Auswertung erfolgte nach dem Stand der im Recherchezeitraum im Internet frei verfügbaren Informationen. Da diese mitunter recht spärlich waren, wurde versucht zu den einzelnen Verfahren auch eine ergänzende telefonische Befragung durchzuführen.

Grundsätzlich lässt sich zusammenfassend sagen, dass in der Existenzgründungsberatung bisher vergleichsweise wenige in sich geschlossene Verfahren zu Qualitätssicherung und Qualitätsmanagement existieren. Wie sich auch in den stichprobenartigen Interviews mit einzelnen Einrichtungen gezeigt hat, herrschen hier eher einzelne Elemente und Tools zur Qualitätssicherung, wie Leitfäden, Checklisten sowie die Erhebung einiger statistischer Daten vor.

Bei den vorliegenden Modellen handelt es sich dagegen um in sich geschlossene Systeme, denen der Qualitätskreislauf (Deming-Circle oder PDCA-Zyklus) zu Grunde liegt. Die Folge hiervon ist, dass diese Verfahren ganz bewusst den Gedanken der kontinuierlichen Verbesserung als Folge bewerteter Ergebnisse in die Organisation tragen, der über den bloßen Einsatz von Instrumenten deutlich hinausgeht.

Alle Modell sind noch vergleichsweise „jung" und zum Teil noch nicht abschließend entwickelt (z.B. BQZ, STARTERCENTER NRW).

Bei der Bewertung der Verfahren kommt es hier auf deren spezifischen Anwendungsbereich und auf deren Zielgruppen an: so erscheint das an der ISO-Norm orientierte BQZ-Siegel eher für größere Beratungszentren attraktiv, die auf einem bestimmten Mindestniveau starten und ein anerkanntes Zertifikat anstreben. Dagegen hat das Startercenter-Modell das Potenzial sich zum Qualitätssicherungssystem für kooperative Beratungsnetzwerke zu entwickeln, wohingegen das Selbstevaluationsmodell von FRAU & BERUF beweist, dass auch in kleineren Beratungseinrichtungen (und in deren Verbund) eine hochwertige Evaluation durchführbar ist. (Übersicht: vgl. Abschlussbericht zur Qualitätsrecherche).

3.2 Expert/innen-Ausschuss (September 2006 bis Juli 2007)[4]

Zielsetzung

Die Arbeit in einem Expert/innen-Ausschuss und in Workshops zielte auf eine dialogorientierte Entwicklung eines gemeinsamen Qualitätsverständnisses und eine Konsensbildung über gemeinsame, einrichtungsübergreifende Qualitätsstandards und -verfahren in Beratungseinrichtungen für Gründerinnen und Gründer ab. Dabei ging es insbesondere darum, die verschiedenen Zielgruppen in den Entwicklungsprozess der Qualitätsstandards zu integrieren und zu einem Konsens zu führen. Ein besonderes Augenmerk galt dabei der Verankerung von genderbezogenen Standards neben zielgruppenspezifischen Aspekten.

Um einen Konsens zu erarbeiten, wurde ein Ausschuss mit Expertinnen und Experten sowie Anwender/innen sowohl aus dem Umfeld der Gründungsberatung als auch aus dem Umfeld der Qualitätsmanagement-Anbieter/innen und politischen Entscheidungsträger/innen gebildet. Zudem lieferte ein vorgeschaltetes bzw. begleitendes

---

[4] Der Ergebnisbericht zu Konzeption und Begleitprozess der Arbeit im Expert/innen-Ausschuss und den Workshops (Workshops im Rahmen des Expert/innen-Delphi) http://www.dgfev.de/documents/DGF_Bericht_Begleitung_Ausschuss.pdf kann im Internet abgerufen werden.

Delphi-Verfahren mit Befragungen und Workshops, das eng mit der Ausschussarbeit verzahnt war, wesentliche Vorarbeiten für die Ausschussarbeit. Dabei wurde auch auf den Ergebnissen und Empfehlungen der vom DGF beauftragten Rechercheuntersuchung durch Weiterbildung Hamburg e.V. zu Qualitätsmanagement-Modellen und Ansätzen der Qualitätssicherung in der Gründungsberatung und einem daraus abgeleiteten Vorschlag für einen Katalog von Qualitätsstandards aufgebaut.

Im Ausschuss waren folgende Zielgruppen vertreten:

- Expert/innen und (potenzielle) Anwender/innen aus Beratungseinrichtungen für Gründer/innen
- Vertreter/innen der Qualitätsanbieter: Zertifizierungsgesellschaften (z.B. DGQ, DQS), Vertreter/innen von Verbänden und anderen Zertifizierungsanbietern (z.B. VDG, ArtSet, BQZ) und Qualitäts-Expert/innen
- Gender-Expert/innen und sonstige Fachleute
- Politische Akteure und Akteurinnen aus Bundesministerien und Bundesagentur für Arbeit

Der Ausschuss der Expertinnen und Experten sollte folgende Punkte erarbeiten und verabschieden:

- Definition des Qualitätsbegriffs in der Gründungsberatung
- Erarbeitung und Verabschiedung eines Katalogs von zielgruppenspezifischen, gendersensiblen Qualitätsstandards
- Entwicklung und Verabschiedung eines Katalogs von Qualitätsstandards sowie der Verfahren/Methodik zur Bewertung von Qualität in der Gründungsberatung
- Definition der Anforderungen für eine Ausschreibung zur Entwicklung einer Qualifizierungskonzeption sowie von (Web-)Tools zur Unterstützung der Einführung und Etablierung der Qualitätsstandards und des –verfahrens in den Einrichtungen der Gründungsberatung

- Entwicklung eines Vorgehensmodells und Maßnahmenvorschlages zur Einführung und Etablierung der Qualitätsstandards und –verfahren in den Einrichtungen für zielgruppenspezifische Gründungsberatung, inkl. Vorschlägen für ein Zertifikat und ggf. eine Selbstverpflichtung zur Etablierung.

Durch die Vielfältigkeit der am Markt existierenden Qualitätsmanagement-Verfahren, die Berücksichtigung der Ergebnisse anderer Arbeitsgruppen, insbesondere der AG Qualitätstestierung des NTN EQUAL sowie der EP AWoPE und der Tatsache, dass absehbar war, dass die Expertinnen und Experten nicht unbedingt kontinuierlich an allen Sitzungen des Ausschusses teilnehmen würden, kam einer kontinuierlichen Kommunikation, Koordination und Abstimmung zwischen dem Expertengremium, dem DGF-Projektteam und weiteren Expert/innen der Community und des Delphi-Verfahrens eine besondere Bedeutung zu.

Inhaltliche Konzeption

Insgesamt fanden sechs Sitzungen des Expert/innen-Ausschusses statt. Vordringliches Ziel war, eine abgestimmte, einheitliche Meinung und konkrete Ausformulierung zu den Qualitätsstandards und –verfahren für zielgruppenspezifische Beratung zu finden. Da ein bundesweiter Standard erarbeitet werden sollte, war es besonders wichtig, dass die Mitglieder des Ausschusses hinter den erarbeiteten Lösungen standen.

Ebenso wurden Anforderungen an ein Qualifizierungskonzept für Gründungsinstitutionen erarbeitet, die die Einführung und Etablierung des QM-Modells unterstützen und erleichtern sollen. Auf dieser Basis erfolgten Ausschreibungen mit anschließender Vergabe zur Erstellung dieser Leistungen durch geeignete Anbieter/innen.

Zusätzlich zum ursprünglichen Projektdesign ergab sich im weiteren Verlauf die Notwendigkeit zur Erstellung einer Testlaufkonzeption und Durchführung einer Pilotierung des Qualitätsmodells mit vier Pilotorganisationen (August bis Oktober 2007). Das Qualifizierungs- und Zertifizierungskonzept wurde dabei in drei Pilot-Workshops mit den vier Pilotorganisationen weiterentwickelt und bedarfsgerecht angepasst und modelliert. Darüber hinaus konnten die vier Pilotorganisationen jeweils im Testlauf hospitieren und erhielten begleitende Unterstützung, um für den eigenen

Zertifizierungsprozess einen Zusatznutzen zu generieren und um darüber hinaus Erkenntnisse im Rahmen des Verbesserungsprozesses einfließen zu lassen.[5]

In einem abschließenden Workshop wurden einerseits die Pilotaudits evaluiert und anderseits ein Vorgehensmodell und Einführungskonzept inklusive Marketingplanung zur Einführung des QM-Modells erarbeitet.

3.4 Experten/Expertinnen-Delphi (September 2006 – Mai 2007)

Begleitend wurde ein *Delphiverfahren zur Ermittlungen von Anforderungen und Gestaltungsparameter für das Qualitätsmodell* mit mehr als 100 Expert/innen genutzt. Damit sollte die Entwicklung und Akzeptanzbildung und Etablierung am Markt breit aufgestellt und zusätzlich unterstützt werden.[6]

Zielstellungen und Aufgaben des Experten/innen-Delphi

Im Rahmen des Experten/innen-Delphi zur Erarbeitung von Qualitäts(mindest)standards und der Definition von Qualitätskriterien waren folgende Teilaufgaben zu erfüllen:

- Erarbeitung der inhaltlichen und methodischen Konzeption in Abstimmung mit dem Projektteam und unter Berücksichtigung der bisherigen Vorarbeiten,
- die Recherche, Aufbereitung und Festlegung des Experten/innen-Pools in Abstimmung mit der Projektkoordination,
- die Vorbereitung, Durchführung, Nachbereitung und Dokumentation des Delphi-Verfahrens und der dazu gehörigen Befragungen,
- die Vorbereitung, Durchführung, Nachbereitung und Dokumentation von zwei in das Verfahren integrierten Experten/innen-Workshops,

[5] Der Bericht über die Durchführung der Pilotaudits steht zum Download zur Verfügung: http://www.dgfev.de/documents/DGF_Bericht_CERTQUA.pdf.

[6] Das Expert/innen-Delphi wurde vom Institut der Wirtschaft Thüringens GmbH (IWT) durchgeführt (http://www.iw-thueringen.de/). Der vollständige Abschlussbericht kann auf der DGF-Homepage abgerufen werden http://www.dgfev.de/documents/Abschlussbericht.pdf. Gleichfalls stehen dort sämtliche Anlagen als zip-Datei zur Verfügung: http://www.-dgfev.de/Anlagen_Abschlussbericht_Delphi.zip.

- die Verdichtung und Aufbereitung der Ergebnisse aus den Befragungen und Workshops für die weitere Projektarbeit,

- die zusammenfassende Ergebnisdarstellung und Dokumentation in Form eines Abschlussberichts und sonstiger präsentierfähiger Unterlagen sowie

- ggf. Unterstützung bei der öffentlichen Ergebnispräsentation.

Die Durchführung des Delphi-Verfahrens erfolgte im Zeitraum August 2006 bis Mai 2007.

Ablauf des Delphi-Verfahrens

Delphi-Studien zeichnen sich durch ihren iterativen Charakter aus. Das heißt, Befragungen werden wiederholt durchgeführt: Die Ergebnisse der ersten Befragung werden den Teilnehmenden im Fragebogen der zweiten Welle rückgespiegelt (Feedback) und es wird um eine erneute Bewertung gebeten.

In einem Briefing mit dem Auftraggeber wurde das folgende zeitliche und inhaltlich-methodische Vorgehen für das Delphi-Verfahren abgestimmt. Charakteristisch für dieses Verfahren ist vor allem die inhaltliche Vertiefung der Qualitätsstandards sowie der sonstigen Befragungsinhalte durch die Diskussionen in den zwei Experten/innen-Workshops sowie in den Ausschusssitzungen zwischen der ersten und zweiten Befragungsrunde:

Abb. 3: Ablauf des Delphi-Verfahrens

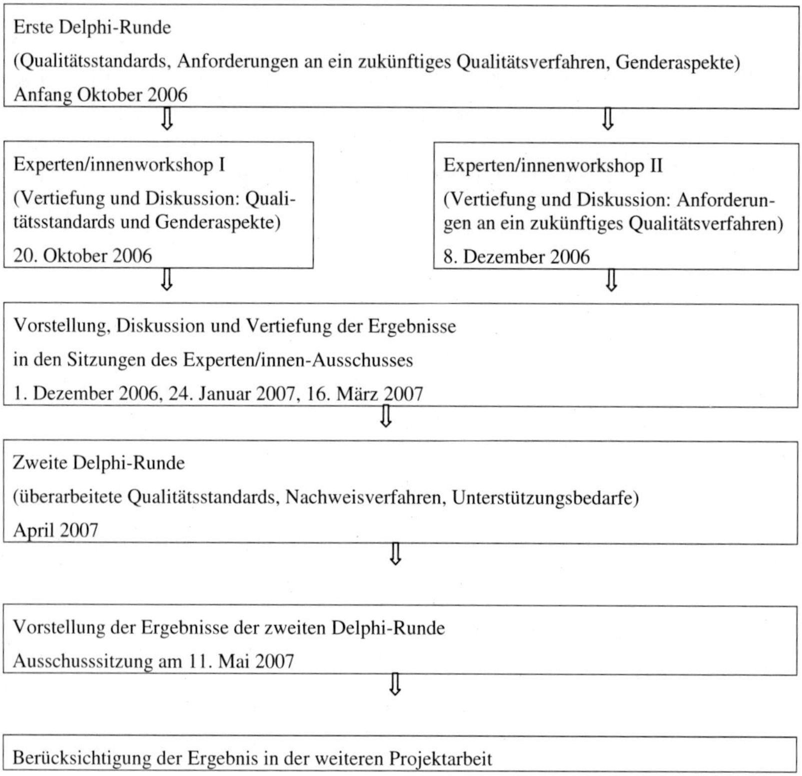

Ergebnisse

1. Beteiligung

Bis zum 13. Oktober 2006 wurden 77 gültige Datensätze erfasst, die in die Auswertung einbezogen wurden. Bezogen auf die Zielgröße von 106 Personen im Experten/innen-Pool beträgt die Beteiligung 72,6%, dies ist als ein gutes Ergebnis zu bewerten.

2. Auswertungen zu der Beurteilung der Qualitätsstandards

Im ersten Teil des Fragebogens der ersten Runde wurden den Teilnehmer/innen die Vorschläge für die Formulierung der Qualitäts(mindest)standards zur Abstimmung präsentiert. Insgesamt wurden 28 Standards in sechs Qualitätsbereichen abgefragt. Von diesen 28 Standards waren vier nochmals in Unterpunkte strukturiert.

Die Zustimmung, gemessen an den zusammengefassten Werten der Kategorien "stimme voll und ganz zu" sowie "stimme eher zu", betrug im Mittel 89%, und bewegte sich dabei auf einer Spanne von 72,7% als niedrigsten Wert für den Standard 3.1.b "Berater/innen und Mitarbeiter/innen verfügen über Branchenerfahrung" bis zu 98,7% als höchstem Wert für die Standards:

- 3.1. "Berater/innen und Mitarbeiter/innen verfügen über fachliche Eignung"
- 1.1.d. "Ziele der Beratungsorganisation sind im Leitbild dokumentiert"
- 4.4. "individuelle/fallbezogene Weitervermittlung an externe Angebote"
- 3.4.a. "Berater/innen arbeiten mit Fachleuten zusammen und verfügen über Kooperationsbeziehungen"
- 6.1. "Einrichtung informiert über Leistungsangebote, Qualifikationen und Beratungsmethoden"

Insgesamt kann die Zustimmung zu den Standards in der ersten Runde bereits als hoch beurteilt werden. Dennoch wurden in den nachfolgenden Veranstaltungen die Standards inhaltlich vertieft, um Hinweise für eine Optimierung zu erhalten.

3. Ergebnisse aus dem Bereich Qualitätsverfahren und -modelle

Für die Dienstleistungsbranche, speziell für Bildungs- und/oder Beratungsdienstleistungen, existieren eine Reihe von Qualitätsmodellen und –verfahren, die verschiedene Ansätze hinsichtlich der Definition, der Überprüfung und der Bewertung von Qualität verfolgen.

Im zweiten Fragebogenkomplex der ersten Delphi-Runde wurden den Experten/innen Aussagen präsentiert, die sich auf unterschiedliche Aspekte der Anforderungen an ein Qualitätssystem und Gestaltungsoptionen sowie Nutzen und unterstützende Hilfsmittel bezogen. Strukturiert betrachtet, lassen sich die Fragen aus dem Fragebogen den folgenden Komplexen zuordnen:

Abb. 4: Anforderungen an ein Qualitätssystem

Anforderungen an ein Qualitätssystem		
Leistung und Nutzen	Gestaltung und Rahmenbedingungen	Unterstützende Hilfsmittel
2.2. Anforderungen an ein Qualitätsverfahren 2.8. Einschätzungen zum Nutzen der Qualitätsbewertung	2.1. Einschätzungen zum Bewertungsverfahren 2.3. Wie sollte Qualität überprüft werden? 2.5.Personeller Aufwand 2.6.Finanzieller Aufwand 2.7.Gültigkeitsdauer eines Zertifikats	2.4. Welche Hilfsmittel sind für Qualitätssicherung wichtig?

Die Ergebnisse dieser Bewertungen sollten dem Projektteam für die weitere Arbeit - insbesondere zur Ausgestaltung des Qualitätssystems - wichtige Hinweise vor allem von den Anwendern/innen liefern.

Abb. 5: Qualitätsverfahren

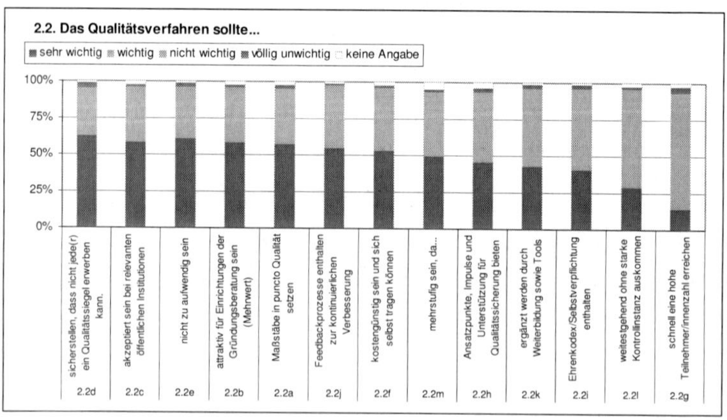

Abb. 6: Qualitätseinschätzung

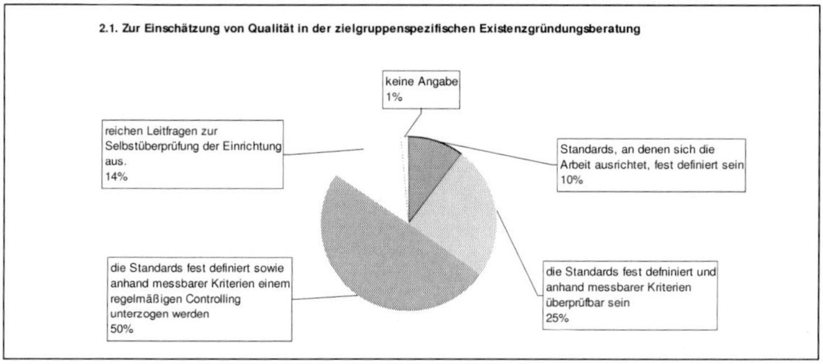

Die Hälfte aller Befragten sprach sich für den härtesten Standard bzw. ein System mit messbaren Kriterien kombiniert mit einem regelmäßigen Controlling aus. 25% plädierten für eine Qualitätsbewertung auf Basis fest definierter Standards und messbarer Kriterien.

Die Betrachtung nach Experten/innengruppe (fehlende Angaben wurden nicht berücksichtigt) zeigte, dass auch innerhalb der Gruppen die Mehrheit jeweils für ein solches System stimmt.

Mehrheitlich plädierten die Befragten für ein System aus Eigen- und Fremdbewertung (54%), an zweiter Stelle für eine Begutachtung durch eine anerkannte externe Instanz (31%), wie die folgende Abbildung zeigt:

Abb. 7: Verfahren zur Qualitätsüberprüfung

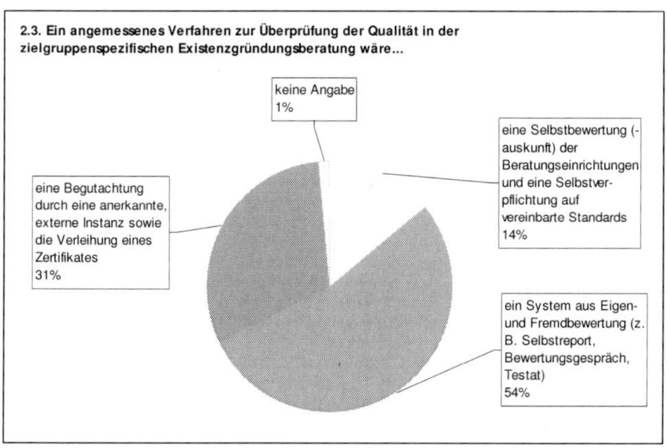

Innerhalb der Experten/innengruppen gab es geringfügige Unterschiede. Signifikant ist, dass das "härteste Verfahren", die Begutachtung durch eine externe Instanz und die Verleihung eines Zertifikates im Kreis der Anwender/innen den größten Anteil bildet. Die politischen Akteure favorisierten ein System aus Eigen- und Fremdbewertung, die Einbindung einer externen Prüfinstanz wurde von dieser Zielgruppe für nicht zwingend notwendig erachtet.

4. Experten/innen-Workshops

Bestandteil des Dienstleistungsauftrags war die Durchführung von zwei Experten/innen-Workshops nach Ablauf und Auswertung der ersten Delphi-Runde, mit dem Ziel die Ergebnisse zu diskutieren und inhaltlich zu vertiefen.

5. Zweite Delphi-Runde

5.1. Zielstellung

Nach der erfolgreichen Durchführung der ersten Befragungsrunde im Oktober 2006 und den sich anschließenden Workshops und Ausschusssitzungen verfolgte die zweite Befragungsrunde die Ziele,

- zunächst alle Personen des Delphi-Pools über die Ergebnisse der 1. Runde und die bisherigen Abstimmungsprozesse zu informieren,
- eine erneute Bewertung der überarbeiteten Standards einzuholen, um so die Konsensfähigkeit bzw. Akzeptanz der Standards zu überprüfen,
- alle Personen des Delphi-Pools um eine Bewertung/Zustimmung zu den vorgeschlagenen Nachweisverfahren zu bitten und
- für die Etablierung des Qualitätssystems mögliche Unterstützungsbedarfe zu erheben.

5.2 Beteiligung

Bis zum 25. April 2007 wurden 55 gültige Datensätze erfasst, die in die Auswertung einbezogen wurden. Im Vergleich zur ursprünglichen Zielgröße von 106 Personen beträgt die Beteiligung 51,8%, bezogen auf die Teilnahmen in der 1. Runde beträgt die Beteiligung 71,4% und entspricht damit den unter Berücksichtigung der Panelmortalität zu erwartenden Werten von etwa 70%.

Zustimmung zu den Qualitätsstandards in der zweiten Runde

Die Zustimmung zu den Standards war im Gesamtüberblick hoch. Wenn man die Kategorien "stimme voll und ganz zu" und "stimme eher zu" zu einer Gesamtkategorie "Zustimmung" zusammenfasst, erreichten 24 von 31 Standards eine Zustimmung von über 90%.

Die Standards 4.3. ("Datenschutz") und 4.7. ("auf Individualität ausgerichtete Beratungs- und Qualifizierungskonzepte") erzielten mit 100% die größte Zustimmung, gefolgt von den Standards 2.5 ("Die Unternehmensführung stellt über die Personal

auswahl und Weiterqualifizierung sowie über die Auswahl der Netzwerkpartner/innen sicher, dass die Qualifikationen der Mitarbeitenden den Anforderungen eines qualitativen hochwertigen und zielgruppenspezifische Gründungsunterstützungssystems gerecht werden.") und 2.4. ("Die Unternehmensführung verfügt über die erforderlichen Qualifikationen und Erfahrungen zur Führung eines Unternehmens. Hierzu gehören folgende Aufgaben…").

Den niedrigsten Wert der Zustimmung mit 72,7% erreichte der Standard 4.4. ("Orientierung an Referenzmodellen). Entsprechend war auch die ablehnende Beurteilung (Zusammenfassung der Kategorien "stimme eher nicht zu" und "stimme überhaupt nicht zu") mit 27,4% für diesen Standard am größten. Bei weiteren 5 Standards (2.2. "Unternehmensstrategie in Form von qualitativen und quantitativen Zielen", 2.3. "Leitung verantwortlich für Gender-Mainstreaming", 3.3. "Kompetenzerweiterung beim beratenden Personal", 4.9. "Ausstattungsstandards" und 6.5. "Beschwerdemanagementsystem") lag die Ablehnung zwischen 10 und 17%.

Die Bewertung aller Standards in der zweiten Runde ist in der nachfolgenden Grafik im Überblick dargestellt.

Abb. 8: Bewertung der Qualitätsstandards

Es zeigte sich, dass sich die Zustimmungswerte (über die Kategorien "stimme voll und ganz zu" und "stimme eher zu") in den Qualitätsbereichen 1 bis 5 zwischen 1 und 7% verbessert haben, im Qualitätsbereich 6 (Kommunikation mit Kundinnen und Kunden) aber minimal um 1,1 Prozentpunkte zurückgegangen ist. Dies resultiert vor allem aus der relativ schlechteren Bewertung des in der zweiten Runde ergänzten Standards 6.5. zum Beschwerdemanagement.

Über alle Qualitätsbereiche haben sich in der zweiten Runde die Werte in der Kategorie "stimme voll und ganz zu" verbessert, ganz deutlich im Qualitätsbereich 3 "Mitarbeiter/innen und Ressourcen" (+16,6%) und im Qualitätsbereich 5 "Evaluation, Controlling, kontinuierliche Verbesserung" (+14,2%).

Diese Verbesserung kann, vor allem im Blick auf die bereits hohen Ausgangswerte in der ersten Runde und der ungünstigen Voraussetzung, dass sich die Inhalte der Befragung von Runde 1 zu Runde 2 nochmals erheblich verändert haben, durchaus als Erfolg gesehen werden.

Bewertung der Nachweisverfahren

In der zweiten Befragungsrunde wurden zu jedem Standard mögliche Qualitätsnachweisverfahren vorgestellt und es wurde um eine Bewertung (ebenfalls auf Basis einer 4-stufigen Zustimmungsskala) gebeten.

Die zusammengefassten Werte der Zustimmung (Kategorien "stimme voll und ganz zu" und "stimme eher zu"), schwankten in den Einzelabfragen von 96,4% als höchstem (Standard 6.1. "Organisation informiert über ihr Leistungsangebot", Nachweis durch "Vorlage von Broschüren, Internet-Auftritt, AGBs") bis zu 41,8% als niedrigstem Wert (Standard 4.1. "Inhalte der Auftragsklärung", Nachweis durch "Vorlage einer bestimmter Anzahl von Fällen").

Tendenziell lässt sich festhalten, dass vor allem Nachweisverfahren, die aus Sicht der Beratungsorganisationen wenig Aufwand mit sich bringen, stärkere Akzeptanz finden. Deutlich wird dies zum Beispiel an den vorgeschlagenen Nachweisverfahren zu den Standards 3.1. und 3.2., die Aussagen zu den Qualifikationen und Kompetenzen der Beratungspersonen fokussieren. Nachweisverfahren, die im Alltag vermutlich selbstverständlich und in den Organisationen weit verbreitet sind, z.B. "Lebensläufe,

Zeugnisse, Qualifizierungsnachweise" sowie "Qualifikationspläne, Stellenbeschreibungen und Tätigkeitsprofile" erreichen eine höhere Akzeptanz als Nachweisverfahren, die aus Sicht der Organisationen vermutlich in vielen Fällen zusätzlichen Aufwand mit sich bringen würden, da es sich um neue Instrumente handelt, wie z.B. die Nachweise "Kunden/innenfeedback, Führungskräftefeedback, Mitarbeiter/innenfeedback" oder auch die "Kompetenzmatrix".

Vergleichsweise geringe Zustimmung (Werte unter 51%) erfahren auch diejenigen Nachweisverfahren, die einen hohen Arbeitsaufwand erwarten lassen und/oder einen gewissen Unsicherheitsfaktor hinsichtlich des Ergebnisses beinhalten, z.B.

- der Nachweis der technischen und medialen Ausstattung (Standard 4.9.) durch Fotos bzw. eine Vorortbegehung,
- der Nachweis der internen Kommunikation und Anpassung des Leitbildes (Standard 1.2.) durch Stichprobenbefragung der Mitarbeiter/innen,
- der Nachweis der Auftragsklärung mit allen dazugehörigen Punkten (Standard 4.1.) durch die Vorlage einer bestimmten Anzahl von Fällen.
- Unterstützungsbedarf bei der Umsetzung der Standards

Die folgende Grafik stellt die artikulierten Unterstützungsbedarfe der Beratungseinrichtungen (45 in der zweiten Runde des Delphi-Verfahrens) im Überblick dar. In der Berechnung der Anteile wurden die Angaben der Personen, die nicht aus Beratungseinrichtungen stammen (und demzufolge die Kategorie "trifft nicht auf mich zu, da ich nicht beratend in der zielgruppenspezifischen Existenzgründung tätig bin" gewählt haben,) nicht berücksichtigt.

Abb. 9: Qualitätsstandards und Unterstützungsbedarfe

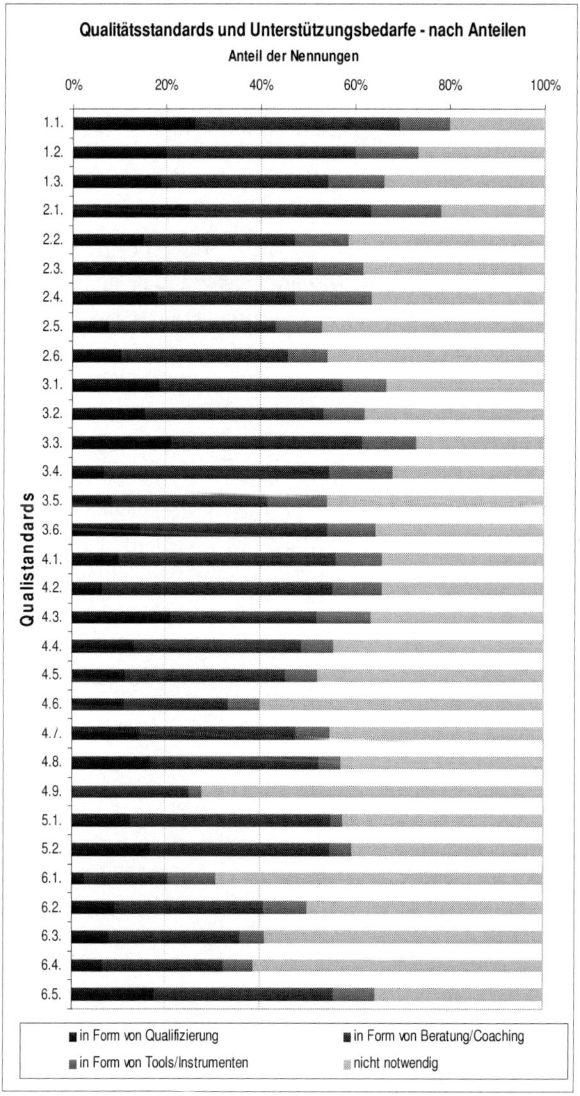

Die Kategorie "kein Unterstützungsbedarf" mit durchschnittlich 42,6% war am stärksten besetzt, gefolgt von der Kategorie "Unterstützung durch Beratung und Coaching" mit durchschnittlich 37,6%. Deutlich weniger gewählt wurden die Kategorien "Unterstützung durch Qualifizierung" mit durchschnittlich 15,1% und die Kategorie "Unterstützung durch Tools/Instrumente" mit 10,2%[7].

Ein direkter Vergleich zu den Ergebnissen zu den Unterstützungsbedarfen ist nicht möglich, da die Abfrage in der zweiten Runde wesentlich konkreter für jeden Einzelstandard erfolgte, während in der ersten Runde allgemein nach geeigneten Hilfsmitteln im Qualitätsverfahren gefragt wurde. So wurde der Aspekt der "Unterstützung in Form von Beratung/Coaching" in der ersten Runde überhaupt nicht berücksichtigt. Die Werte für "Tools/Instrumente" lagen allerdings auch in der ersten Runde hinter den Werten für "Qualifizierungsmaßnahmen", die in beiden Runden höher bewertet wurden.

4 Das DGF-Qualitätsmodell

Das entwickelte Qualitätsmodell orientiert sich an sechs Qualitätsbereichen, die auch in anderen anerkannten Qualitätsmodellen (DIN ISO etc.) einer Zertifizierung zugrunde gelegt werden:

- Leitbild,
- Leitung/Führung/Strategie,
- Mitarbeiter/innen und Ressourcen,
- Schlüsselprozesse der Dienstleistungserbringung,
- Evaluation/Controlling und kontinuierliche Verbesserung
- Kommunikation mit dem/den Kund/innen

Für diese Qualitätsbereiche wurden insgesamt 28 Qualitätsstandards entwickelt. Diese beziehen sich auf die folgenden Anforderungen:

---

[7] Prozentwerte summieren sich auf über 100, da Mehrfachnennungen möglich waren.

1. Leitbild

- Inhalte, Kommunikation u. Weiterentwicklung eines Leitbildes
- Chancengleichheit und Gender Mainstreaming-Strategien

2. Führung /Leitung /Strategie

- Leistungsfähigkeit der Organisation
- Unternehmensstrategie und Zielsystem
- Qualifikation und Verantwortlichkeiten der Leitung
- Personal- und Organisationsentwicklung

3. Mitarbeiter/innen und Ressourcen

- Sicherstellung der Qualifikationen und Kernkompetenzen (fachliche Eignung, Branchenerfahrung, Schlüsselqualifikationen, Gender- und Zielgruppenkompetenz)
- Kontinuierliche Kompetenzentwicklung
- Fachlicher Austausch mit Kollegen
- Netzwerk und Gremienarbeit
- Fachliche Außendarstellung

4. Schlüsselprozesse der Dienstleistungserbringung

- Kundenorientierte Auftragsgestaltung
- Dokumentation des Beratungsprozesses
- Datenschutz und Vertraulichkeit
- Beratung mittels anerkannter Modelle
- Auftragserbringung im Verbund

- Zielgruppenorientierte Beratungskonzepte
- Geeignete technische Ausstattung

5. Evaluation, Controlling u. KVP

- Evaluationssystem und Verbesserungsmanagement
- Erfolgsmessung und Bewertung von Kund/innenzufriedenheit

6. Kunden/Kundinnen-Kommunikation

- Seriosität der Öffentlichkeitsarbeit
- Zielgruppen- und gendergerechte Kommunikation
- Vermittlung und Förderung der Vernetzung
- Öffentlichkeitswirksame Darstellung der Zielgruppe
- Beschwerdemanagement

Das Qualitätskonzept

Das Qualitätskonzept des DGF setzt dabei auf der Systemebene der Institution und ihrer Organisationskompetenzen, der Führungskultur, -struktur, der Ressourcenausstattung und des Ressourcenmanagements an, bezieht interne Ressourcen und Schlüsselprozesse der Dienstleistungserbringung, aber auch externe Ressourcen und Systemfaktoren im Umfeld (Vernetzung und externe Zusammenarbeit) mit ein, um die Gesamt-Leistungsfähigkeit des Systems zu bewerten und dessen weitere Professionalisierung und Verbesserung mittels Auditierung zu unterstützen.

Organisationskompetenzen

Hochwertige Gründungsberatung setzt ein professionelles und seriöses Leistungsangebot auf Basis einer realistischen Selbstdarstellung und Transparenz des eigenen Leistungsprofils und -verständnisses sowie einer leistungsfähigen Organisations- und Führungskultur, -Struktur und -Ausstattung voraus. Hierfür bedarf es geeigneter Kernkompetenzen des Führungs- und Beratungspersonals auf Basis fachlicher Eig nung und Erfahrungen, Branchen- und Schlüsselqualifikationen, Gender- und Zielgruppenkompetenz sowie kontinuierlicher Kompetenzentwicklung. Zur Professionalität gehören zudem eine zielgruppengerechte Kommunikation und eine qualitativ hochwertige Gestaltung der Schlüsselprozesse der Dienstleistungserbringung. Anerkannte Beratungskonzepte, Leistungserbringung im Verbund durch Einbindung und verbindliche Zusammenarbeit in regionalen Netzwerken sowie Controlling und kontinuierliches Verbesserungsmanagement, systematische Organisations- und Personalentwicklung bilden weitere wichtige Voraussetzungen.

Gender- und Zielgruppenspezifische Beratungskompetenzen

Forschungsergebnisse und Beratungspraxis belegen, dass sowohl das Gründungsverhalten als auch die Gründungsvorhaben individuellen, zielgruppen- und genderspezifischen Einflüssen unterliegen. Migrant/innen, Gründer/innen aus Arbeitslosigkeit und Frauen gründen häufig mit anderen Rahmenbedingungen, Voraussetzungen und Konzepten ein Unternehmen als Gründer/innen, die dies aus einer langjährigen Berufstätigkeit heraus planen. Dies stellt spezifische Anforderungen an Beratungsangebote und -konzepte und setzt spezifisches Wissen, Kompetenzen und Erfahrungen im Umgang mit diesen Zielgruppen voraus wie auch die Berücksichtigung spezieller Erkenntnisse der Gründungsforschung und -praxis zu den Gründungs- und Gründerinnentypen, einschließlich der adäquaten Umsetzung von Strategien der Chancengleichheit und des Gender Mainstreaming.

Eine zielgruppenadäquate, qualitativ hochwertige Beratung ermittelt nicht nur im Rahmen eines Profilings die individuellen Qualifikations- und Anforderungsprofile der Gründer/innen, sondern geht auf die spezifischen Voraussetzungen und Bedürfnisse der Gründerinnen und Gründer in unterschiedlichen Lebenslagen professionell ein und fördert zielgerichtet und effektiv deren individuelles Potenzial.

Zielgruppe des DGF-Qualitätskonzepts

Das Qualitätskonzept des DGF richtet sich an:

Zielgruppenspezifische Gründungsberatungsorganisationen, die in unterschiedlichen Organisationsstrukturen arbeiten (z.B. Gründungsberatungsagenturen, Wirtschaftsfördereinrichtungen, Regionalstellen Frau und Beruf etc.) und Anbieter von Teil- oder umfangreichen Beratungsangeboten für Gründer/innen sind.

Im Fokus des DGF-Modells stehen dabei v. a. kleinere bis mittlere Beratungsinstitutionen, die einen eindeutigen Zielgruppenfokus verfolgen und sich durch ihr auf die Zielgruppe zugeschnittenes Angebot mittels einer Zertifizierung am Markt von anderen Anbietern abgrenzen und erfolgreich positionieren möchten.

Zielgruppe sind daher nicht Einzel-Berater/in, hierfür wurde vom Verband Deutscher Gründungsinitiativen – VDG e.V. ein Modell entwickelt; Standards für Full Service Anbieter und One-Stop-Shops wurden zudem in einem entsprechenden Modell durch den Bundesqualitätszirkel Gründungsberatung - BQZ e.V. formuliert.

Das DGF-Qualitätsmodell will durch die Konzentration auf Mindeststandards Institutionen in ihrem Professionalisierungswunsch- und Organisationsentwicklungsprozess unterstützen, um Gründungsberatung als eigenständiges Geschäftsfeld am Markt zu positionieren, dabei aber keine ISO- oder EFQM-Zerfizierungen ersetzen.

Es will damit zur Transparenz, Verlässlichkeit, Leistungssicherheit und -Effektivität in Bezug auf Gründungsberatung für Gründer/innen und Fördermittelgeber beitragen.

Das Modell stellt somit eine erste Stufe zur Verankerung von Qualitätsmindeststandards bei Beratungsinstitutionen dar und soll erweiterungs- und anschlussfähig in Bezug auf andere Modelle sein.

5 Das Zertifizierungsverfahren

Die *Zertifizierung* wird in Kooperation mit dem anerkannten Zertifizierungspartner CERTQUA – Gesellschaft der Deutschen Wirtschaft zur Förderung und Zertifizierung von Qualitätssicherungssystemen in der Beruflichen Bildung mbH angeboten.

Die CERTQUA ist namhafter Anbieter von Internationalen Zertifizierungen, Träger- und Maßnahmenzulassungen nach AZWV sowie kundenspezifischen Lösungen und Weiterbildungen. Sie wird getragen von den Verbänden der Deutschen Wirtschaft (BDA, DIHK, ZDH, Wuppertaler Kreis) und hat sich im Rahmen eines vom DGF durchgeführten Teilnahmewettbewerb im April 2007 besonders durch ihre starke Orientierung auf kundenspezifische Lösungen und einen hohen Qualitätsanspruch durchgesetzt.

Die Zusammenarbeit zwischen DGF und CERTQUA verfolgt dabei das langfristige

Ziel, ein Gemeinschaftszertifikat und ein Stufenmodell der Zertifizierung für Beratungsorganisationen zu entwickeln und ggf. auch Paketangebote für ISO-zertifizierte Institutionen zu entwickeln.

Das Auditverfahren wird seitens der CERTQUA in einem *zweistufigen Prüfprozess* durchgeführt:

Abb. 10: Zertifizierungsverfahren

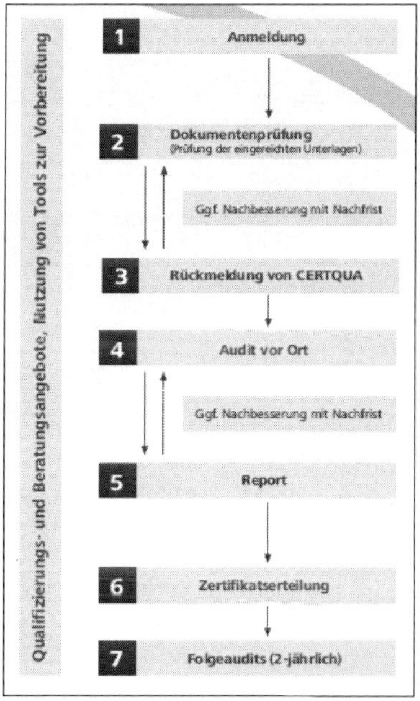

Nach einem erfolgreich durchlaufenen Auditprozess wird von CERTQUA zusammen mit dem DGF ein Gemeinschaftszertifikat verliehen.

Zudem bietet das DGF gemeinsam mit CERTQUA und RKW sowie weiteren Partnerorganisationen ein Vorbereitungs- und Begleitkonzept an.

Ziel ist es, einen leichten und individuellen Einstieg in der Auseinandersetzung mit dem DGF-Qualitätsstandard und die erfolgreiche Implementierung der Qualitätsstandards für zielgruppenspezifische Beratung zu gewährleisten.

Der Weg zur Zertifizierung und die Ebenen des Begleitprozesses:

Zur Vorbereitung auf und Begleitung beim Zertifizierungsprozess wird ein Begleitkonzept mit modularem Qualifizierungs- und Beratungsangebot sowie Erstdiagnose-Tool als Partnerschaftsmodell angeboten.

Abb. 11: Wege zum Zertifikat

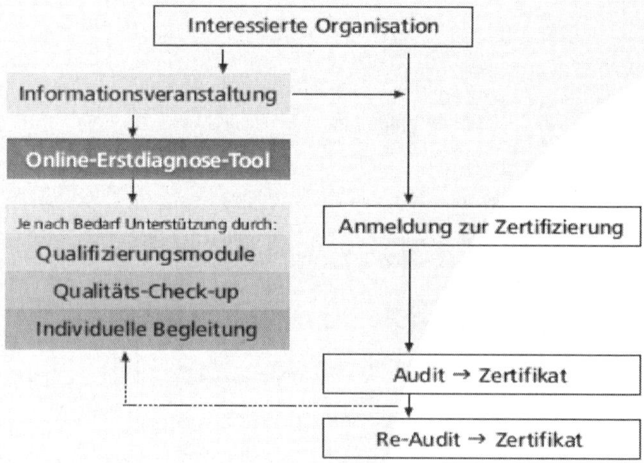

Abb. 12: Begleitangebote

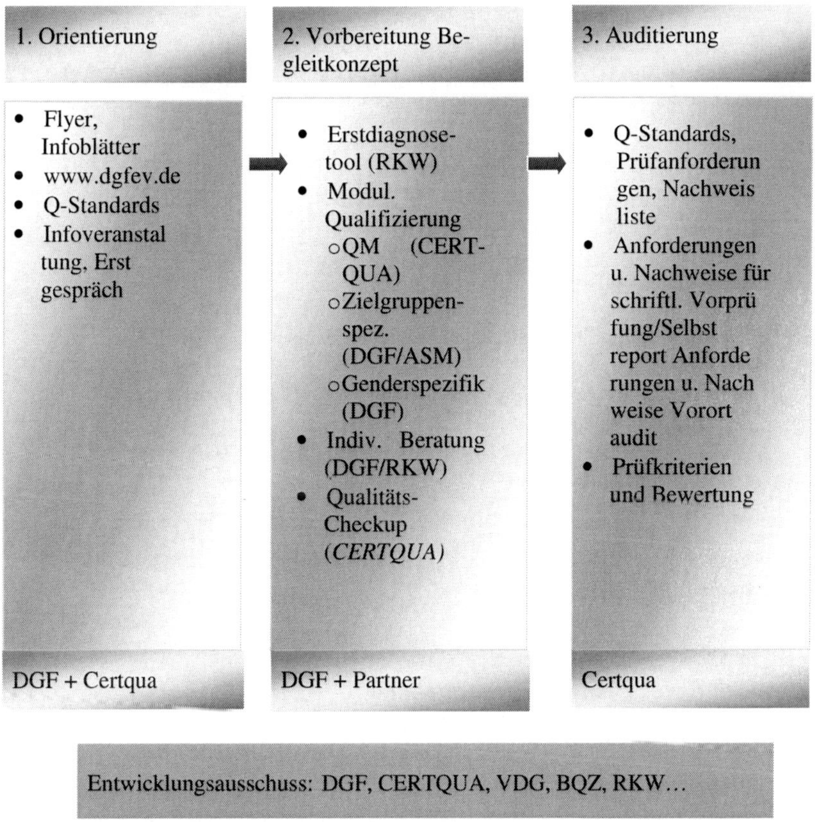

Beteiligte Partner:

Deutsches Gründerinnen Forum e.V.

- Ansprechpartner für Qualifizierung

CERTQUA GmbH, Bonn

- Durchführung Qualifizierungsmodul: Qualitätsmanagement

- Qualitäts-Check-up

RKW Berlin-Brandenburg GmbH

- Erstdiagnose-tool
- indiv. Beratung/Begleitung (RKW-DGF-Berater/innenpool)
- ASM, Arbeitsgemeinschaft Selbständiger Migranten, Hamburg
- Durchführung Qualifizierungsmodul: Zielgruppenspezifik

ERGOLOG, Berlin

- Durchführung Qualifizierungsmodul: Genderspezifik

Der Regelbetrieb des Qualitätsmodells wurde im Jahr 2008 aufgenommen.

Die Evaluierung und strategische Weiterentwicklung übernimmt künftig ein *Entwicklungsausschuss* mit namhaften Expertinnen und Experten aus dem Kreis von Anwender/innen und Qualitätsfachleuten (www.dgfev.de). Der Ausschuss tagt unter Leitung des Deutschen Gründerinnen Forums e.V. mindestens einmal jährlich. (Weitere Informationen unter www.dgfev.de/Zertifizierung.)

6 Erfahrungen und Herausforderungen bei der Entwicklung und Etablierung eines Qualitätsmodells

Der Stakeholder-Ansatz, also die Einbindung der verschiedenen Interessensgruppen bei der Entwicklung des Qualitätsmodells war ein zentraler Erfolgsfaktor. In mehreren Kommunikationsschleifen konnte so ein weitgehend von Konsens geprägtes Ergebnis bei der Erarbeitung der Qualitätsstandards, der Anforderungen und Qualitätsnachweise erzielt und erforderliche Anpassungen vorgenommen werden, um die Umsetzbarkeit zu gewährleisten.

Durch geeignete Auswahlverfahren konnte mit der Zertifizierungsgesellschaft CERTQUA und dem RKW Berlin geeignete Partner für den Regelbetrieb gewonnen werden.

Mit der Durchführung von vier Pilotaudits konnten die erarbeiteten Qualitätsstandards sowie Anforderungen und Nachweise in einem ersten Echtbetrieb getestet werden. Darüber hinaus lieferten die Pilotaudits in einem ersten KVP wesentliche Anregungen zur Optimierung vor dem Start des Regelbetriebes.

Die hohe Akzeptanz des Vorgehens und der Ergebnisse bei den Stakeholdern führte zu einer intensiven Kommunikation mit den beteiligten Partnern als Vorstufe künftiger gemeinsamer Entwicklungsarbeit.

Ebenso kann auch das Delphi-Verfahren als ein wichtiger und erfolgreicher Bestandteil der Entwicklungsarbeit gewertet werden. Durch die zwei Befragungsrunden und die begleitenden Workshops ist es gelungen, eine große Zahl von Experten/innen aus unterschiedlichen, maßgeblichen Kontexten: der zielgruppenspezifischen Gründungsberatung aber auch politische Akteure und Fachleute aus dem Qualitätswesen in den Definitions- und Diskussionsprozess zu den zukünftigen Qualitäts(mindest)standards aktiv einzubinden und damit eine Mitwirkung bei der Ausformulierung und Bewertung von Standards sowie bei der Gestaltung des Modells und der Verfahren zu bieten. Dies ermöglicht insgesamt eine breite Basis und objektive Fundierung des Qualitätsmodells mit wissenschaftlichen Methoden, die eine weitergehende Akzeptanz bei den relevanten Umsetzungsakteuren schafft, als dies bei einer Entwicklung innerhalb eines kleinen Expertenkreises möglich wäre. Diese Voraussetzung konnte bei den bisherigen Qualitätsinitiativen nicht erfüllt werden.

Die Pilotphase liegt hinter den Entwicklungspartnern. Die Abstimmungen und die Kommunikation zwischen den Beteiligten sowie die Einführung von Standardprozessen in der Zusammenarbeit stellten eine zentrale Herausforderung dar.

Herausforderung für die Zukunft bildet die erfolgreiche Etablierung und Bewährung des Qualitätsmodells am Markt. Dazu gehört die Sensibilisierung von Gründer/innen wie Beratungsanbietern für die Thematik und die Umsetzung von Qualitätsstandards in der eigenen Arbeit.

Auch die Politik kann und muss ihren Teil dazu beitragen, indem sie Empfehlungen für das Qualitätsmodell ausspricht und die Qualitätsstandards künftig bei Auftragsvergaben systematisch berücksichtigt. Eine verbindliche Anerkennung der Qualitätsstandards durch die öffentliche Hand bildet eine maßgebliche Voraussetzung für eine breite Verankerung bei den Beratungsanbietern, da bisher kein ausreichender Marktdruck zur Einführung von Qualitäts(mindest)Standards bei den Anbietern besteht und die bisherigen Ausschreibungsstandards der öffentlichen Hand eher zu einem Preis- anstelle eines Leistungs- und Qualitätswettbewerb führen.

Der Anreiz zur Verbesserung der internen Leistungsprozesse reicht alleine für eine breite Marktdurchdringung nicht aus. Die Untersuchungen des Deutschen Gründerinnen Forums e.V. belegen, dass bisher in erster Linie die Spitzengruppe der bereits besonders hochwertig arbeitenden Anbieter als „First Mover" eine Zertifizierung nutzen. Die Hauptmotivation und der Hauptnutzen seitens der Anbieter wird vor allem in einer Anerkennung von Qualitäts(mindest)Standards und entsprechender Prüfverfahren und Gütesiegel durch die Öffentliche Hand gesehen, um einen tatsächlichen Vorteil für die Anbieter im Markt zu schaffen.

Darüber hinaus sind Kooperationen mit dem Bundesqualitätszirkel Gründungsberatung und dem Verband Deutscher Gründungsinitiativen als Anbietern weiterer Qualitätsinitiativen und gemeinsame konzertierte Aktionen eine wichtige Herausforderung für eine Marktdurchdringung in der Zukunft.

Empfehlenswert ist zudem ein kontinuierliches Monitoring der Gründungsberatung, um den Beratungsorganisationen und der Fachöffentlichkeit regelmäßig Rahmendaten zum Stand der Qualitätsentwicklung zur Verfügung zu stellen:

- sowohl als laufendes Benchmark für die Beratungsorganisationen selbst als auch
- seitens der Einrichtungen gegenüber den Finanzierungsinstanzen
- für die politische Entscheidungsebene sowie
- für die Gründungsinteressierten bzw. Kund/innen.

Neben laufenden Erhebung und Aufbereitung qualitätsrelevanter Informationen kann weiterer Mehrwert für die Beratungsorganisationen durch die Bereitstellung von Materialien (Fragenkataloge, Checklisten, Leitfäden u.ä.) sowie ggf. eine web-basierten Befragungsinfrastruktur geschaffen werden, um diese in ihren Bemühungen um Qualität zu unterstützen.

Eine weitere Möglichkeit zur Sensibilisierung und Ermittlung von best practice in der Gründungsberatung wäre die Auslobung und Vergabe eines Preises. Beispiele für Qualitätspreise sind der DEKRA Qualitäts-Award oder der Prowess „The Flagship Award: For Best Practice in Women's Enterprise Development“. Die damit verbundenen Vorteile liegen vor allem in einer breiten Sensibilisierung und hohen Öffentlichkeitswirksamkeit, darüber hinaus im Imageeffekt und Mehrwert für die ausgezeichneten Qualitätsanbieter.

Literaturverzeichnis

Im Rahmen des DGF-Projekts „Qualitätsstandards für zielgruppenspezifische Beratungen" erfolgte Publikationen:

Arbeitsgemeinschaft türkischer Unternehmer und Existenzgründer (ATU e.V.) (2007, http://www.atu-ev.de/): Qualifizierung zum Thema Zielgruppenspezifik

CERTQUA, (2007): Endbericht DGF Pilotaudits, http://www.dgfev.de/documents/DGF_Bericht_CERTQUA.pdf

DGF e.V., Buschmann, B. (Hrsg., 2006): Expertinnen Forum 2006, Kurzbericht http://www.dgfev.de/documents/Bericht_ExpertinnenForum.pdf und Dokumentation http://www.dgfev.de/documents/Dokumentation_Forum_000.pdf

DGF e.V., Buschmann, B., Förster, O. (Hrsg., 2007): Endbericht Expert/innen-Ausschuss,
http://www.dgfev.de/documents/DGF_Bericht_Begleitung_Ausschuss.pdf

DGF e.V., Buschmann, B. (Hrsg., 2007): Abschlussveranstaltung , Kurzbericht http://www.dgfev.de/documents/Kurzfassung_Abschlussveranstaltung.pdf und Dokumentation
http://www.dgfev.de/documents/Dokumentation_DGF_Abschluss_071109_000.pdf

Frau und Arbeit e.V., Otto, G. (2007, http://www.frau-und-arbeit.de/): Qualifizierung zum Thema Genderspezifik, http://www.dgfev.de/documents/Bericht_Genderspezifik_fWeb.pdf

Institut der Wirtschaft Thüringens GmbH (IWT) (2007): Abschlußbericht DGF-Expertinnen-Delphi, http://www.dgfev.de/documents/Abschlussbericht.pdf. und http://www.dgfev.de/Anlagen_Abschlussbericht_Delphi.zip.

Kerkhoff, E. (2006): Abschlußbericht der Befragungen/Monitoring Beratungsqualität 2006 als Langfassung http://www.dgfev.de/documents/DGFBericht_Befragungen2006_000.pdf und Kurzfassung http://www.dgfev.de/documents/DGF_zentraleErgebnissekurz_001.pdf

Kerkhoff, E. (2007): Abschlußbericht der Befragungen/Monitoring Beratungsqualität 2007 http://www.dgfev.de/documents/DGF_Befragungen_Bericht_2007_final.-pdf.

RKW Berlin Chudoba, D. (2007): Endbericht Begleitkonzeption, http://www.dgfev.de/documents/RKW-Begleitkonzept20071130.pdf
Weiterbildung Hamburg e.V. (2006): Endbericht Qualitätsrecherche, Langfassung
http://www.dgfev.de/documents/DGF_Bericht_Q.recherche_final_001.pdf und Kurzfassung http://www.dgfev.de/documents/DGF_Q-Recherche_gekuerzt3.pdf

Weitere Literatur:

BONACKER, Margit et al: Frauenspezifische Beratungseinrichtungen für Existenzgründerinnen. Analysen und Potenziale, Hrsg.: Bundesministerium für Familie,Senioren, Frauen und Jugend, Stuttgart; Berlin; Köln, 2002

Bünz, Petra, Rissler, Dagmar Schoolmann, Silke, Berücksichtigung der EQUAL-Zielgruppen in der Entwicklungspartnerschaft EXZEPT, Offenbach 2004, Quelle: exzept.de (30.07.2007)

BÜro fÜr ExistenzgrÜndungen, Der Schritt in die Selbstständigkeit BfE – Gründer/innen–Studie Download: http://www.bfe-muenchen.de/fileadmin/Redakteur-Dateien/pdfs/Gr_ndungen_aus_dem_Jahr_2002_ver_ffentlicht_
2005.pdf, 2005, (1.10.2006)

BQZ (Bundesqualitätszirkel Gründungsberatung e.V.), bqz-ev.de

CERTQUA certqua.de

DEKRA dekra.de

DGF (Deutsches Gründerinnen Forum e.V.), dgfev.de

DGF (Deutsches Gründerinnen Forum e.V.), Projekt „Qualitätsstandards für zielgruppenspezifische Beratungen“ dgfev.de/Projekte

Kay, Rosemarie et al., Unternehmensgründungen in Rheinland-Pfalz – neue Ansatzpunkte zur Ausschöpfung des, Gründungspotenzials von Frauen (Kompaktfassung), Institut für Mittelstandsforschung Bonn, 2006

KLANDT, Heinz, Zum Stand der akademischen Forschung und Lehre im Bereich der Kleinen und Mittleren Unternehmen und der Unternehmensgründung in Deutschland, 1996, Download: http://www.fgf-ev.de/DWD/_111327/upload/media_2467.pdf;

Kleinen, Helmut et al., Ich-AG und Überbrückungsgeld Eine empirische Analyse von Gründungen aus der Arbeitslosigkeit, Arbeitspapiere 12, Hrsg. G.I.B. Gesellschaft für innovative Beschäftigungsförderung mbH, 2004

Kohn, Karsten, Spengler, Hannes, KfW-Gründungsmonitor 2007, Hrsg. KfW Bankengruppe, Frankfurt 2007, Quelle: kfw.de

Kritikos, Alexander; Angst vor dem Scheitern - Bedingungen einer erfolgreichen Existenzgründung und Grundzüge eines wirksamen Nachgründungscoachings (Hrsg.: Enigma Teilprojekt: Akzeptanz in der Zielgruppe, Entwicklungspartnerschaft EXZEPT) Hamburg 2005 Quelle: except.de

Lauxen-Ulbrich Maria, LEICHT, René, Wie Frauen gründen und was sie unternehmen, Nationaler Report Deutschland, 2005. Download: http://www.ifm.uni-mannheim.de/unter/fsb/pdf/nationaler_report_ifm2005.pdf

Nispel, Andrea, Abschlussbericht-Entwicklung einer Gründerinnen-Typologie für die EQUAL-EntwicklungspartnerschaftWomen Way of Entrepreneurship, 2004 (unveröffentlicht)

Prowess, prowess.org.uk

RKW Berlin (http://www.rkw-berlin.de/);

Seidel, Michael A., Von der Arbeitslosigkeit in die Selbständigkeit, Lohmar 2005

Schulten, Tobias et al. 2006, Gründen auf dem Land, Gründungsfelder und Zielgruppen (...), Arbeitspapiere zur Mittelstandsökonomie Nr. 11, Inmit Institut für Mittelstandsökonomie an der Universität Trier, 2006

Statistisches Bundesamt, Ergebnisse des Mikrozensus, Wiesbaden 2006

Statistisches Bundesamt, Gendermonitor Existenzgründung 2004, http://www.destatis.de/download/d/veroe/gendermonitor_existenzgruendung 2004.pdf

VDG (Verband Deutscher Gründungsinitiativen e.V.), Qualitätstestierung für Gründungsberater/innen, Anforderungen und Inhalte, Quelle www.vdg-forum.de)

Weidner, Markus et al., Gründungsmatrix Bericht über die Entwicklung eines Instruments zur Steuerung der Gründungsförderung einer Region, KIZ Kommunikations- und Innovationszentrum GmbH Networking, 2004, Download: http://www.gruenderstadt-offenbach.de/ergebnisse/gmatrix/BerichtMatrix%20-%2004%20MW.pdf,

Weidner Markus, Schoolmann Silke, Anforderung an einen One-Stop-Shop für Existenzgründerinnen und –gründer, KIZ Kommunikations- und Innovationszentrum GmbH Networking; 2003; Download: http://www.exzept.de/pdf/Anforderungen_OSS.pdf,

WITT, Peter, Stand und offene Fragen der Gründungsforschung. Studie für das Bundesministerium für Bildung und Forschung (BMBF), o.J., Download: http://www.fgf-ev.de/structure_default/main.asp?G=111327&A=1&S=Fquep31i888558hW1xUj2L6bb5Cj25313HIBlIhRRe2474z8Tv215&N=159473&ID=1&P=&O=&L=1031

Qualitätssicherung und Wirkungsmessung in der Gründungsberatung

Dipl.-Volkswirtin Martina Hummel-Manzau, CAT Meldorf

Dipl.-Volkswirt Sascha A. Peters, FernUniversität in Hagen

1 Einleitung

Die Förderung von Existenzgründungen ist seit vielen Jahren ein zentrales Element in der deutschen Wirtschaftspolitik. Es wird davon ausgegangen, dass durch Markt- und Staatsversagen Hemmnisse im Gründungsgeschehen entstehen und die Zahl der sich *natürlich* ergebenden Gründungen zu klein ist.[1] Aus dem Ansatz der öffentlichen Förderung von Existenzgründungen hat sich als wachsendes Feld der Unternehmensberatung die Gründungsberatung entwickelt. Als Markt ist die Gründungsberatung noch ein junger Beratungsmarkt, auf dem es in den letzten Jahren vielfältige Entwicklungen und Veränderungen gegeben hat. Der Ruf nach Qualitätsstandards und nach einer Beurteilung der Wirkungen der Beratung wird dabei gleichzeitig lauter, zumal der *Gründungsberater* als Beruf nicht geschützt ist und keine formalen Anforderungen an die Qualifikation eines Gründungsberaters vorhanden sind.

Der vorliegende Beitrag stellt zunächst vor, wie sich der Markt für Gründungsberatung entwickelt. Im Hauptteil steht dann die Frage im Vordergrund, welche Produkte einer Gründungsberatung identifiziert und differenziert werden können und wie die in der wissenschaftlichen Literatur vorhandenen theoretischen Ansätze der Messung von Dienstleistungsqualität übertragen werden können. Die Grundlagen der Evaluation und Wirkungsmessung werden aus der Sicht der Gründungsberatung erörtert und es wird eine Systematik zur Erfassung von Wirkungen vorgestellt. Abschließend werden die Methoden kritisch gewürdigt und die Grenzen der Wirkungsmessung von Gründungsberatungen genannt. Dabei werden die unterschiedlichen Ansätze der Wirkungsmessung auf die Gründungsberatung übertragen und eine Struktur für ein wirkungsorientiertes Beratungsangebot aufgezeigt.

---

[1] Vgl. Block, J. et al. (2008), S. 1

2 Grundlagen und Entwicklungstendenzen in der Gründungsberatung

Existenzgründungen sind ein zentraler Indikator für Dynamik und Regeneration einer Volkswirtschaft: Gründungen schaffen neue Arbeitsplätze, sie führen dazu, dass sich notwendiger Strukturwandel vollzieht, Innovationen eingeführt werden und die Wettbewerbsfähigkeit einer Volkswirtschaft erhalten wird.

Im Jahr 2007 haben sich 859.000 Personen im Alter von 18 bis 64 Jahren im Voll- oder Nebenerwerb selbstständig gemacht.[2] Dabei gründen 147.000 Personen, rund 18% aller Gründer, 31% der Vollerwerbsgründer und 8% der Nebenerwerbsgründer, aus der Arbeitslosigkeit. Auffällig ist eine Konvergenz des Gründungsgeschehens zwischen Ost- und Westdeutschland, die darin besteht, dass die Vollerwerbsgründerquoten nach einer Annäherung im Jahr 2006 sich im Jahr 2007 auf fast dem gleichen Niveau bewegen. Die Bundesländerbetrachtung zeigt, dass sich die höhere ökonomische Aktivität einer Region positiv auf die Gründungshäufigkeit auswirkt (Pull-Effekt). Gleichzeitig kann in der Analyse der Bundesländerebene auch der Push-Effekt der Arbeitslosigkeit nachgewiesen werden; d.h. dass die gemeinsame Variation der Arbeitslosigkeit und des Gründungsgeschehens zwischen den Ländern deutliche Hinweise darauf gibt, dass Personen infolge von Arbeitslosigkeit quasi in die Selbständigkeit gestoßen werden.

Die Analyse nach Gründungsformen, d.h. nach Neugründungen, Übernahmen und Beteiligungen macht deutlich, dass Neugründungen mit einem Anteil von 67% an allen Gründungsprojekten die bedeutendste Gründungsform darstellen. Übernahmen machen 8% und Beteiligungen 25% des gesamten Gründungsgeschehens aus.

Die Angaben des KfW-Gründungsmonitors zu Teampartnern und Mitarbeitern erlauben in Kombination mit der Gründungsform eine grobe Abschätzung des Brutto-Beschäftigungseffektes: demnach wurden im Jahr 2007 ca. 455.100 vollzeitäquivalente Stellen durch Neugründungen geschaffen. Der mittlere Brutto-Beschäftigungseffekt einer Neugründung beträgt damit 1,9 vollzeitäquivalente Stellen im Vollerwerb.

---

[2] Vgl. KfW-Gründungsmonitor (2008), S. 2 ff.

Im Jahr 2008 erlaubt der KfW-Gründungsreport erstmals Einblicke in die Nachhaltigkeit des Gründungsgeschehens. Es wurden Personen identifiziert, die ihr Gründungsprojekt mindestens 24 (aber höchstens 36 Monate) vor dem Befragungszeitpunkt begonnen haben. Ca. 32% dieser Gründer haben die Selbständigkeit inzwischen wieder beendet. Damit scheidet ein Drittel der Gründer spätestens nach drei Jahren aus dem Markt aus. Diese Abbruchrate liegt bei Gründungen aus der Arbeitslosigkeit mit 41% noch bedeutend höher. Eine (frühere) Arbeitslosigkeit der Gründerperson besitzt demnach einen negativen Einfluss auf die Nachhaltigkeit des Gründungsprojektes.

Die Zahl der Gründungen und ihre jeweilige Entwicklung bildet das Marktpotential für die Gründungsberatung. Sie erhält damit zunehmend eine zentrale Bedeutung in der Vorgründungsphase sowie in der Begleitung der Gründerperson durch alle weiteren Stadien der Unternehmensgründung und –führung bis hin zur Wachstumsphase.

Die unterschiedlichen Angebote der Gründungsberatung lassen sich anhand von drei Merkmalen unterscheiden: Man differenziert erstens anhand der Beratungsform die gutachterliche Beratungstätigkeit, die Expertenberatung sowie die Organisationsentwicklung. Eine zweite Unterscheidung lässt sich daran ablesen, ob eine Beratung öffentlich gefördert ist oder privatwirtschaftliche Ziele verfolgt und schließlich, drittens, danach, ob die Beratung nur Teilaspekte, z.B. Finanzierungsfragen, oder den gesamten Gründungsprozess abdeckt.[3]

Die Entwicklung der öffentlich geförderten Gründungsberatung hängt dabei von der Entwicklung am Arbeitsmarkt ab. Je ungünstiger die Situation auf dem Arbeitsmarkt, desto mehr Personen sehen in der Selbständigkeit eine Alternative zur abhängigen Beschäftigung. Solange die Senkung der Arbeitslosigkeit ein zentrales Ziel der Wirtschaftspolitik ist, werden Existenzgründungen gefördert, für sie günstige Bedingungen geschaffen und das Marktpotential für die Gründungsberatung erhöht. Gleichzeitig ist die Qualität der Dienstleistung Gründungsberatung gerade bei dieser Zielgruppe von zentraler Bedeutung und die Wirkungsmessung sowie die Nachhaltigkeit der Gründungen aus der Arbeitslosigkeit werden zukünftig eine zentrale Rolle einnehmen.

[3] Vgl. Walger, G. und Schenking, F. (2001), S. 87

Rückenwind erhalten die Forderungen nach mehr Wirkungsforschung nicht zuletzt durch das Dritte Sozialgesetzbuch (SGB III), das Anfang 1998 das seit 1969 geltende Arbeitsförderungsgesetz (AFG) abgelöst hat, auftrieb. Die Arbeitsmarktpolitik folgt damit zumindest ansatzweise einem neuen Steuerungsmodell, bei dem es um das Erreichen bestimmter arbeitsmarktbezogener Wirkungen geht. Dabei folgt das SGB III einer neuen Förderphilosophie, die mehr im unmittelbaren Arbeitsmarktausgleich und der individuellen Förderung von Problemgruppen zum Ausdruck kommt.[4]

Mit dem Gründungsboom der letzten Jahre entstanden immer mehr Beratungsstellen für Existenzgründer und unterschiedlichste Institutionen und Berufsgruppen bieten in unterschiedlicher Qualität Hilfestellung an. Gleichzeitig existieren in Deutschland keine einheitlichen inhaltlichen oder qualitativen Grundlagen oder Qualitätsstandards. Aber auch von wissenschaftlicher Seite ist ein Nachholbedarf in Sachen *Qualitätssicherung in der Gründungsberatung* festzustellen. Die Erstellung einer hohen Dienstleistungs- bzw. Beratungsqualität wird deshalb zu einem zentralen Wettbewerbsfaktor auch auf dem Markt für Gründungsberatung. Um den Anforderungen der anspruchsvoller werdenden Kunden und öffentlichen Institutionen, wie z.B. der Bundesagentur für Arbeit, in Märkten mit intensivem Wettbewerb gerecht zu werden, muss die Qualitätsführerschaft auch in der Gründungsberatung als die zentrale Erfolgsstrategie verstanden werden, um einen Konkurrenzvorsprung zu erlangen bzw. zu verteidigen.

3 Qualitätssicherung in der Gründungsberatung

Ein zentrales Problem in der Praxis besteht in der Definition des *Produktes* der Dienstleistung. In Anlehnung an die drei Definitionsansätze von Dienstleistung – potentialorientierte, prozessorientierte oder ergebnisorientierte Dienstleistungsdefinition – kann man beispielsweise bei einem Hotelbetrieb unterschiedlicher Meinung darüber sein, ob

- das Hotel selbst (Potential),
- die Tätigkeit der Hotelangestellten (Prozess)

[4] Vgl. Brinkmann, C. und Wießner, F. (2002), S. 374

- oder die Übernachtung (Ergebnis)

das eigentliche Produkt des Dienstleistungsunternehmens ist. Je nach der Betrachtungsweise ergeben sich daraus unterschiedliche Konsequenzen in der Führung des Unternehmens.[5]

Übertragen auf die Beratung von Existenzgründungen zeigt das Beispiel, dass sowohl die Beratungssituation, der Beratungsprozess oder die unternehmerische Entscheidung der Gründerperson als Ergebnis der Beratung, als Produkt einer Gründungsberatung betrachtet werden können.

Das Wort *Qualität* hat seinen Ursprung im Lateinischen (qualis = wie beschaffen) und umschreibt im allgemeinen Sprachgebrauch die Auffassung nach *Beschaffenheit*, *Güte* oder *Wert*. Ähnlich vielfältig wie die Abgrenzung von Dienstleistungen sind die Versuche zur Definition der Qualität. Das Deutsche Institut für Normung e.V. (DIN) legt in der DIN 55350 folgende Definition zugrunde:

„Qualität ist die Beschaffenheit einer Einheit bezüglich ihrer Eignung, festgelegte oder vorausgesetzte Erfordernisse zu erfüllen."

Ähnlich ist die Ausführung der Deutschen Gesellschaft für Qualität e.V.:

„Qualität ist die Gesamtheit von Eigenschaften und Merkmalen eines Produktes oder einer Tätigkeit, die sich auf deren Eignung zur Erfüllung gegebener Erfordernisse bezieht."

Bei beiden Definitionen bleibt offen, wer diese Erfordernisse im Einzelnen definiert – der Kunde, die Mitarbeiter oder der Unternehmer selbst. Dies spielt für die Messung der Dienstleistungsqualität allerdings eine zentrale Rolle:

Beim produktbezogenen Qualitätsbegriff liegt der Versuch vor, eine Messung der Qualität nach objektiven Kriterien vorzunehmen, in dem unter Qualität die Summe bzw. das Niveau der vorhandenen Eigenschaften der Dienstleistung verstanden wird *(product based).*

---

[5] Vgl. Bruhn, M. und Strauss, B. (1995), S. 22

Der kundenbezogene Qualitätsbegriff *(user-based)* ist Qualität demgegenüber definiert durch die Wahrnehmung der Produkteigenschaften bzw. Leistungen vom Kunden. Seine Einstufung bestimmt das Niveau der Qualität, die Qualitätsmessung wird nach subjektiven Kriterien vorgenommen.[6]

Bei den unterschiedlichen begrifflichen Auffassungen von Qualität wird deutlich, dass bei einem so heterogenen Bereich wie Beratungsdienstleistungen versucht werden muss, die relevanten Dimensionen der Beratungsqualität festzulegen. Als Qualitätsdimension wird dabei die Wahrnehmung unterschiedlicher Qualitätseigenschaften durch beratungsinterne und –externe Zielgruppen verstanden.

In Anlehnung an die oben skizzierten unterschiedlichen Ansatzpunkte der Qualitätsdefinition können drei Dimensionen unterscheiden werden:[7]

- Potentialdimension: Hier steht die Wahrnehmung der Strukturen und Potentiale des Dienstleistungsanbieters im Vordergrund. Im Fall der Gründungsberatung umfasst diese Dimension neben der Größe und Marktstellung beispielsweise auch die Anzahl und Qualifikation der Gründungsberater.

- Prozessdimension: Hierunter ist die Einschätzung der Prozesse während der Leistungserstellung zu verstehen. So sind die Qualität von Beratungsgesprächen oder auch der Ablauf von Verwaltungsprozessen im Vorfeld bzw. im Nachgang von Gründungsberatungen zu nennen.

- Ergebnisdimension: Diese Perspektive rückt die Beurteilung der erfolgten Leistung bzw. des Ergebnisses des Dienstleistungsprozesses in den Vordergrund. So kann die erfolgte Gründungsberatung z.B. anhand des Umfanges der tatsächlichen Leistung oder im Hinblick auf die Zeitspanne vom ersten Ideengespräch bis zum Existenzgründungsdatum beurteilt werden. Eine nachhaltige Messung der Ergebnisdimension könnte z.B. die Anzahl der Arbeitsplätze zwei Jahre nach Markteintritt sein oder der Zeitpunkt des Erreichens der Gewinnzone, um von der rein quantitativen Zahl an Existenzgründungen, auch eine qualitative Komponente zu berücksichtigen.

---

[6] vgl. Bruhn, M. und Strauss, B. (1995), S. 24

[7] vgl. Bruhn, M. (2004), S. 45

Es existieren zahlreiche Modelle zur Messung der Dienstleistungsqualität. Diese Modelle wurden in der Regel mit dem Ziel entwickelt, die Dienstleistungsqualität zu operationalisieren, um sie messbar zu machen. Die sechs wichtigsten Modelle sind dabei folgende Ansätze, die im Beispiel auf die Gründungsberatung angewandt werden:[8]

GAP-Modell: Grundlage des GAP-Modells ist eine Zweiteilung der Interaktionsbeziehung in die Ebenen Dienstleister und Kunde und den sich daraus ergebenden Konfliktbereichen, sog. Gaps. Insgesamt identifizieren die Autoren fünf Gaps:

- GAP 1: Diskrepanz zwischen den tatsächlichen und den durch den Gründungsberater bzw. das Management der Beratungseinrichtung wahrgenommenen Kundenerwartungen.
- GAP 2: Diskrepanz zwischen den wahrgenommenen Kundenerwartungen und der anschließenden Umsetzung in die Spezifikation der Beratungsqualität.
- GAP 3: Diskrepanz zwischen den Spezifikationen der Beratungsqualität und der tatsächlichen Beratungsleistung.
- GAP 4: Diskrepanz zwischen der tatsächlich erbrachten Beratungsleistung und der an den Kunden gerichteten Kommunikation.
- GAP 5 schließlich ist die zentrale Lücke des Modells und weitgehend von den GAPs 1 bis 4 abhängig: Die hier zugrunde gelegte Diskrepanz zwischen der erwarteten und der real erlebten Beratungsqualität kann durch die Minimierung der übrigen vier GAPs verringert werden und stellt den Schlüssel zu einer guten Gründungsberatung dar, wenn die wahrgenommene Beratungsqualität die Kundenerwartungen erfüllt bzw. übertrifft.

Dienstleistungsqualitätsmodell von Grönroos: Hier stellt die wahrgenommene Qualität das Ergebnis des Vergleiches zwischen der erwarteten und der erfahrenen Qualität dar. Wenn die erwartete Qualität an das Beratungsergebnis beim Gründer unrealistisch hoch ist, kann demnach - trotz einer guten erfahrenen Beratung – eine gering wahrgenommene Qualität der Gründungsberatung die Folge sein.

---

[8] Eine ausführliche theoretische Darstellung vgl. Bruhn, M. (2004) , S. 64 - 97

Dienstleistungsqualitätsmodell von Meyer und Mattmüller: Die Beratungsqualität ist nach Meyer/Mattmüller von dem Verhältnis der Prozess- gegenüber der Ergebnisdimension abhängig. Das Modell verdeutlicht insbesondere, dass personelle und interpersonelle Kontakte zwischen Gründungsberatern und Existenzgründern als Elemente der Potentialqualitäten eine besondere Rolle spielen.

Dynamisches Prozessmodell von Boulding et al.: Die Wird- Erwartung des Existenzgründers, *Was wird in Rahmen der Gründungsberatung passieren?* ist gegenüber der Soll-Erwartung, *Was sollte im Rahmen der Gründungsberatung passieren?*, die wesentliche Determinante für die Qualitätswahrnehmung. Es wird angenommen, dass die Gründerperson ihre Erwartunge im Zeitablauf revidiert oder bestätigt sieht. Darüber hinaus liefert dieses dynamische Modell konkrete Implikationen für das Qualitätsmanagement einer Beratungseinrichtung: Der Gründungsberater sollte daher möglicherweise versuchen, zum einen die Wird-Erwartungen zu steigern und die Soll-Erwartungen zu senken oder zumindest konstant zu halten. Das Modell liefert jedoch, im Gegensatz zum GAP-Modell, keine konkreten Umsetzungsstrategien für die Beratungsinstitution.

Beziehungsqualitätsmodell von Liljander/Strandvik: Anders als Boulding et al. Versuchen Liljander/Strandvik nicht, ein originär statisches Qualitätsmodell zu dynamisieren, sondern ziehen zahlreiche Konstrukte in ihre Betrachtung mit ein, die die Verbindung zwischen Prozessorientierung und der Bedeutung der Gründer-Berater-Beziehung stehen. Ausgangspunkt ihres Modells ist die Annahme, dass eine positive Beratungsqualität und Kundenzufriedenheit zu einer höheren Kundenbindung führen und somit eine bedeutende Determinante für das Image des Beratungsunternehmens darstellen. Sie sehen Beratungsqualität aus einer *externen* und Zufriedenheit aus einer *internen* Perspektive. Daraus resultiert, dass (Un-)Zufriedenheit nur aufgrund eines Kunden-Berater-Kontaktes entstehen kann, während die Qualität auch beurteilt werden kann, ohne dass der Gründer die Beratungsleistung in Anspruch genommen hat.

Qualitatives Zufriedenheitsmodell von Strauss/Neuhaus: Im deutschsprachigen Raum hat sich vor allem Strauss mit dynamischen Aspekten von Qualität und Zufriedenheit im Dienstleistungsbereich beschäftigt. Im Rahmen des Qualitativen Zufriedenheitsmodells weist er auf Zweifel an der Grundannahme hin, dass eine hohe Zufriedenheit mit der Beratung *grundsätzlich* zu einer hohen Kundenloyalität führt. In diesem Modell wird unterstellt, dass es unter zufriedenen Kunden emotionale, erwatungsbezogene und bindungsintentionale Gefährdungspotentiale gibt und er weist verschiedene Zufriedenheits- und Unzufriedenheitstypen auf.

Die genannten theoretischen Modelle der Dienstleistungsqualität zeigen einerseits die Problemschichten aber auch die Komplexität der Messung von Qualitätsaspekten für Dienstleistungen, respektive Beratungen, auf. Die Messung der Anforderungen an die Dienstleistungs- und Beratungsqualität steht somit an der Schnittstelle zwischen der leistungserstellenden, *qualitätsproduzierenden* Beratungseinrichtung und den leistungsempfangenden, *qualitätswahrnehmenden* Kunden.

4 Wirkungsmessung und Erfolgskontrolle in der Gründungsberatung

Der Gründungsberatung wird in den vergangenen Jahren eine zunehmende Bedeutung bei der Neugründung oder Übernahme eines bestehenden Unternehmens zugeschrieben. Nicht nur High-Tech-Gründungen und Spin-offs benötigen oftmals Hilfestellung bei der Erstellung des Businessplanes und dem Transfer zwischen Wissenschaft und Wirtschaft. Vor allem für Gründungen aus der Arbeitslosigkeit wird seit der Einführung des Gründungszuschusses und der Notwendigkeit der Vorlage eines Businessplanes sowie der Stellungnahme einer sogenannten Fachkundigen Stelle, die Gründungsberatung zu einem zentralen Erfolgsfaktor.

Gleichzeitig wird der Ruf nach der Messbarkeit der Beratungsleistung durch die öffentliche Verwaltung bzw. durch die Bundesagentur für Arbeit im Zuge des „Neuen Steuerungsmodells" laut. Die ursprüngliche Inputorientierung wird dabei heute durch eine Ausrichtung am Output (den Produkten) bzw. am Impact (den Wirkungen) ersetzt. Damit verstärkt sich auch die Forderung nach einer Wirkungsorientierung der Gründungsberatung und die Frage, mit welchen Methoden Wirkungen erfasst werden können steht im Raum. Vor allem öffentlich geförderte Beratungsinstitutionen wie z.B. Wirtschaftsförderungseinrichtungen, Gründerzentren und Beratungseinrichtungen die sich auf spezielle Zielgruppen spezialisiert haben, z.B. Frau & Beruf, sind aufgefordert, in wirtschaftlich schwierigen Zeiten ihre Wirkungen nachzuweisen und geraten zunehmend unter Legitimationsdruck. Im Folgenden wird vor allem die Gründungsberatung durch öffentliche Träger betrachtet. Abschnitt 4.1 befasst sich mit grundlegenden Fragen der Evaluation. In Kapitel 4.2 geht es dann um die Fragen der Schwierigkeiten und Grenzen bei der Wirkungsmessung in der Gründungsberatung.

4.1 Grundlagen der Evaluation und Wirkungsmessung

Traditionell wird bzw. wurde die öffentliche Verwaltung über sogenannte Inputgrößen gelenkt: Finanzen, Ausstattung, Personal und sonstige Ressourcen werden dabei bestimmten Aufgabenbereichen zugewiesen. In der Folge sind untergeordnete Bereiche nicht notwendigerweise angehalten, effizient und effektiv zu wirtschaften. Ein wesentliches Element der Reformanstrengungen im Rahmen des Neuen Steuerungsmodells (NSM) sollte daher die Abkehr von der reinen Inputorientierung hin zu einer stärkeren Outputsteuerung sein. Dies bedeutet, dass Leistungen der Verwaltungen und öffentlichen Träger zu näher definierten Produkten zusammengefasst werden und künftig als Basis der Steuerung dienen. Öffentlich geförderte Gründungsberatung kann in diesem Zusammenhang als *Produkt* angesehen werden. Obwohl dieser Prozess noch längst nicht als abgeschlossen gelten kann, wird auch bei der Outputsteuerung eine mangelnde strategische Ausrichtung beanstandet. Gefordert ist, den Blick auf die angestrebten Wirkungen des Produktes, in diesem Fall der Gründungsberatung, zu richten. Die Wirkungsrechnung „erfasst die Auswirkungen der Verwaltungstätigkeit, d.h. der Programme, und setzt sie in Beziehung zu den politischen Zielen, die damit verfolgt werden.“[9] Dabei werden zunehmend auch nicht-messbare Faktoren in die Betrachtung einbezogen. Die Qualität dieser Wirkungsorientierung wird anhand folgender Grafik deutlich:

[9] Vgl. Schedler /Proeller (2000), S. 197

Abb. 1: Wirksamkeitsebenen

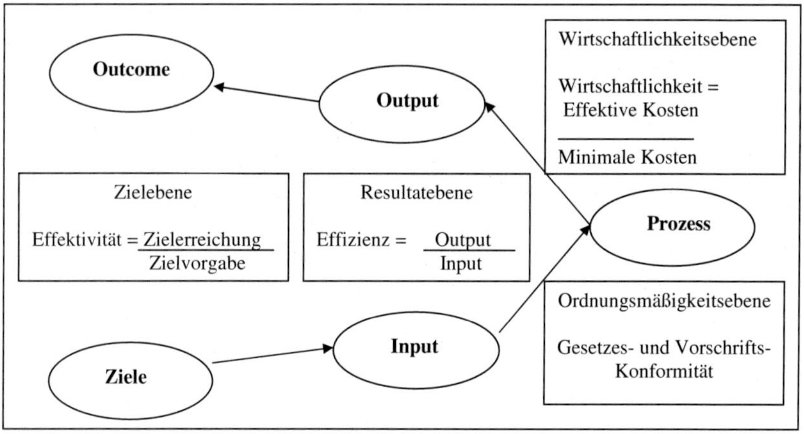

Quelle: König, S. und Rehling, M. (2002), S. 5

Nach diesem Vierebenenkonzept sind die betrachteten Beratungsleistungen grundsätzlich hinsichtlich der Kriterien Ordnungsmäßigkeit, Wirtschaftlichkeit, Effizienz und Effektivität zu prüfen: Die Ordnungsmäßigkeit bezieht sich auf die Einhaltung von Gesetzen und Vorschriften im Rahmen der Existenzgründung, die Wirtschaftlichkeit auf den Vergleich von Soll- und Istkosten. Beide Kriterien sind typisch für die Inputorientierung. Für die Outputebene in der Mitte steht der Begriff *Effizienz*. Die Effizienz setzt die Outputgrößen ins Verhältnis zu den Inputgrößen. Im Beispiel der Gründungsberatung könnte dies die Anzahl der neu gegründeten Unternehmen innerhalb einer Periode im Verhältnis zu den eingesetzten Personalkosten der Beratung sein.

Die Effizienz sagt dabei nichts darüber aus, ob im Vorfeld angestrebte Ziele auch erreicht wurden, sondern orientiert sich ausschließlich an Input und Output in Bezug auf die eingesetzten Ressourcen.

Um die Zielerreichung dreht sich der Begriff der Effektivität. Hier geht es nicht mehr allein darum, ob die Ressourcen bestmöglich eingesetzt wurden, im Mittelpunkt steht viel mehr die Frage, ob und wie gut die angestrebten Ziele erreicht wurden.

Damit wird deutlich: Die Produktorientierung ist nur eine Zwischenstufe auf dem Weg zur eigentlichen Zielrichtung, nämlich der Erfassung von Wirkungen.

Die Evaluation von Maßnahmen und Programmen im Bereich Gründungsbegleitung und -beratung verfolgt u.a. folgende Ziele:

- Die Wirksamkeit, Effizienz und Zielerreichung einer Beratungsleistung wird überprüft.
- Es werden Entscheidungs- und Planungshilfen für Institutionen und Beratungseinrichtungen und Aussagen über Qualität der Angebote geliefert.
- Veränderungen und Lernprozesse werden angeregt.

Die Vorteile der Evaluation anhand der Outcome-Ebene sind klar ersichtlich: Definierte Ziele zeigen allen Beteiligten, welche Aufgaben zukünftig schwerpunktmäßig zu erledigen sind und erhöhen die Transparenz des Handelns. Basis einer Zielerfüllungsevaluation sind dabei klare und messbare Ziele. Doch genau hier liegen auch die Schwächen der Evaluation anhand des Outcomes. Denn die Aussage *Ziel erreicht, bzw. nicht erreicht* sagt per se noch nichts über entstandene Kosten oder die Budgetverwendung aus. Außerdem werden sogenannte Nebeneffekte einer Maßnahme oder Beratung weder im Voraus abgeschätzt noch nachträglich erfasst oder reflektiert. Fragen wie *Sind die beobachteten Wirkungen überhaupt von meiner Beratungsleistung verursacht worden?*, *Welche Nebeneffekte haben sich gezeigt und habe ich diese erwartet oder nicht?* bis hin zu *Welche zusätzlichen Ereignisse haben den Zielerfüllungsgrad positiv oder negativ beeinflusst?*, dürfen in einer Evaluation nicht vernachlässigt werden. Deshalb ist die reine Zielerfüllungsevaluation um eine Nebeneffektsevaluation zu erweitern, denn ohne die Berücksichtigung von Nebeneffekten bleibt das Verständnis für die Prozesse lückenhaft. Ideal wäre auch eine Erweiterung durch die Einholung von Ansichten der Interessenten an den Maßnahmen und Beratungsleistungen (*Stakeholder-Ansatz*).

Die Nebeneffekte können dabei auf unterschiedliche Art eintreten:[10]

Abb.2: Nebeneffekte

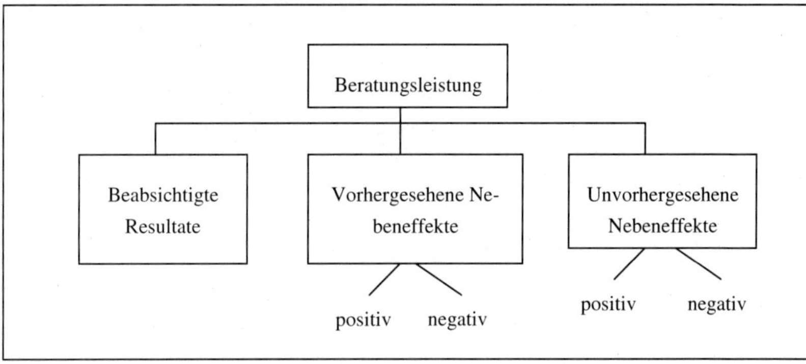

Quelle: König, S. und Rehling, M. (2002), S. 9

Zusammenfassend lassen sich also folgende „Wirkungs-Definitionen" ableiten:

- Output: die aus dem von einem Programm oder Projekt geleisteten Input resultierenden direkten Aktivitäten, Leistungen oder Produkte.
- Outcome: die direkte Nutzung dieser Leistungen durch die jeweiligen Zielgruppen und die Veränderungen, die sich durch das Programm oder Projekt indirekt ergeben.
- Impact: alle intendierten und nicht-intendierten Wirkungen, die langfristig aus den Leistungen eines Programms oder Projektes resultieren.

Beim Wirkungsmonitoring von Gründungsberatung kann außerdem zwischen quantitativen und qualitativen Strategien unterschieden werden. Während quantitative Messungen von Gründungsberatung - *Wie viele beratene Personen haben sich selbständig gemacht?* und, *Wie vielen potentiell nicht erfolgversprechenden Existenzgründungen konnte abgeraten werden?*- als nachweisliche Zahl betrachten, ist der qualitative Ansatz, wie oben beschrieben, der Versuch, auch nicht messbare Indikatoren und nicht-operationalisierbare Ziele und ihre nachhaltigen und konstruktiven

[10] vgl. König, S. und Rehling, M. (2002) S. 9

Wirkungen zu bewerten. Wenn bei der Gründungsberatung ausschließlich solche Leistungen erbracht werden, die sich mittels messbarer Indikatoren überprüfen lassen, schränkt die Beratungseinrichtung ihren entwicklungspolitischen Handlungsspielraum in nachteiliger Weise ein.

Methoden und Verfahren zur Wirkungsbeurteilung entsprechend qualitativer Beratungsleistungen liegen deshalb zwischen den beiden Extremen von wissenschaftlicher Exaktheit und methodischer Beliebigkeit. Gleichzeitig dienen Evaluationsergebnisse von Beratungsleistungen nicht nur zur ex-post-Bewertung von Aktivitäten, sondern bilden eine wichtige Entscheidungsgrundlage künftiger operativer Entscheidungen. Die Wirkungsmessung qualitativer Leistungen und Prozesse fußt auf dem Vergleich von Wirkungshypothesen mit den eingetretenen Wirkungen. Dabei sind auch die Ko-Aktivitäten anderer Beteiligter zu klassifizieren und zu bewerten.

Das folgende Schaubild zeigt eine mögliche Struktur einer Wirkungsmatrix zur qualitativen Erfassung und Bewertung von Gründungsberatungsleistung:[11]

Abb. 3: Wirkungsmatrix

Aktivität /Leistungen Ziel oder erwünschte Wirkung	Ko-Aktivitäten anderer Beteiligter	Angestrebte Wirkungen (ex-ante)		Abweichungsanalyse Eingetretene Wirkungen (ex-post)		Indika toren	Kausalitätsindex	Folgeaktivitäten (ggf. gegensteuernde Maßnahmen)
		Direkte W.	Erwartete Folgewirkung	Soll-Ist-Abgleich	Eingetretene Nebeneffekte			

Quelle: Eigene Darstellung nach Wagner, H.-G.(2008), S. 4 und König, S. und Rehling, M. (2002), S. 10

Im Rahmen der betrachteten Methode wird die Wirkungsbeurteilung qualitativer Leistungen über indikatorengestützte ex-ante /ex-post-Vergleiche vorgenommen. Mit Kausalitätsattributen wird die Eindeutigkeit des Aktivitäts-Wirkungszusammenhangs erfasst. Aufgrund der Vielzahl maßgeblicher Faktoren lassen sich in vielen Fällen

[11] vgl. Wagner, H.-G. (2008)

keine wirklich eindeutigen Aussagen treffen. Es geht vor allem um das Erkennen von Tendenzen und das Transparentmachen von Entwicklungszusammenhängen.

Die Outcomes, Outputs und Inputs bilden zusammen ein konsistentes Zweck-Mittel-Schema, das anhand eines Beispiels dargestellt werden soll: Um auf kommunaler Ebene die Neugründung von Unternehmen zu fördern und damit die Wirtschaft zu stärken (Ziel), kann eine Stadt kostengünstige Büroräume für Existenzgründer bereitstellen (Output). Zur Anmietung dieser Räume von Dritten (Produktion) müssen Mittel bereitgestellt werden (Input). Erst wenn es dadurch zu Neugründungen kommt (Outcome) ist die Maßnahme *wirksam.*

In der Realität läuft dieser Prozess weder zeitlich noch inhaltlich in aufeinander folgenden Schritten ab. Es gibt Rückkoppelungen, z.B. von tatsächlicher Wirkung auf Ziele und Produkte. Außerdem spielen Einflüsse externer Akteure sowie der Umwelt eine Rolle. Diese Hemmnisse werden im Folgenden näher betrachtet.

4.2 Schwierigkeiten und Grenzen der Wirkungsmessung

Es gibt bis heute kein wissenschaftlich anerkanntes Verfahren zur Messung und Beurteilung der Wirkungen von Beratungs- und Informationsdienstleistungen. Die Realisierung umfassender Kosten-Nutzen-Analysen, sowohl teilnehmer- als auch arbeitsmarktbezogen (Mikro- und Makroebene) und unter Berücksichtigung alternativer Mittelverwendungen bleibt ein Fernziel. Unstrittig ist jedoch, welche Richtung die künftigen Anstrengungen und Entwicklungen in der Messung der Wirksamkeit und des Erfolges der Gründerberatung nehmen müssen.

Die auf diesem Weg zu beseitigenden Haupthindernisse sind u.a. folgende: [12]

Die *Komplexität* des Zielsystems, die ein Spannungsfeld aufbaut zwischen kurz- und langfristigen Zielen, Wirkungen auf der Ebene der individuellen Gründungsperson einerseits und des Arbeitsmarktes andererseits sowie zwischen qualitativen und quantitativen Effekten.

Die *Heterogenität* der Gründungsberatung bei einzelnen Institutionen, die eine summarische Bewertung von Beratungsleistungen eigentlich unmöglich macht und des-

[12] vgl. Brinkmann, C und Wießner, F. (2002)

halb auf der Grundlage des durchschnittlichen Erfolges auch keine Rückschlüsse auf die Wirksamkeit einer einzelnen Gründungsberatung gestattet.

Die *Heterogenität* der Zielgruppe, die dazu führt, dass eine objektive Bewertung der Gründungsberatung praktisch unmöglich wird.

Gleichzeitig sind Grenzen in der Evaluation und Wirkungsmessung von Gründungsberatungen gegeben, die in der folgenden Liste in Stichworten genannt werden:

- Kausalitätsproblem
- Zurechenbarkeit: Sind die beobachteten Effekte tatsächlich auf die Beratung zurückzuführen?
- Hohes *Hintergrundrauschen* anderer Institutionen und Angebote
- Brutto-, Netto- und Mitnahmeeffekte
- Time-lag-Problematik
- Direkte Wirkungen treten früher auf als indirekte Wirkungen
- Operationalisierungsproblem
- Komplexität der Messungen und mangelnde Datenbasis
- Mit welchen Indikatoren können die Wirkungen verlässlich abgebildet werden?
- Wie wird die eingebrachte Arbeit bewertet, auch wann das Ergebnis nicht zum erwünschten Ziel führt?
- Aggregationsproblem Wirkungen mehrerer Programme und Beratungen können nicht summiert werden

Die oftmals *weichen* qualitativen Aspekte einer Beratung entziehen sich der unmittelbaren Wirkungsmessung

Alle Problemfelder machen deutlich, dass Qualität und Wirkung der Gründungsberatung zwar eng zusammen hängen, aber trotzdem ist eine hohe Beratungsqualität nicht per se ein Garant für eine nachhaltige Wirkung, da vielfältige Rahmenbedingungen außerhalb der Beratung zu berücksichtigen sind.

5 Schlussbemerkungen

Die Wirkungsforschung in der Gründerberatung ist damit aufgefordert, eine differenzierte und valide Methode für Monitoring und Evaluation zu entwickeln, im Zielsystem enthaltene Wirkungsdimensionen einzubeziehen und günstige Rahmenbedingungen für einen erfolgreichen Einsatz herauszufiltern. Gleichzeitig ist es von zentraler Bedeutung, die sich an verschiedenen Stellen fast zeitgleich entwickelnden Evaluationssysteme kompatibel zu gestalten und aufeinander abzustimmen und mögliche Schnittstellen im Blick zu haben.

Literaturverzeichnis

Block, J. et al. (2008): Gründungshemmnisse in Marktmechanismen und Marktumfeld – Facetten empirischer Evidenz, in : FGF Forschungspapier Gründungen und Wirtschaftspolitik, Diskussionspapier.

Brinkmann, C. und Wießner, F.(2002): Zur Wirkungsforschung aktiver Arbeitsmarktpolitik – neue Herausforderungen für Monitoring und Evaluation, in: Kleinhenz, G.: IAB-Kompendium Arbeitsmarkt- und Berufsforschung, BeitrAB 250.

Bruhn, M. und Strauss, B. (1995): Dienstleistungsqualität: Konzepte, Methoden, Erfahrungen; Wiesbaden.

Bruhn, M. (2004): Qualitätsmanagement für Dienstleistungen, Heidelberg.

DIHK Deutscher Industrie- und Handelskammertag (2007): Weniger Existenzgründungen trotz besserer Konjunktur, DIHK-Gründerreport 2007.

Ehrmann, T. (2003): Erfolgsorientierte Vergütung von Gründungsberatern, in: Von der Gründung bis zur Insolvenz: Erfahrungen von Start-up-Unternehmen, Zeitschrift für Betriebswirtschaft, Ergänzungsheft Bd. 2, S. 67 – 84.

Hummel-Manzau, M. (2008): Ansätze einer Wirkungsmessung der regionalen Wirtschaftsförderung in Dithmarschen und Steinburg; internes Diskussionspapier der Entwicklungsgesellschaft Brunsbüttel egeb mbH.

KfW-Gründungsmonitor (2008): Kurzfassung der jährlichen Analyse von Struktur und Dynamik des Gründungsgeschehens in Deutschland.

Klandt, H. und Daniels, D. (1999): Gründungshemmnisse für innovative Unternehmen, bifego Betriebswirtschaftliches Institut für empirische Gründungs- und Organisationsforschung e.V., Oestrich-Winkel.

König, S. und Rehling, M. (2002): Wirkungsmessung von Personalentwicklung in der öffentlichen Verwaltung: Entwicklung eines Wirkungsrasters anhand von Kennzahlen und Indikatoren; PerMit-Diskussionspapier 02-02.

König, S. und Reling, M. (2003): Wirkungsmessung von Personalentwicklung mit dem PerMit-Raster; PerMit-Diskussionspapier 01-03.

Mokwinski, B. (2004): Erfolgskontrolle regionalpolitischer Maßnahmen – Konzept, Ergebnisse und Probleme; Christian-Albrechts-Universität zu Kiel, Geographisches Institut.

Müller, K. (2004): Wirkungsorientiertes Verwaltungsmanagement – Internationale Erfahrungen und Implikationen für das deutsche Verwaltungscontrolling; Ein Beitrag zum Studierenden-Wettbewerb 2004 des Bundesministeriums des Inneren, München.

Schedler, K. und Proeller, I. (2000): New Public Management, Bern.

Wagner, H.-G. (2008): Wirkungsmonitoring im Bereich der beruflichen Bildung; http://www.bds-ethiopia.net/e/library/GTZ_Wirkungsmonitoring_BB.pdf

Walger, G. und Schencking, F. (2001): Grundlagen der Gründerberatung Teil 2; GründerFernstudium, Professionalisierungsstudium „Start Up Counselling".

Weber, S. et al. (2008): Gründungsberatung in Deutschland, Ergebnisse der Online-Erhebung zum Feld der Existenzgründungsberatung; Forschungsprojekt Entrepreneuresse; Fachbereich Sozialwesen der Hochschule Fulda.

Kapitel 2:

Praxisrelevante Ansätze zur Gründungsberatung

Im Urteil der Berater/innen
Relevanz und Reflexion des Unternehmerleitbildes in der Existenzgründungsberatung

Dipl.-Psychologin Katrin Cholotta, Universität Hamburg

1 Einleitung

Von Gründer/innen wird viel erwartet, wie das Grußwort des "Hamburger Förderkompass" exemplarisch verdeutlicht:

> *"Es sind Beispiele von Menschen, die durch Ideenreichtum, Fleiß und das Vertrauen auf die eigene Kraft ihren Weg gehen. Sie sorgen für Innovation und schaffen Arbeitsplätze. Damit tragen sie einen wichtigen Teil zum Erfolg des Wirtschaftsstandorts Hamburg bei.*[1]

Die Wichtigkeit von Existenzgründer/innen wird nicht erst jetzt und nicht nur im Bundesland Hamburg verstärkt postuliert. Bereits seit Mitte der 1990er bezeichnen bundesweit Politiker/innen Selbständigkeit als bedeutenden Beitrag zur wirtschaftlichen Dynamik einerseits sowie als wichtiges Mittel zur Bekämpfung von Arbeitslosigkeit andererseits. Diese Betonung und die damit verbundenen Hoffnungen resultierten in einem "schier unüberschaubaren Angebot an speziellen Existenzgründer-Internetportalen, -Fernsehsendungen, -Messen, -Wettbewerben, -Seminaren, -Büros und -Beratern bis hin zu übergreifenden staatlichen Programmen"[2].

Wenngleich das Ankurbeln der Wirtschaft oder das Schaffen von Arbeitsplätzen auf der einen Seite und die Bekämpfung von Arbeitslosigkeit auf der anderen Seite unterschiedliche Arten von Existenzgründungen nahe legen, scheint es dennoch eine ideale respektive gewünschte Gründungsform und mit ihr verbunden ideale Gründerpersönlichkeiten zu geben. Dies legen erste Forschungsarbeiten zum unternehmerischen Leitbild nahe[3]. Dabei scheint die Realität des Gründungsgeschehens nur wenig mit

---

[1] Vgl. Lutz und Eggert (2006). Grußwort von Gunnar Uldall, Hamburger Senator für Wirtschaft und Arbeit von 2001-2008.

[2] Vgl. Hessler (2004).

[3] Vgl. Bührmann et al.(2007); Werner et al. (2005); Welter (2004).

dem gesellschaftlich existenten bzw. politisch gewünschten Unternehmerleitbild übereinzustimmen.

So korrespondieren die "dem Existenzgründer zugeschriebene Charakteristika und Lebensstilelemente unter Umständen wenig oder gar nicht mit biographischen Erfahrungen und individuellen Erwartungen oder Erfolgskonzepten"[4]. Ferner wird ungeachtet der Tatsache, dass „das Gründungsgeschehen von kleinen und kleinsten Gründungsprojekten dominiert ist“[5], Unternehmern nach wie vor implizit das Führen größerer, wachstumsorientierter Industriebetriebe zugeschrieben[6]. Letzteren Aspekt fokussierte insbesondere die genderorientierte Gründungsforschung und geht dabei von der These aus, dass das gesellschaftliche Unternehmerleitbild ein "männlich" konnotiertes sei. Dies verursache möglicherweise eine geringere Identifikation von Frauen mit der Unternehmerrolle, weshalb diese nicht im gleichen Ausmaß wie Männer die berufliche Option der Selbständigkeit wählen und umsetzen würden.

Dabei ist es nicht nur für Gründerinnen von Relevanz, sich mit dem Unternehmerleitbild identifizieren zu können. Geschlechtsunabhängig hat die Identifikationsfähigkeit mit der Unternehmerrolle einen signifikant positiven Einfluss auf Gründungsneigung und -umsetzung. Ferner brechen Gründungsgeneigte, die unter einer mangelnden Akzeptanz ihrer Umwelt leiden, ihr Vorhaben auch eher ab[7].

Beratungsorganisationen und -fördereinrichtungen kommt im Gründungsprozess eine bedeutende Rolle zu[8]. Doch auch hier wurden deutliche Schwächen hinsichtlich der Einstellungen zum Unternehmertum in traditionellen Fördereinrichtungen festgestellt. Beratungsinstitutionen und Förderprogramme seien demnach auch überwiegend am tradionellen Gründungstyp "Mann, Vollerwerb, produzierendes Gewerbe, KMU" ausgerichtet[9].

---

4 Vgl. Hessler (2004).
5 Vgl. Kohn und Spengler (2007).
6 Vgl. Welter (2004).
7 Vgl. Werner et al. (2005).
8 Vgl. Sternberg et al. (2007).
9 Vgl. Piorkowsky (2006); Welter (2004); Sternberg und Bergmann (2003).

Vor dem Hintergrund dieser Befunde und der Tatsache, dass nur ein kleiner Teil des Gründungsgeschehens den gesamtwirtschaftlich besonders erwünschten Gründungen zuzuschlagen ist[10], stellt sich entsprechend nicht nur hinsichtlich geschlechtsspezifischer Gründungsquoten die dringliche Frage, ob und welches Unternehmerleitbild konkret im Beratungskontext existiert und welche Wirkung dieses haben könnte.

Während ein Großteil der bisherigen Befunde zum unternehmerischen Leitbild auf Dokumentenanalysen beruht[11], untersucht der folgende Beitrag das implizite Unternehmerleitbild von Gründungsberater/innen ausgewählter Institutionen anhand von Experteninterviews. Dabei wird von der These ausgegangen, dass Existenzgründungsberatung bzw. -förderung explizit (geschlechts-) neutral definiert ist, sich implizit jedoch an einem "klassisch" gewerblichen Unternehmerleitbild orientiert und dadurch der Diversität des Existenzgründungsgeschehens nicht gerecht wird.

2 Unternehmerische Leitbilder

2.1 Konzept und Wirkungsweise von Leitbildern

Ein einheitliches sozialwissenschaftliches Leitbildkonzept gibt es nicht. Aufgrund eines uneinheitlichen Begriffsverständnisses existieren in den Sozialwissenschaften unterschiedlichste Modelle, Forschungs- und Entwicklungskonzepte[12]. Vereinfacht lassen sich Leitbilder jedoch als gesellschaftlich geteilte Vorstellungen über einen bestimmten Gegenstand(sbereich) verstehen.

Ein unternehmerisches Leitbild beinhaltet entsprechend geteilte Meinungen über Eigenschaften und Verhaltensweisen, die einer Person aufgrund ihrer unternehmerischen Tätigkeit zugeschrieben werden. Dabei muss ein unternehmerisches Leitbild nicht notwendigerweise mit den empirischen Gegebenheiten übereinstimmen, sondern fungiert kognitionstheoretisch als Stereotyp. Ähnlich den stereotypen Unterschieden zwischen den Geschlechtern[13] ist anzunehmen, dass stereotype Beschrei-

[10] Vgl. Kohn und Spengler (2007).
[11] Vgl. Bührmann et al. (2007); Hessler (2004); Welter (2004).
[12] Vgl. Giesel (2007).
[13] Vgl. Bischof (1980).

bungen von Unternehmer/innen einen wahren Kern enthalten, welcher jedoch unzulässig verallgemeinert oder übertrieben wahrgenommen wird.

Ferner kann zwischen impliziten und expliziten Leitbildern unterschieden werden. Implizite Leitbilder bezeichnen "sozial konstituierte und geteilte zukunftsbezogene Orientierungsmuster. Als Orientierungsmuster sind sie bei denjenigen, die ein Leitbild miteinander teilen, mental verankert und verinnerlicht". Dabei können diese Orientierungsmuster auch nur latent vorhanden sein, dass heißt, sie müssen den Leitbildträgern "nicht in vollem Umfang bewusst sein, um eine wahrnehmungs-, denk- und handlungssteuernde Wirkung zu entfalten. [...] Umso selbstverständlicher das Leitbild erscheint, desto weniger ist es den Beteiligten reflexiv zugänglich"[14]. Implizite Leitbilder entstehen allmählich, das heißt, sie sind langsam gewachsene, internalisierte Vorstellungen. Explizite Leitbilder hingegen sind ausdrücklich, meist sprachlich, formuliert und prägen das Denken und Handeln (noch) nicht bzw. sind diese nicht notwendigerweise mental verankert[15]. Im Gegensatz zu impliziten Leitbildern sind explizite Leitbilder somit bewusst gestaltbar (z.B. als Instrument der Organisationsentwicklung).

Leitbilder können in einem stark unterschiedlichen Konkretisierungsgrad vorliegen – von gänzlich abstrakt (z.B. erfolgreiche Gründerperson) bis konkret (z.B. der junge Informatiker mit ausreichendem Finanz- und Humankapital, der sich mit einem Web-2.0-Produkt selbständig macht, in absehbarer Zeit Arbeitsplätze schafft und als Zukunftsziel den Börsengang anvisiert). Sie sind in der Regel "anschaulicher als abstrakte Werte, aber auch nicht in dem Maße konkret wie operationale Ziele"[16]. Häufig spiegeln sich Leitbilder als verdichtete Information symbolhaft in Bildern wider (z.B. wurden für den GEM-Schwerpunktbericht "Nascent-Entrepreneurs", 2006, zwei kleine Jungen in Anzug und Krawatte symbolisch auf dem Titel abgebildet, wohingegen der GEM "Report on Women and Entrepreneurship", 2006, mit einer verwaschenen Blumenfotografie betitelt wurde[17]).

---

[14] Vgl. Giesel (2007).
[15] Vgl. Giesel (2007).
[16] Vgl. Giesel (2007).
[17] Vgl. Sternberg et al. (2007); Allen et al. (2007).

Die wichtigsten Funktionen von Leitbildern sind eine Orientierungs-, Koordinations-, Motivations- und Kohäsionsfunktion, wobei implizite Leitbilder vornehmlich eine Orientierungsfunktion erfüllen. Konkret prägen und leiten diese Wahrnehmung, Denken und Handeln und wirken komplexitätsreduzierend. Dies gilt für Vergangenheit, Gegenwart und Zukunft. Darüber hinaus sind Leitbilder nicht statisch, sondern "durch ständige Re-Interpretation und Re-Produktion im Interaktionszusammenhang dynamisch"[18].

2.2 Empirische Befunde zum unternehmerischen Leitbild

Während im juristischen Sinne eine Minimaldefintion des (selbständigen) Handelns klar eine/n Unternehmer/in als solche/n identifiziert, geht das gesellschaftliche Unternehmerbild weit darüber hinaus: Stereotypenhaft vermischen sich hier Vorstellungen in Hinblick auf die berufliche Rolle sowie des beruflich-gesellschaftlichen Status eines Unternehmers[19].

Entsprechend werden Unternehmer/innen sowohl positive als auch negative Eigenschaften zugeschrieben. So beschreibt ein Großteil der Bevölkerung einen Unternehmer als Motor der Wirtschaft, der vorwärtsorientiert und energisch ist, ein besonderes Risiko trägt und Arbeitsplätze schafft, andererseits aber auch machtgierig und rücksichtslos sei und nicht nur als Workaholic sondern häufig auch als Ausbeuter bezeichnet wird[20].

Ferner scheinen nicht alle Menschen zum Unternehmertum geeignet. So führt Birenheide (2008) als Begründung für die Widersprüchlichkeit des arbeitsmarktpolitischen Instruments "Ich-AG" an, dass dieses "aus Subjekten Unternehmer machen will, die von ihrer Mentalität her in der Regel gar keine Unternehmertypen sind". Im Umkehrschluss bedeutet dies, dass es Menschen gäbe, die aufgrund von bestimmten Eigenschaften, Motiven und/oder Verhalten besonders für das Unternehmertum geeignet seien. Welche Charakteristika dies im Einzelnen sind, haben zahlreiche Forscher/innen in empirische Arbeiten zu extrahieren versucht. Doch sind hier die Ergebnisse nicht hinreichend eindeutig, als dass dies eine fundierte Grundlage für ein

---

18 Vgl. Giesel (2007).

19 Vgl. Bröckling (2007); Loer (2006); Stephan et al. (2005).

20 Vgl. Noelle-Neumann und Köcher (2002).

scharf konturiertes Anforderungs- bzw. Eignungsprofil bilden könnte. Denn während relativ stabile Korrelationen zu Eigenschaften wie Leistungsmotivation, internale Kontrollüberzeugung, Risikoneigung, Problemlöseorientierung, Durchsetzungsfähigkeit und Ambiguitätstoleranz[21] aufgezeigt werden konnten, wenden sich andere Autoren entschieden gegen eine Analyse individueller Eigenschaften[22]. Darüber hinaus ist auch die Definition des Gründungserfolgs nach wie vor nicht einheitlich[23].

Ungeachtet dessen scheint die Unternehmerpersönlichkeit dennoch mitunter wichtiger als das Produkt, das er oder sie verkauft. So zeigte eine Analyse von Printmedien, dass Gründerbiographie und -charakter bei der Berichterstattung oft im Vordergrund stehen. Insbesondere jedoch in der Ratgeberliteratur vermischen sich "individuelle Sucess-Stories" [...] mit theoretischen Überlegungen zu eben jener idealen Gründerpersönlichkeit [...]. Damit zeigt sich in der popularen Ratgeberliteratur stärker noch als in zeitaktuellen Printmedien, die sich auf reale Personen und deren Schicksale beziehen muss, ein normiertes Persönlichkeitsbild des idealen Existenzgründers"[24]. Darüber hinaus würden "alle Publikationen bereits mit ihren Titelbildern signalisieren, dass der ideale Existenzgründer jung, dynamisch und gewinnorientiert ist. Damit spiegeln sie das kulturelle Leitbild"[25].

Eine Diskursanalyse 'bedeutender' Websites der Förder- und Beratungsinfrastruktur kommt zu dem Ergebnis, dass das gegenwärtige Leitbild des Normalunternehmers dem "klassischen Schumpeterschen Unternehmertyp" entspräche und als eine "berufserfahrene Person, ohne anderweitige Verpflichtungen, männlich, deutscher Herkunft, 25 54 Jahre alt, mit angemessenem ökonomischen, kulturellem und sozialem Kapital sowie einer unternehmerischen Persönlichkeit" charakterisiert werden kann, die ferner eine "geplante Unternehmensgründung mit einem strategisch und ressourcenorientiertem Gründungsverlauf vollzieht sowie auf starke und schnelle Unternehmensexpansion setzt"[26].

---

21 Vgl Müller (2003).
22 Vgl. z.B. Gartner (1989).
23 Vgl. Lang-von Wins (2004); Schenk (1998).
24 Vgl. Hessler (2004).
25 Vgl. Hessler (2004).
26 Vgl. Bührmann (2008).

Entsprechend werden insbesondere weibliche Unternehmerinnen in Pressetexten häufig als "Abweichung zur vorgegebenen gesellschaftlichen Norm (dem Unternehmer)" dargestellt; wenngleich die Artikel ganz im Gegenteil oft eine Aufhebung der Dichotomie intendierten[27]. Das Unternehmerinnen-Dasein würde deshalb als etwas Besonderes herausgestellt, weil es nicht dem gesellschaftlich erwünschten Verhalten entspräche. "Frauen müssen, um als Unternehmerin bestehen zu können, von weiblichen Verhaltensmustern abweichen"[28].

3 Die Realität der Existenzgründungen

Die Gründungsdynamik in Deutschland fällt angesichts der Vielzahl an Unterstützungs- und Fördermöglichkeiten eher bescheiden aus: Im internationalen Vergleich belegte Deutschland 2006 sowohl bei den Nascent Entrepreneurs als auch bei den Young Entrepreneurs hintere Plätze und hat sich darüber hinaus im Vergleich zum Vorjahr in diesen beiden Quoten auch noch verschlechtert[29]. Wenngleich Männer als auch die Gruppe der 25 bis 34 Jährigen relativ gesehen am häufigsten gründen, liegt auch deren Gründungsaktivität unter der der meisten anderen Industrieländer.

Ferner machen sich in Deutschland so viele Gründer/innen wie in keinem anderen vergleichbaren Land aus der Angst vor Arbeitslosigkeit selbständig. Während bei drei von zehn deutschen Gründer/innen Arbeitslosigkeit ein wichtiges Motiv darstellt, ist dies nur bei jeder zehnten Gründerperson eines anderen Landes vergleichbarer Entwicklungsstufe der Fall[30]. Nur ein sehr geringer Teil der Gründungen ist zudem den gesamtwirtschaftlich besonders erwünschten innovativen und wissensintensiven Gründungen zuzuschlagen (5% aller Gründungen), während die große Mehrheit der Gründer/innen (70%) nicht innovative Produkte und Dienstleistungen in nicht wissensintensiven Branchen anbietet. Darüber hinaus hat das Gros der Gründer/innen weder Teampartner/innen noch werden (die vielfach erhofften) Arbeitsplätze geschaffen (fast 80% der Gründer/innen sind den Solo-Selbständigen zuzurechnen)[31].

---

[27] Vgl. Welter und Achtenhagen (2006).

[28] Vgl. Welter und Achtenhagen (2006).

[29] Vgl. Sternberg et al. (2007).

[30] Vgl. Sternberg et al. (2007).

[31] Vgl. Kohn und Spengler (2007).

Ferner ist insbesondere das weibliche Gründungspotenzial nach wie vor nur unzureichend ausgeschöpft[32]. Obwohl es derzeit die best ausgebildetsten Frauengenerationen gibt und dies bereits in hohen weiblichen Erwerbsquoten resultiert, spiegelt sich diese Entwicklung in Bezug auf Existenzgründungen nur wenig wider. Zwar hat sich die Zahl der weiblichen Selbständigen in den letzten Jahren stärker erhöht als die der männlichen; dennoch besteht ein nach wie vor eklatantes Gender Gap: so ist die Selbstständigenquote von Frauen mit 7,5%nur etwa halb so hoch wie die der Männer mit 14,2 %. Nur etwa jede dritte Unternehmensgründung wird durch eine Frau realisiert[33].

Für die geringere Gründungsaktivität von Frauen wurden sowohl internale als auch externale Faktoren durch Forschungsarbeiten als mögliche Ursachen extrahiert. Wenngleich die empirischen Befunde hier noch nicht eindeutig sind, scheinen Frauen bereits a priori weniger gründungsgeneigt, das heißt sie bewerten die berufliche Option der Selbständigkeit an sich als weniger attraktiv im Vergleich zu Männern. Zudem bekunden sie eine größere Angst vor dem Scheitern als Gründungshemmnis und schätzen ihre Gründungsfähigkeiten signifikant niedriger ein als ihre männlichen Pendants[34]. Darüber hinaus verfügen sie im Durchschnitt über ein geringeres Startkapital bzw. erschwerten Zugang zu diesem[35] und blicken ferner auf weniger Branchenerfahrung zurück. Schließlich spielt auch die nach wie vor geschlechtsspezifische Berufswahl eine Rolle, wonach Frauen oft Berufe mit per se weniger Ausgründungschancen ergreifen oder aber sich in Branchen mit hohem Konkurrenzdruck selbständig machen[36].

Das Ausmaß der Gründungsaktivität wird jedoch nicht nur durch persönliche Charakteristika, sondern auch durch die Gestaltung von öffentlicher Förder- und Beratungsinfrastruktur sowie den Rahmenbedingungen maßgeblich beeinflusst[37]. Doch hier gibt es laut aktuellem Global Entrepreneurship Monitor 2006 erhebliche Missstände:

---

32 Vgl. Sternberg et al. (2007); Lauxen-Ulbrich und Leicht (2005); Werner et al. (2005).

33 Vgl. Statistisches Bundesamt (2006); Lauxen-Ulbrich und Leicht (2005).

34 Vgl. Sternberg et al. (2007).

35 Vgl. Kehlbeck und Schneider (1999).

36 Vgl. Leicht und Welter (2004).

37 Vgl. Lauxen-Ulbrich und Leicht (2005); Bonacker et al. (2002); Sternberg et al. (2007).

Während Deutschland im Vergleich zu 36 Ländern die Bestnote in der Öffentlichen Förderinfrastruktur erhält, ist es hinsichtlich der Unterstützung von Frauen absolutes Schlusslicht[38]. Darüber hinaus hat sich dies in den letzten Jahren verschlechtert: So rutschte Deutschland kontinuierlich von ohnehin hinteren Rängen (GEM 2002: Rang 26 von 34) schließlich auf den letzten Platz[39]. Diese Entwicklung wirft insofern Fragen auf, als dass sich die physische Förderinfrastruktur in den vergangenen Jahren für Gründerinnen zunehmend verbessert hat. Beispielhaft wären hier die Etablierung gründerinnenspezifischer Verbände, zielgruppenspezifischer Beratungsangebote sowie innovativer Ansätze zur Finanzierung von Gründungsvorhaben, wie beispielsweise Mikrokredite, zu nennen[40].

Deutliche Schwächen wurden jedoch hinsichtlich gesellschaftlicher Einstellungen in der Öffentlichkeit[41] und auch innerhalb traditioneller Fördereinrichtungen[42] konstatiert. Die Unternehmerrolle und damit verbundene Implikationen und Anforderungsprofile seien nach Ansicht mehrerer Forschergruppen nach wie vor "männlich" konnotiert[43]. Ungeachtet der Diversifizierung unternehmerischer Tätigkeiten, wie Teilzeit-Unternehmertum oder Not-Unternehmertum, scheint sich das gesellschaftliche Leitbild nach wie vor am "klassischen Schumpeterschen Unternehmer vom Beginn des 20. Jahrhunderts"[44] zu orientieren, wobei dieser auch als "Wirtschaftsführer" charakterisiert werden kann[45]. Entsprechend schlussfolgerten einige Gründungsforscher/innen, dass insbesondere Frauen sich weniger mit diesem männlich geprägten Unternehmerbild identifizieren können und dies eine Ursache der geringeren Gründungsneigung sein könnte[46].

38 Vgl. Sternberg et al. (2007).
39 Vgl. Sternberg und Bergmann (2003); Sternberg et al. (2007).
40 Vgl. Welter et al. (2003).
41 Vgl. Sternberg et al. (2007).
42 Vgl. Welter (2004).
43 Vgl. Kay et al. (2005); Leicht und Welter (2004); Sternberg und Bergmann (2003).
44 Vgl. Bührmann et al. (2006).
45 Vgl. Hessler (2004).
46 Vgl. Kay et al. (2005) und Welter (2004).

Da Beratungs- und Förderinstitutionen im Gründungsprozess eine bedeutende Rolle zukommt, stellt sich die Frage, vor welchem impliziten Unternehmerleitbild und den damit zusammenhängenden Kriterien Berater/-innen agieren, wie sich dies in den Beratungskonzepten niederschlägt und inwieweit dies die Realität der Gründerinnen und auch Gründer spiegelt. Denn dass es bislang einen "weiblichen Weg ins Unternehmertum" gibt, ist inzwischen mehrfach beschrieben worden[47]. Frauen gründen kleiner in Hinblick auf Kapitalbedarf, Personal und Wachstum, häufiger in Teilzeit und nicht zuletzt stehen oftmals Selbstverwirklichung sowie Zeitflexibilität über finanziellen Interessen.

Diese Charakteristika weiblicher Existenzgründung und auch der Klein- und Kleinstgründungen vieler Männer (s.o.) korrespondieren auf den ersten Blick weder mit dem klassischen Schumpeterschen Unternehmerleitbild noch mit dem erklärten Ziel der Bundesregierung, (auch) durch Existenzgründungen "wieder mehr Wachstum und Beschäftigung in Deutschland" zu schaffen[48].

4 Relevanz des Unternehmerleitbildes in der Beratung

Gründungsbereitschaft und das tatsächliche Ausmaß an Gründungsaktivität werden maßgeblich durch gründungsbezogene Rahmenbedingungen beeinflusst. Dazu zählen all die externen Bedingungen, die einen Einfluss auf Unternehmensgründungen haben, wie beispielsweise Politik, Finanzierung, gesellschaftliche Normen und Werte, öffentliche Förderinfrastruktur und auch Beratung[49].

Im Ländervergleich verzeichnet Deutschland hinsichtlich der gesellschaftlichen Normen und Werte "unübersehbare Schwächen"[50] Dabei scheint speziell dem Unternehmerleitbild eine Bedeutung bezüglich der Gründungsdynamik zuzukommen. So zeigte sich, dass die Identifikationsfähigkeit mit der Unternehmerrolle einen signifikant positiven Einfluss auf Gründungsneigung und -umsetzung hat[51]. Ferner scheinen sich angehende Existenzgründer/innen je nach selbsteingeschätzter, individueller

[47] Vgl. für einen Überblick Lauxen-Ulbrich und Leicht (2005).
[48] Vgl. Bundesministerium für Wirtschaft und Technologie (2006).
[49] Vgl. Sternberg et al. (2007).
[50] Vgl. Sternberg et al. (2007).
[51] Vgl. Werner et al. (2005).

Passung zu den stereotyp-idealen Gründermerkmalen als "richtige" und "falsche" Existenzgründer/innen zu betiteln[52]. Diese beiden Forschungsbefunde korrespondieren mit der allgemeinen arbeitspsychologischen Kenntnis, dass die Identifikationsfähigkeit mit der beruflichen Tätigkeit eine wichtige Determinante im Kontext von Leistung und Arbeitszufriedenheit darstellt[53].

Beratungsinstitutionen spielen als Schnittstelle zwischen Individuum und Gesellschaft eine besonders bedeutende Rolle. Da das Beratungs- und Förderangebot derart breit gefächert ist, ist dieses nicht nur für (die relativ kleine Menge von) Gründer/innen mit einem gefestigten Vorhaben und Finanzierungsbedarf[54] von Relevanz, sondern auch für potenzielle Gründer/innen mit einer nur vagen Geschäftsidee bis hin zu Personen, die ohne ein konkretes Vorhaben lediglich Interesse am Thema der Selbständigkeit als alternative Erwerbsform haben. Die Gesamtmenge der Beratungsinstitutionen zielt demnach auf ein sehr breites und sehr heterogenes Gründer/innenpotenzial. Demnach ist auch die Wahrscheinlichkeit im Zuge jedweder Gründungsvorbereitungen mit einer Art von Beratungsinstitution in Kontakt zu treten recht hoch. Folglich kommt Berater/innen eine entscheidende Weichenstellerfunktion zu, da sie nicht nur Gründungsintentionen kanalisieren und Informationen bzw. Wissen bieten, sondern durch die Beurteilung im Gespräch und/oder schriftliche Begutachtung von Gründungskonzepten wichtige Weichen in Hinblick auf Realisierung oder Verwerfung des Gründungsvorhabens stellen und oft auch über eine Finanzierung bzw. Förderung entscheiden.

Vor dem Hintergrund, dass Leitbilder "die Wahrnehmungsperspektiven und Bewertungen in Sozietäten strukturieren" und somit "das Denken und Handeln ihrer Mitglieder prägen"[55], kommen unternehmerischen Leitbildern in den Köpfen der Gründungsberater/innen eine große Bedeutung zu. Internalisierte (unternehmerische) Leitbilder sind insbesondere deshalb für das Agieren der Berater/innen relevant, da durch sie "immer auch bestimmte Denk- und Handlungsmöglichkeiten ausgeschlossen wer-

---

[52] Vgl. Hessler (2004).

[53] Vgl. Meyer et al. (2002).

[54] Jede/r zehnte Gründer/in benötigt keinerlei finanzielle Sach- oder Finanzmittel für die geplante Gründung; 40% derjenigen die finanzielle Mittel benötigen, reklamieren einen Bedarf von unter 5.000 Euro; nur 10% haben einen Bedarf von über 50.000 Euro (Kohn und Spengler, 2007).

[55] Vgl. Giesel (2007).

den" und diese ferner "nicht nur den Verstand ansprechen, sondern auch die Emotionen"[56].

Darüber hinaus ähnelt die Struktur einer Beratungssituation, insbesondere dann, wenn Entscheidungen über Förderungen getroffen werden sollen, einem Vorstellungsgespräch. Dabei ist die prognostische Validität von unstrukturierten wie auch strukturierten Vorstellungsgesprächen nur mäßig (r = .35)[57]. Dies begründet sich u.a. darin, dass Interviewer/innen in ihren Entscheidungen durch visuelle Eindrücke oder gezieltes Impression-Management beeinflussbar sind und Urteile häufig auch zu früh fällen[58]. Für letzteres ist insbesondere die stabile Wirkung des ersten Eindrucks verantwortlich, die bereits Asch (1946) in seinen klassischen Experimenten über Reihenfolgeeffekte in der sozialen Eindrucksbildung belegte und die von zahlreichen Forscher/innen bestätigt wurde. Ferner zeigte insbesondere die sozialpsychologische Forschung zu Stereotypen, dass Beurteilungen von Personen stark von impliziten Einstellungen und Assoziationen des Urteilers abhängig sind[59]. Allerdings beeinflussen nicht nur implizite sondern auch explizite (stereotype) Assoziationen den Prozess der Eindrucksbildung, da auch die Motivation, eben jene (stereotypen) Bewertungen bewusst zu steuern, keine Wirkung auf die Eindrucksbildung zu haben scheint[60].

Folglich stellt sich zum einen die Frage, ob und welche Art von Unternehmerleitbild Berater/innen konkret internalisiert haben und zum anderen, inwiefern dieses handlungsleitend ist bzw. sein könnte.

5 Empirischer Forschungskontext und Methodologie

Vor der Grundannahme, dass die Wirklichkeit gesellschaftlich konstruiert wird[61], lassen sich implizite Leitbilder über Sprache und Gesprochenes analysieren. Dabei he-

56 Vgl. Giesel (2007).
57 Vgl. Schmidt und Hunter (1998).
58 Vgl. Schmidt und Hunter (1998).
59 Vgl. z.B. Dunning und Shermann (1997); Fazio (1995).
60 Vgl. Gawronski et al. (2003).
61 Vgl. Berger und Luckmann (1969/2004).

ben verwandte Begriffe das hervor, was die Mitglieder einer Sprachgemeinschaft an Aspekten der Wirklichkeit für relevant halten[62].

Exemplarisch werden im folgenden Beitrag 15 leitfadengestützten Experteninterviews einer Rekonstruktiven Leitbildanalyse unterzogen. Die Experteninterviews wurden mit Personen ausgewählter Förderorganisationen geführt. Dabei wurden die Beratungsorganisationen insofern systematisch gewählt, als dass einerseits Zielgruppenvarianz (Arbeitslose, Akademiker/innen, Handwerker/innen, Frauen) gegeben war, andererseits aber auch verschiedene Organisationsformen (staatlich, parastaatlich, non-profit, privat) und -funktionen (Beratung, Qualifizierung, Finanzierung, Förderung) berücksichtigt wurden.

Der qualitative Zugang und die im Experteninterview realisierte indirekte Frageführung zielt darauf ab, das in den jeweiligen Beratungsorganisationen vorhandene implizite Unternehmerleitbild zu erfassen. Dabei wurden die organisationalen Erwartungen und Bewertungen hinsichtlich der Art des Gründungsvorhabens und den Anforderungen an die Gründerperson sowie auch organisationsimmanente Beratungsziele berücksichtigt.

Hinsichtlich der Rekonstruktiven Leitbildanalyse wurde sich an das Verfahren der Forschungsgruppe Umweltbildung der Freien Universität Berlin in vereinfachter Form angelehnt[63]. Ziel war es, die bei den Expert/innen vorhandenen wahrnehmungs- und handlungsleitenden Orientierungsmuster zu identifizieren und zu beschreiben, um sie einer expliziten Diskussion zugänglich zu machen. Das Datenmaterial wurde entsprechend inhaltsanalytisch in Anlehnung an Mayring (2007) ausgewertet und in Teilen einer Deutungsmusteranalyse unterzogen[64]. Dabei steuerte der Interviewleitfaden die weitere Auswertung insoweit, als dass darin die Leitbilddimensionen bereits berücksichtigt wurden[65].

---

[62] Vgl. Bayer und Seiffert (1994).
[63] Vgl. Giesel (2007).
[64] Vgl. Lüders und Meuser (1997).
[65] Vgl. Giesel (2007).

Nach dieser deduktiven Grobcodierung erfolgte eine induktive Feincodierung anhand des Textmaterials.[66] Eine Vereinfachung erfolgte insoweit, als dass nur die Aspekte in der Auswertung fokussiert wurden, die in einem relativ eindeutigen Zusammenhang zu den Hauptdimensionen standen.

Konkret sollten folgende Fragen beantwortet werden:

a) Wie agieren Expert/innen?

b) Existiert überhaupt ein idealtypisches Unternehmerleitbild? Wie sieht dieses aus?

c) Unterscheiden sich Gründer von Gründerinnen?

d) Wann ist eine Gründung erfolgreich?

e) Sind Unternehmerleitbild und Gründungsform handlungsleitend?

Die Studie[67] ist vornehmlich explorativ zu verstehen, da aufgrund der eingeschränkten Stichprobe und des qualitativen Zugangs die Repräsentativität der Ergebnisse stark eingeschränkt und durch weiterführende Forschung erst zu prüfen ist.

6 Ergebnisse

6.1 Berater/innen entscheiden nicht nur aufgrund "harter" Kriterien

Der Eindruck, den ein/e potenzielle/r Gründer/in durch Persönlichkeit und Auftreten im Gespräch vermittelt, ist unabhängig vom institutionellen Hintergrund bei allen Berater/innen von Bedeutung.

---

[66] Zum Vorgehen siehe beispielhaft Ergebnisteil, Tab. 1: Eigenschaften einer idealtypischen Gründerperson. Die Hauptdimension wurde durch folgende Interviewfrage berücksichtigt: Wenn ein/e potenzielle Gründer/in in Ihre Beratung kommt: was sollte er oder sie im Idealfall mitbringen? Welche Erwartungen haben Sie an die Person? Die Subkategorien ("selbstbewusst"; "qualifiziert" etc.) wurden induktiv anhand des Textmaterials gewonnen.

[67] Die Daten stammen aus einem Teilprojekt des durch das Bundesministerium für Bildung und Forschung (BMBF) geförderten Verbundprojektes "Evaluation und Optimierung institutioneller Praktiken zur Beratung und Förderung von Existenzgründerinnen" (OptExist). Den Interviewpartner/innen sei an dieser Stelle für ihre Kooperation noch einmal gedankt. Ebenso möchte ich meinen Kolleginnen Dr. C. Kropp, Dr. G. Vogl und Prof. S. Drobnič für ihre hilfreichen Kommentare danken. Auszüge dieser Arbeit wurden auf der 11. Interdisziplinären Jahreskonferenz für die Gründungsforschung (G-Forum 2007) vorgestellt.

"Papier ist geduldig, man kann viel aufschreiben. Man kann viel auch Plausibles aufschreiben und trotzdem kommt es immer darauf an, traut man den Leuten zu, sich voll einzusetzen, traut man ihnen zu, auch gewinnend gegenüber den Kunden zu wirken, dass sie dann auch verkaufen können traut man ihnen zu, gerade in den ersten Jahren ist so ne Existenzgründung auch wirklich schwierig [...]" (Experte A)

Die Beurteilung (der Eignung) eines potenziellen Gründers bzw. einer Gründerin ergibt sich für alle Gründungsberater/innen und -expert/innen aus einem Dreiklang von Qualifikation, Geschäftsmodell und Persönlichkeit. Dabei werden je nach Beratungskontext bzw. -ziel die klassischen "harten" Fakten, wie fachliche Qualifikation, Eigenkapital/Bonität und Businessplan/Geschäftsmodell zu expliziten Referenzkriterien in Bezug gesetzt. Die Beurteilung der "weichen" Faktoren hingegen, also der Gründerpersönlichkeit, basiert auf dem impliziten Erfahrungswissen der Berater/innen. Diese individuell internalisierten Erfahrungswerte sind weit weniger eindeutig als die "harten" Faktoren und konnten von den interviewten Berater/innen, abgesehen von den beiden Schlagworten "selbstbewusst" und "Überzeugungskraft", im Detail häufig nicht klar formuliert werden.

Int.: [...] Was ist das, was sie veranlasst eine positive Entscheidung zu fällen?"Also, es gibt einige Typen, da würde man sagen, die sind die geborenen Unternehmertypen und die sind einfach so smart irgendwie. Ohne schnöselig zu sein. Also nicht so die Nadelstreifen-schnöseligen, ja? Aber die haben einfach so einen Charme, dass sie, also, die einfach überzeugen." (Experte B)

Die Einschätzung der Gründer/innenpersönlichkeit erfolgt, obwohl ein wichtiges Kriterium im Gesamturteil, entsprechend oftmals intuitiv.

"Als Berater merkt man fast immer schon, wenn ein Mensch einem gegenüber sitzt und sagt, das und das will ich machen. Fast immer hat man schon so – ohne dass man jetzt lange mit dem zusammen gearbeitet hat – das wird wahrscheinlich erfolgreich oder das wird eher schwierig sein." (Expertin C)

6.2 Das Bild des "klassischen" Unternehmertyps und "weniger ideale" Typen

Zwar lehnt einerseits ein Großteil der Gründungsberater/innen die "klassische Unternehmerpersönlichkeit" als normiertes Kriterium ab; das heißt der oder die Gründer/in müsse vielmehr zu seinem Vorhaben passen.

> *"Also fast würde ich sagen, man betrachtet das wie so, bei so einem Spiel. Bei einem Spiel, wo ich Spielchips habe und je nachdem in welcher Menge und Zusammenstellung ich die habe, gibt es eine optimale Mischung und das kann nicht für jeden gleich sein. " (Expertin D)*

Andererseits existiert in den Köpfen der Gründungsberater/innen durchaus eine idealtypische Unternehmer(innen)persönlichkeit, die zwar geschlechtsneutral, in ihren Eigenschaften jedoch dem recht eng gefassten stereotypen Leitbild eines "klassischen Unternehmers" entspricht.

Ein/e ideale/r Gründer/in zeichnet sich im Urteil der Berater/innen demnach durch Selbstbewusstsein, Überzeugungskraft, Aktivität und Belastbarkeit aus. Er bzw. sie-sollte nicht aus der Not heraus gründen und ferner über eine geeignete Persönlichkeit, ein unterstützendes Umfeld und gute Qualifikation verfügen sowie rational planend bei der Gründung vorgehen (siehe auch Tab. 1).

Je nach institutionellem Hintergrund und damit zusammenhängender Zielgruppe fungieren diese Eigenschaften entweder als notwendiges Eignungskriterium oder aber als zu erreichendes Ziel. Das heißt, insbesondere im Kontext finanzieller Förderung werden diese persönlichen Eigenschaften für eine positive Entscheidung eingefordert, während in vorbereitenden (insbesondere Coaching-)Maßnahmen diese dahingehend entwickelt werden sollen.

Tab. 1: Eigenschaften einer idealtypischen Gründerperson

Eigenschaft	(beispielhaftes) Zitat
selbstbewusst, überzeugend, durchsetzungsstark	*" [...] und es sind die aggressiveren Seiten gefordert, mit denen sich viele Frauen aber nicht so gerne verbinden. Also dieses 'sich durchsetzen' wird negativ interpretiert. Das kann ja auch Spaß machen. Also auch in den Kampf gehen und sich beweisen und sagen 'Ich habe etwas anzubieten' und auch dazu zu stehen." (Expertin E)*
qualifiziert, mit Fachkompetenz	*"Qualifikation ist ganz wichtig, [...] man kann da eigentlich nur erfolgreich sein, wenn man sich in der Branche auch auskennt." (Expertin F)*
geeignete Persönlichkeit/muss zur Geschäftsidee passen	*"Und auch persönliche Eignung des Gründers: also, sicheres Auftreten. Je nach Branche, kann der Unternehmer verkaufen, verkauft der sich nicht unter Wert." (Expertin G)*
aktiv, kraftvoll, motiviert (nicht aus der Not heraus)	*"Man kann als Selbständige nicht darauf warten, dass was auf einen zukommt. Das tun aber viele. Die nehmen also eher Aufträge an, die auf sie zukommen. Also, rein. Weg von diesem Passiven, hin zu dem Aktiven. Selbst gestalten. Ein Unternehmen steuern. " (Expertin H)*
belastbar, ausdauernd, arbeitsliebend, gesund	*"Da gibt es keinen Feierabend um 16 oder 17 Uhr. Da müssen die wirklich ran, weil dann dieses oder jenes auch ist. Traut man denen das zu? Wie ist es im familiären Bereich? Macht die Familie da mit oder gibt es schon aus diesem Bereich Schwierigkeiten?" (Experte A)*
stabiles und/oder unterstützendes Umfeld	*"Der familiäre Hintergrund sollte gut sein. Ich sag mal, ne kippelige Beziehung ist nicht immer sehr förderlich für solche Geschichten" (Expertin L)*
rational/planend	*"Ein Erfolg versprechender Businessplan. Also ganz, ganz wichtig, man merkt immer wieder, wer nicht vernünftig geplant hat, das wird dann meist nichts oder gibt dann Liquiditätsprobleme." (Expertin G)*

Obgleich der "ideale Unternehmertyp" mit einer "idealtypischen Gründung" (siehe auch 6.4. eine Art Wunschklientel darstellt, konstatierten alle Berater/innen und Expert/innen gleichermaßen seine Seltenheit. Dies wurde hauptsächlich mit dem Strukturwandel des Arbeitsmarktes und einer gewissen Konjunkturabhängigkeit der Selbständigkeit begründet. Im Zuge dieser Argumentation kristallisierten sich bei den interviewten Berater/innen in Abgrenzung zum "Ideal-Unternehmer" zwei Typen heraus: Gründungen aus der Not und Gründungen als Frau/Mutter (siehe auch 6.3.) Insbesondere der/die aus der Arbeitslosigkeit heraus Gründende gilt dabei als "weniger ideal". Dieser Gründungstyp wird entsprechend in Abhängigkeit von Organisations- oder Beratungszielen a priori als weniger erfolgsversprechend bewertet.

"Weil es ist ganz was anderes, ob sich jemand ganz aus eigener Motivation selbständig macht oder aus der Not heraus. Und davon würde ich mir viel viel mehr Gründer wünschen, ich würde mir ganz viele leitende Mitarbeiter wünschen, die sagen, ich bin so gut, ich mache jetzt ein eigenes Unternehmen auf. Bloß solche Gründer sind absolut rar." (Expertin F)

Ist eine Organisation auf die Beratung dieser "nicht-idealen" Gründungszielgruppe spezialisiert, bleibt das "klassische" Unternehmerleitbild als kognitive Referenzkategorie dennoch präsent und erhalten. Das damit verbundene Anforderungsprofil ist dann jedoch nicht notwendigerweise handlungsleitend (siehe auch 6.5.

"Da bin ich viel milder, da lass' ich viel mehr Leute durch. Da, wo die Arbeitsalternativen im Arbeitsmarkt gut sind, kann ich ja mal sagen: Du, weißt du was? Lass' den Quatsch, bewirb dich! Wenn da einer ist, der ist 50, kann von 345 Hartz nicht leben und hat eine schwach entwickelte Idee und ist eigentlich ein Guter, da sag' ich: weißt du was? Das ist wirklich grenzwertig, was wir hier machen, aber Hartz IV ist grenzwertig, also machen wir das." (Experte N)

Als zweiten "weniger idealen" Typus kristallisierten sich auch gründungsinteressierte Frauen heraus. *"Frauen gründen anders und das haben wir eben auch schon vor sieben Jahren festgestellt"* (Expertin G). Die Andersartigkeit von Gründerinnen wird dabei hauptsächlich durch Antagonismen zu eben jenen "idealtypischen" Unternehmereigenschaften (z.B. "sind zurückhaltender") als auch "idealen" Unternehmensstrategien (z.B. "sie planen klein, nicht groß") von den Berater/innen definiert (siehe auch 6.3.).

"diese richtigen Highlight-Gründungen, die jeder gerne hätte, mit denen man sich schmücken kann [...], die sind natürlich rar gesät. Das hat jeder gern, so ein paar, mit denen man sich schmücken kann. Aber da ich mich schon immer in diesem Klientel bewegt habe, durch die Frauen, ist es für mich nicht so ein Absturz wie für andere" (Expertin O)

Kommen Frauen in ihren persönlichen Eigenschaften und ihrer Gründungsform hingegen dem Bild des "klassischen Unternehmertums" näher, gelten diese entweder als *"exotisch"* (Expertin H) oder als seltenes und kaum erreichbares, wenn auch äußerst erwünschtes, Ausnahmebeispiel.

" [...] ein unglaubliches Selbstbewusstsein, scheinbar endlose Energie. Also das ist ganz unglaublich, wenn ich dann höre, dass morgens um sieben der Kleine, mit Anzug, schon im Business-Look in den Kindergarten gebracht und dann sitzt man auch schon um halb neun im Kundengespräch, machte einen Präsentation und hält einen Vortrag und hetzt von einem zum anderen und abends um fünf holt man den Kleinen dann schon wieder ab, bevor man dann noch einmal zur Vorstandssitzung geht und solche Sachen. Also, da denke ich dann immer, wo nehmen diese Frauen die Energie her?" (Expertin G)

6.3 Gründerinnen unterscheiden sich von Gründern

Insbesondere Gründerinnen, die häufig als Mütter von den Berater/innen diskutiert werden, sind kaum mit den Anforderungen des "klassischen Unternehmertums" vereinbar. So seien Gründerinnen *"ein Stück weniger sachorientiert"* (Expertin O), ihnen sei es *"nicht wichtig, Gewinne zu erzielen, sondern sie wollen leben"* (Expertin E). Ferner seien Frauen weniger selbstbewusst und *"eben doch noch zurückhaltender als Männer"* (Expertin G) und hätten häufig *"von sich kein Bild als eine selbständige Frau"* (Expertin H).

Der von den Berater/innen mitunter generalisierte Unterschied zwischen Gründerinnen und Gründern hat unterschiedliche Konsequenzen. Werden das Leitbild des "klassischen Unternehmertums" (Vollzeit, Größe) und das Leitbild der "Frau mit Kind" (Vorsicht, Erziehungsverantwortung) als Referenzfolie von den Expert/innen herangezogen, so wird entweder eine Unvereinbarkeit oder aber die oben beschriebene Andersartigkeit a priori angenommen.

"und so Teilzeit oder Nebentätigkeit habe ich wirklich selten. Das ist dann vielleicht noch einmal eine Mutter, die dann nebenbei noch etwas macht" (Expertin G)

Mit dieser Unvereinbarkeit und/oder Andersartigkeit werden mitunter auch die geschlechtsspezifischen Gründungsquoten erklärt, die somit scheinbar "naturgegeben" und folglich nicht als "Mangel" empfunden werden. Ein institutioneller Handlungsbedarf ist in dem Falle nicht gegeben.

"es gibt in der Lebensgestaltung von Männern und Frauen viele Gründe, die dafür sprechen, dass nicht so viele Frauen erwerbstätig sind wie Männer [...] bei der Erwerbstätigkeit, da gibt es ja auch Möglichkeiten zu Teilzeittätigkeiten und das machen viele Frauen. Aber Teilzeit ne Existenzgründung zu machen ist schwer." (Experte A)

Werden diese Folien andererseits jedoch bewusst als Referenz abgelehnt, mündet dies oft in einer Diversifizierungsforderung des klassischen Unternehmerleitbildes und der daran gekoppelten politischen wie öffentlichen Wertschätzung.

"Also für mich ist eine Gründung sehr wohl erfolgreich, wenn's denn die Frau ernährt. Das ist aber nicht bei uns die Definition von Erfolg. Sondern die Definition von Erfolg ist immer mit Wachstum gekoppelt, immer mit größer werden, immer mit mehr verdienen, immer mit alles schneller machen [...] durch die Gründungen mögen bitte auch neue Arbeitsplätze entstehen, ist ja auch nachvollziehbar [...] aber wieso ist das nichts wert, wenn eine Frau sich gründet und damit sich ernährt?" (Expertin H)

Diese Diversifizierungsforderung bleibt angesichts des heterogenen Selbständigenklientels jedoch nicht auf Gründerinnen beschränkt. Analog findet sie sich auch bei Berater/innen, die auf "nicht-idealen" Zielgruppen, wie beispielsweise arbeitslose Gründer/innen oder Freiberufler/innen spezialisiert sind.

"Muss ein Selbständiger ein guter Verkäufer sein? Nein, warum? Vier Mal im Jahr, wenn er Subunternehmer ist. Aber dann arbeitet er wie als Angestellter. Muss ein Selbständiger frustrationstolerant sein? Ja, wenn er Vertreter ist. Acht Mal pro Tag muss er Ablehnung ertragen können, [...] kannst du das nicht, wirst du Subunternehmer. Aber nicht mehr selbst und ständig. Nicht mehr dieses Allgemeinbild." (Experte N)

6.4 Kriterien erfolgreicher Gründungen

Eine Gründung wird gefördert, wenn sie Aussicht auf Erfolg hat. Die Kriterien erfolgreicher Gründungen sind allerdings nicht homogen sondern variieren mit Organisationstyp und -ziel. Im Kontext der Wirtschaftsförderung sind Wertschöpfung und Arbeitsplätze klare Kriterien der Förderungswürdigkeit von Gründungsvorhaben und erfahren darüber hinaus eine große politische Wertschätzung. Die Vielfalt und das (finanzielle) Volumen der daran gekoppelten Förderinstrumente ist zudem ungleich größer im Vergleich zur Gründungsförderung aus dem arbeitsmarktpolitischen Zweig[68].

Bei Beratungsorganisationen und insbesondere bei Organisationen mit "weniger idealen" Zielgruppen gibt es hingegen keine festen Erfolgskriterien. Dennoch wird auch hier, ähnlich wie bei der Definition einer "weniger idealen" Gründerperson (siehe b.), in Abgrenzung zur "idealtypischen" Gründung argumentiert. Das Leitbild des "klassisch Unternehmertums" als Referenzkategorie bleibt also bestehen.

> *"Das müssen Sie auch noch mal mitbemerken, es handelt sich hier ganz häufig um wirklich Kleinstgründungen hier bei uns. Das sind ganz, ganz kleine Verhältnisse teilweise, wo man dann, wenn man 30 bis 40 Tausend Euro Umsatz plant im Jahr, wo das schon wirklich richtig viel ist." (Expertin C)*

Tab. 2: Kriterien erfolgreicher Gründungen

Ebene	Kriterien	(beispielhaftes) Zitat
(Landes) Politik	Wertschöpfung Arbeitsplätze Wachstum	*"wo ein Unternehmen, was langfristig auch am Standort bleibt, was wächst, was Beschäftigung schafft, das sind Kriterien, die dazu führen, dass solche Unternehmen oder Gründungen dann auch begleitet werden, das ist das Entscheidende." (Experte A)*
Finanzielle Förderung	Vollzeit Wachstum	*"und für uns ist derjenige ein Existenzgründer, der das in Vollzeit macht und der davon sich und seine Familie ernähren kann." (Expertin F)*
Beratungs-organisation	individueller Erfolg	*"Also dieser Bänker, der sagt, also der Gründer muss erst einmal seine Familie wegschmeißen und dann muss er 26 Stunden am Tag arbeiten und so weiter: ist ja alles Quatsch! Es gibt sicherlich Themen, die müssen so behandelt werden. Aber ja nicht alles und wichtig ist, dass die Gründerpersönlichkeit auch gut zu dem Thema passt und dass, so wie das angegangen wird, auch wieder passt. [...] Erfolgreich ist definiert, es gibt einen und man ist glücklich. Das ist das Ziel." (Experte B)*

Das Erfolgskriterium auf der Ebene der Beratungsorganisationen wird entsprechend häufig individuell festgesetzt. Das bedeutet auch, dass eine Kopplung von Teilzeitselbständigkeit mit einem "400-Euro-Job" oder eine "Abberatung" als erfolgreich gelten können (siehe Tab. 2).

[68] Vgl. Lutz und Eggert (2006).

6.5 Handlungsleitende Unternehmerleitbilder

Ein implizites Leitbild des "klassischen Unternehmertums" ist als kognitive Referenzkategorie bei allen interviewten Berater/innen und Expert/innen existent. Dieses ergibt sich aus einer "idealtypische" Unternehmerpersönlichkeit und einer "idealtypisch-erfolgreichen" Gründung. Die damit verbunden impliziten und/oder expliziten Kriterien werden in Abhängigkeit von Organisation und Zielgruppe jedoch verschieden stark reflektiert, weshalb sie auch in unterschiedlichem Ausmaß handlungsleitend wirken. Dabei fungiert das Leitbild des "klassischen Unternehmertums" auf einem Kontinuum, das von "explizites Anforderungskriterium" über "Akzeptanz und Abgrenzen" bis "explizites Verneinen" reicht.

Am präsentesten und entsprechend stark handlungsleitend wirkt das Leitbild des "klassischen Unternehmertums" auf der Ebene der Wirtschaftsförderung. Hier wird das implizite Leitbild darüber hinaus häufig auch explizit (z.B. in Informationsbroschüren oder in Form von Förderkriterien) formuliert.

> *"Also, ich glaube schon, dass es schöner ist, man hat ne innovative Idee, man fördert jemanden der ne innovative Idee hat und ne wirkliche High-Tech-Sache macht. Das ist schon besser als der Teeladen von nebenan. Also man braucht auch den Teeladen von nebenan, aber je mehr Wertschöpfung, also je wettbewerbsfähiger und je mehr Wertschöpfung mit so ner Existenzgründung verbunden ist, desto besser ist es." (Experte A)*

Präsent, jedoch bewusst nicht handlungsleitend, ist das klassische Unternehmerleitbild hingegen bei Berater/innen die vorwiegend Solo-Selbständige oder spezielle Zielgruppen, wie beispielsweise Arbeitslose, beraten. Hier wird mitunter aktiv versucht, das implizite Leitbild des "klassischen Unternehmertums" zu dekonstruieren und der sozialen Wirklichkeit anzupassen, um damit auch "Selbständigkeit zu entmystifizieren" (Experte N).

> *"Bei uns steht nirgendwo 'Mach Dich selbständig', werden Sie nirgendwo finden. Steht immer: 'Verdien Dein eigenes Geld'. Wir haben eine sehr geerdete Sicht auf Selbständigkeit und nicht diese testosteronhaltige Unternehmerpersönlichkeit 'und huga, huga, huga und selbst und ständig' und so. " (Experte N)*

7 Diskussion

Gründungsberater/innen kommt im Gründungsprozess eine wichtige Funktion zu, da sie nicht nur Wissen bereit stellen, sondern sowohl Gründungskonzepte als auch die Persönlichkeit der Gründer/innen beurteilen. Während zur Beurteilung von Gründungskonzepten explizite Referenzkritierien vorliegen (z.B. in Form von Branchenkennzahlen), basieren die Urteile hinsichtlich geeigneter Persönlichkeiten auf impliziten und höchst individuellen Erfahrungswerten der jeweiligen Berater/innen.

Dabei spielt das implizite Leitbild eines "klassischen Unternehmers" und das daraus abgeleitete Anforderungsprofil als Referenzkategorie eine große Rolle. Das traditionelle Unternehmerleitbild ist umso stärker ausgeprägt und handlungsleitend, je mehr finanzielle Förderung und/oder wirtschaftspolitische Zielsetzung in der Institution eine Rolle spielen. Stärker hinterfragt und damit variabel handlungsleitend ist das Leitbild des "klassischen Unternehmers" in individuellen Beratungskontexten. Hier wirkt das Leitbild auf einem Kontinuum: als Referenzkriterium, als Zielkriterium oder als Verneinung. Das bedeutet, ein aus dem Unternehmerleitbild durch die Gründungsberater/innen implizit abgeleitetes Anforderungsprofil wird einerseits als Kriterium zur Beurteilung einer geeigneten Gründerpersönlichkeit herangezogen oder aber die Gründerpersönlichkeit so beraten (und gecoacht), bis diese dem Anforderungsprofil entspricht. Wird das Anforderungsprofil eines "klassischen Unternehmers" hingegen explizit abgelehnt, so erfolgt eine relativ pragmatisch-neutrale Beurteilung der Passung zwischen Gründerperson und Vorhaben.

Da diese Urteile im Graubereich des individuell impliziten Erfahrungswissens der Berater/innen gefällt werden, sind diese sowohl mit negativen als auch mit positiven Konsequenzen behaftet. Denn zum einen unterliegen diese Beurteilungen den klassischen wahrnehmungspsychologischen Effekten und sind damit sowohl durch Impression Management gezielt beeinflussbar als auch für potenzielle Gründer/innen relativ wenig transparent. Zum anderen können erfahrungsbasierte Urteile jedoch eine standardisierte Beurteilung von Persönlichkeiten aufgrund von (empirisch derzeit ohnehin noch ungesicherten) Normen verhindern und somit der Heterogenität des Gründungsgeschehens womöglich gerechter werden. Letzteres ist jedoch nur möglich, wenn das implizite Erfahrungswissen der Berater/innen und die damit zusammenhängenden impliziten Kriterien explizit gemacht werden, da sonst die Gefahr besteht vor dem Hintergrund stereotyper Leitbilder zu agieren. Hier wäre es sicherlich fruchtbar,

Elemente des wirtschafts- bzw. organisationspsychologischen Wissensmanagements in die Gründungsberatungspraxis zu integrieren.

Aufgrund der individuellen Urteilsbildung kann es zudem entscheidend sein, an welche/n Berater/in und Institution ein/e Gründer/in gerät. *"Oftmals ist es auch so, dass die Gründer mehrere Institutionen einfach mal aufsuchen, um auch einfach mehrere Gedanken mitzunehmen"*, so die Aussage einer interviewten Expertin, *"finde ich auch eigentlich ganz sinnvoll, weil man nie genau weiß, ob derjenige jetzt das genauso sieht"*. Diese Praxis kann einerseits, ein heterogenes Beratungsangebot vor

ausgesetzt, zu einer gewissen Selbstselektion der Gründer/innen führen, sodass die Wahrscheinlichkeit, ein individuell passendes Beratungsangebot zu finden recht hoch sein dürfte. Andererseits liegt darin aber auch eine Unwägbarkeit, da es derzeit (noch) kaum transparente oder hinreichend bekannte Qualitätskriterien von Gründungsberatungen gibt und die Varianz der zeitlichen und finanziell von den Gründungswilligen aufzuwendenen Mittel in keinem klaren Bezug zur Beratungsqualität steht.

Wenngleich insbesondere die auf Beratung spezialisierten Institutionen das "klassische" Unternehmerleitbild recht stark reflektieren, bleibt dieses dennoch auch auf dieser Ebene als Referenzkriterium bestehen. Das bedeutet, dass das gesellschaftlich bzw. wirtschaftspolitisch erwünschte Leitbild kaum von der sozialen Wirklichkeit des Unternehmertums berührt zu sein scheint. Trotz der Tatsache dass "nur ein sehr kleiner Teil des Gründungsgeschehens den gesamtwirtschaftlich besonders erwünschten innovativen und wissensintensiven Gründungen zuzuschlagen ist" und ferner das "Gründungsgeschehen von kleinen und kleinsten Gründungen dominiert ist"[69], liegt die (politische) Wertschätzung nach wie vor auf Seiten großer, wachstumsorientierter Gründungen mit entsprechender Wertschöpfung und Arbeitsplatzschaffung. Dieser Maßstab durchdringt implizit selbst (die untersuchten) Beratungsinstitutionen, was nicht selten in einen Rechtfertigungsdruck der "anderen Gründungsform" der eigenen Zielklientel mündete. "Neue" Formen der Selbständigkeit wie dauerhafte Teilzeitgründungen oder eine phasenweise Solo-Selbständigkeit sind ungeachtet des strukturellen Arbeitsmarktwandels somit weniger im Fokus der Förderung und Wertschät-

[69] Vgl. Kohn und Spengler (2007).

zung. Dies deckt die unternehmerische Vielfalt und Wirklichkeit nur unzureichend ab und dürfte sich vor dem Hintergrund der Befunde zur Wirkung von Leitbildern sowie zur Berufswahl auch hemmend auf die (weibliche und männliche) Gründungsbereitschaft auswirken.

Literaturverzeichnis

Allen I.E., Langowitz, N. und Minniti, M. (2007): Global Entrepreneurship Monitor. 2006 Report on Women and Entrepreneurship. Babson College, Babson Park, MA.

Asch S.E. (1946): Forming impressions of personality, in: Journal of Abnormal and Social Psychology, Jg. 41, S. 258-290.

Bayer O. und Seiffert H. (1994): Empirische Methoden in den Sozialwissenschaften, in: Seiffert H. und Radnitzky G. (Hrsg.): Handlexikon zur Wissenschaftstheorie.. Ehrenwirt, München.

Berger P.L. und Luckmann T. (1969/2004): Die gesellschaftliche Konstruktion der Wirklichkeit. Eine Theorie der Wissenssoziologie. Fischer, Frankfurt am Main.

Bonacker M., Buschmann B. und Caspari A. (2002): Frauenspezifische Beratungseinrichtungen für Existenzgründerinnen. Analysen und Potenziale, in: Schriftenreihe des Bundesministeriums für Familie, Senioren, Frauen und Jugend, Nr. 218. Kohlhammer, Stuttgart.

Birenheide A. (2008): Herr und Knecht – die Ambivalenzen der Selbstunternehmung, in: Leviathan, Jg. 36, Nr. 2, S 274-291.

Bischof N. (1980): Biologie als Schicksal? Zur Naturgeschichte der Geschlechterrollendifferenzierung, in: Bischof N. und Preuschoft H. (Hrsg.): Geschlechtsunterschiede: Entstehung und Entwicklung. Beck, München.

Bröckling U. (2007): Das unternehmerische Selbst. Soziologie einer Subjektivierungsform. Suhrkamp, Frankfurt am Main.

Bührmann A.D. (2008): Das unternehmerische Leitbild in der Beratungs- und Förderinfrastruktur, Vortrag auf der der Internationalen Fachtagung "From 'Normal Entrepreneurship' to 'Entrepreneurial Diversity'? Unternehmerisches Leitbild und Gründungsaktivität von Migrantinnen – Ein Widerspruch?", Berlin, 6.-7.3.2008.

Bührmann A.D., Hansen K., Schmeink M. und Schöttelndreier A. (2006): Das Unternehmerinnenbild in Deutschland. Ein Beitrag zum gegenwärtigen Forschungsstand, in: Hansen K., Müller U. und Koall I. (Hrsg.): Managing Diversity, Nr. 4. LIT-Verlag, Hamburg.

Bührmann A.D., Hansen K., Schmeink M. und Schöttelndreier A. (2007): Entrepreneurial Diversity – UnternehmerInnen zwischen Businessplan und Bricolage, in:Hansen K., Müller U. und Koall, I. (Hrsg.): Managing Diversity, Nr. 7. LIT-Verlag, Hamburg.

Bundesministerium für Wirtschaft und Technologie (2006): Jahreswirtschaftsbericht 2006. Reformieren, investieren, Zukunft gestalten – Politik für mehr Arbeit in Deutschland.

Dunning D. und Sherman D.A. (1997): Stereotypes and tacit inference, in: Journal of Personality and Social Psychology, Jg. 73, S. 459-471.

Fazio R.H. (1995): Attitudes as object-evaluation associations: Determinants, consequences, and correlates of attitude accessibility, in Petty R.E. und Krosnick J.A. (Hrsg.): Attitude strength. Erlbaum, Mahwah, NJ.

Gawronski B., Geschke D. und Banse, R. (2003): Implicit bias in impression formation: associations influence the construal of individuating information, in: European Journal of Social Psychology, Jg. 33, S. 573-589.

Gartner W.B. (1989): "Who Is an Entrepreneur" Is the Wrong Question, in: Entrepreneurship Theory and Practice, Jg. 13, S. 47-68.

Giesel K.D. (2007): Leitbilder in den Sozialwissenschaften: Begriffe, Theorien, Forschungskonzepte. Verlag für Sozialwissenschaft, Wiesbaden.

Hessler A. (2004): Existenzgründer als Leitbild. Zum Umgang mit einem Erfolgsmodell der modernen Arbeitswelt. Waxmann Verlag, Münster.

Kehlbeck H. und Schneider, U. (1999): Frauen als Zielgruppe von Existenzgründungen unter besonderer Berücksichtigung der Finanzierungsaspekte. Druckschrift des Senatsamts für Gleichstellung, Hamburg.

Kohn K. und Spengler H. (2007): KfW-Gründungsmonitor 2007. KfW Bankengruppe, Frankfurt am Main.

Lang-von Wins T. (2004): Der Unternehmer. Arbeits- und organisationspsychologische Grundlagen. Springer, Heidelberg.

Lauxen-Ulbrich M. und Leicht R. (2005): Wie Frauen gründen und was sie unternehmen: Nationaler Report Deutschland. Teilprojekt: Statistiken über Gründerinnen und selbständige Frauen. Institut für Mittelstandsforschung, Universität Mannheim.

Leicht R. und Welter F. (2004): Gründerinnen und selbständige Frauen. Potenziale, Strukturen und Entwicklungen in Deutschland. Beiträge zur Mittelstandsforschung, Nr. 9. Von Loeper Literaturverlag, Universität Mannheim.

Loer T. (2006): Zum Unternehmerhabitus. Eine kultursoziologische Bestimmung im Hinblick auf Schumpeter.Universitätsverlag Karlsruhe, Karlsruhe.

Lutz U. und Eggert F. (2006): Hamburger Förderkompass. Navigation durch die Förderlandschaft. Mittelstandsförderinstitut, Innovationsstiftung Hamburg.

Lüders C. und Meuser M. (1997): Deutungsmusteranalyse, in: Hitzler R. und Honner A. (Hrsg.): Sozialwissenschaftliche Hermeneutik. Leske + Budrich, Opladen.

Meyer J.P., Stanley D.J., Herscovitch L. und Topolnytsly L. (2002): Affective, continuance, and normative commitment to the organization: A meta-analysis of antecedents, correlates, and consequences, in Journal of Vocational Behavior, Jg. 61, S. 20-52.

Mayring P. (2007): Qualitative Inhaltsanalyse. Grundlagen und Techniken. Beltz, Weinheim.

Statistisches Bundesamt (2006): Statistisches Jahrbuch 2006. Für die Bundesrepublik Deutschland. Wiesbaden.

Müller G.F. (2003): Selbständig organisierte Erwerbstätigkeit, in Schuler H. (Hrsg.): Enzyklopädie der Psychologie, Nr. 3/1: Organisationspsychologie. Hogrefe, Göttingen.

Noelle-Neumann E. und Köcher R. (2002): Allensbacher Jahrbuch der Demoskopie 1998-2002, Nr. 11. K.G. Saur, München.

Piorkowsky M.B. (2006): Institutionelle Einflüsse auf das Unternehmerbild, in: Bührmann A.D., Hansen K., Schmeink M. und Schöttelndreier A. (2006): Das Unternehmerinnenbild in Deutschland. Ein Beitrag zum gegenwärtigen Forschungsstand, in: Hansen K., Müller U. und Koall, I. (Hrsg.): Managing Diversity, Nr. 4. LIT-Verlag, Hamburg.

Schenk R. (1998): Beurteilung des Unternehmenserfolgs, in: Frese M. (Hrsg.): Erfolgreiche Unternehmensgründer. Psychologische Analysen und praktische Anleitungen für Unternehmer in Ost- und Westdeutschland. Verlag für Angewandte Psychologie, Göttingen.

Schmidt F. L. und Hunter J.E. (1998): The Validity and Utility of Selection Methods in Personnel Psychology: Practical and Theoretical Implications of 85 Years of Research Findings, in: Psychological Bulletin, Jg. 124, Nr. 2, S. 262-274.

Stephan U., Lukes M., Dej D., Richter P.G. (2005): Werden Unternehmer in Polen, Tschechien und Deutschland gleich wahrgenommen? – Kulturunterschiede im Unternehmerbild, in: Wirtschaftspsychologie, Jg. 2, S. 99-108.

Sternberg R., Brixy U. und Hundt C. (2007): Global Entrepreneurship Monitor. Unternehmensgründungen im weltweiten Vergleich. Länderbericht Deutschland 2006. Global Entrepreneurship Research Association.

Sternberg R. und Bergmann H. (2003): Global Entrepreneurship Monitor. Unternehmensgründungen im weltweiten Vergleich. Länderbericht Deutschland 2002. Universität Köln.

Welter F. (2004): Institutionelle Einflüsse auf Gründerinnen und Unternehmerinnen, in: KfW Bankengruppe (Hrsg.): Chefinnensache. Frauen in der unternehmerischen Praxis. Physica, Heidelberg.

Welter F. und Achtenhangen L. (2006): Unternehmerinnentum und Unternehmerinnendentität, in: Bührmann A.D., Hansen K., Schmeink M. und Schötteldreier A. (2006): Das Unternehmerinnenbild in Deutschland. Ein Beitrag zum gegenwärtigen Forschungsstand, in: Hansen K., Müller U. und Koall, I. (Hrsg.): Managing Diversity, Nr. 4. LIT-Verlag, Hamburg.

Welter F., Lagemann B., unter Mitarbeit von Stoytcheva M. (2003): Gründerinnen in Deutschland – Potenziale und institutionelles Umfeld, in: Untersuchungen des RWI, Nr. 41. Essen.

Werner A., Kranzusch P. und Kay R. (2005): Unternehmerbild und Gründungsentscheidung. Genderspezifische Analyse. DUV, Wiesbaden.

Gendersensible Gründungsberatung - Gründe, Reichweite, Grenzen[1]

Christiane Schnell, Universität Hamburg

1 Einleitung

Das Thema Unternehmensgründung erscheint seit einigen Jahren in einem neuen Licht. Ursache hierfür sind unter anderem Strukturveränderungen des Wirtschafts- und Arbeitssystems, durch die das Gründungsgeschehen in Deutschland neue Facetten bekommen hat. Speziell der Zuwachs von Einzelunternehmen und der so genannten Ein-Personen-Selbständigen, die vornehmlich im Dienstleistungsbereich verbreitet sind, hat zu einer erheblichen quantitativen Ausweitung von Gründungen geführt.[2] Auch im Hinblick auf sozialstrukurelle Merkmale der Akteure, hat sich das Gründungsgeschehen verändert. Gleichwohl die mit der Sozialfigur des Entrepreneurs weiterhin wichtigen Elemente sozioökonomischen Handelns erfasst werden, greift der Begriff als Kategorie zu kurz, um die realen Gründungsaktivitäten zu beschreiben. Damit ist zum einen gemeint, dass Gründerinnen und Gründer nicht allein und auch nicht primär über ihre ökonomische Funktion erklärt werden können und zum anderen auch keineswegs eine homogene Gruppe mit gleichen Voraussetzungen und Perspektiven bilden. Gründen ist längst beides, die Schaffung eines wirtschaftlichen Unternehmens und die Gestaltung der eigenen erwerbsbezogenen Existenz. Vor allem die männliche Konnotation des traditionellen Unternehmerbildes ist längst nicht mehr zeitgemäß.

Jüngere Forschungen verweisen auf spezifische, längst noch nicht hinreichend verstandene Motive, Qualifikationen, Rahmenbedingungen und Potentiale von Gründerpersonen, die vom tradierten Konzept des heroischen Unternehmers abweichen. Insbesondere die Fokussierung der Gründungen durch Frauen und/oder MigrantInnen haben das Bild erweitert und zugleich den Befund zutage gebracht, dass gerade in

[1] Sowohl die Themenstellung als auch einige zentrale Überlegungen des Beitrages sind aus dem inhaltlichen Austausch mit meiner Kollegin Jenna Voss entstanden, mit der zusammen ich das BMBF geförderte Projekt OptExist (2006-2009) am Institut Arbeit und Wirtschaft bearbeite. Dafür und für ihre hilfreichen Anmerkungen und Kommentare gilt ihr mein großer Dank.

[2] Vgl. Luber (2002).

diesen sozialen Gruppen ein längst noch nicht ausgeschöpftes Potential schlummert.[3] Während Gründungsförderung im Dreieck von Wirtschaftsförderung, Arbeitsmarktpolitik und Demographie bundesweit eine zunehmende Bedeutung zugemessen wird, sind zielgruppenbezogene Förderpolitiken indes bislang nicht systematisch entwickelt. Projekte und Initiativen, die angetreten sind, diese Lücke zu füllen, beziehen sich zumeist auf spezifische Förder- und Beratungsbedarfe, die in der tradierten Unternehmensförderung keine Rolle spielen. Argumentiert wird, dass andere, neue bzw. erweiterte Förder- und Beratungsansätze erforderlich sind, um insbesondere Frauen in ihren Gründungsabsichten zu bestärken und ihnen einen Erfolg versprechenden Unternehmensaufbau zu ermöglichen.[4] Im Folgenden wird deshalb der Frage nachgegangen, warum Gründungsberatung geschlechtersensibel ausgerichtet sein muss und was unter geschlechtersensibler Gründungsberatung zu verstehen ist. Weiterhin wird diskutiert, inwiefern die Implikationen einer geschlechtersensiblen Beratungspraxis primär Erweiterungen der gängigen Praxen bedeuten und ob und inwieweit geschlechtsspezifische Ansätze sinnvoll und erforderlich sind.

2 Das Phänomen der Frauengründungen

Wenn von Frauen als Gründerinnen die Rede ist, gilt es einerseits geschlechtsspezifische Aspekte anzusprechen, die in männlich konnotierten Leitvorstellungen nicht vorkommen oder ihnen widersprechen, andererseits aber auch die Binnendifferenzen innerhalb der Genusgruppen und die Pluralität im Feld der Frauengründungen zu berücksichtigen.[5] Die in der Gründungsforschung verwendeten Unterscheidungen zwischen intentionalen Gründungen, bei denen die unternehmerische Idee den Anstoß gibt und pragmatischen Gründungen, die eher als erwerbsbiographische Lösung, insbesondere als Antwort auf Arbeitslosigkeit, verstanden werden, erweisen sich als unterkomplex, betrachtet man die Vielfalt der Gründe und Umstände, welche die Gründungsvorhaben von Frauen tatsächlich flankieren. Befunde aus der Frauen-Arbeitsmarktforschung zeigen, dass es auch eine Frage der Perspektive ist, ob stärker der innere Antrieb oder externe Zwänge als ursächliche Erklärung herangezogen werden. Ausgehend von der These, dass Geschlecht eine Strukturkategorie darstellt,

[3] Vgl. Apitzsch und Kontos (2008).
[4] Vgl. Welter (2004a), S. 193-212.
[5] Vgl. bga (7/2007) und bga (8/2007).

die Frauen strukturell andere Voraussetzungen der gesellschaftlichen Teilhabe und der Integration in das Erwerbssystem bietet, bilden die Widersprüche des weiblichen Lebensverlaufs und die damit verbundenen berufsbiographischen Benachteiligungen wichtige Hintergründe für die Selbständigkeit und Gründungsaktivitäten von Frauen.[6] Mit der Gründung wird oftmals eine Lösung für das weiterhin vornehmlich weibliche Problem der diachronen und synchronen Vereinbarung von Familie und Beruf gesucht. Entweder geht es um die aktuelle zeitliche Flexibilität, die in der Selbständigkeit gesucht wird, oder beispielsweise um den beruflichen Widereinstieg nach der so genannten Kinderpause.[7] Nicht trennscharf davon zu unterscheiden, aber analytisch etwas anders zu akzentuieren sind Gründungen, die darauf beruhen, dass es für Frauen oft schwer ist, ihre Qualifikationen am Arbeitsmarkt zu platzieren. Berufliche Unterbrechungen, die berühmte gläserne Decke, die unternehmensinterne Aufstiege verhindert und vielfältige Benachteiligungen im Wettbewerb um qualifikationsadäquate Posten, werden hier angeführt.

Frauen haben im Verlauf der letzten Dekade in ihrer Erwerbsorientierung und -teilhabe aufgeholt, dies gilt umso mehr hinsichtlich des Erwerbs von Bildungsressourcen. Dort wo der Arbeitsmarkt diese Entwicklung nicht bedient oder Personalpolitik dieses Potential nicht zu würdigen weiß, gewinnt die Option der Selbständigkeit, theoretisch betrachtet, an Attraktivität. Der starke Druck auf dem Arbeitsmarkt trägt das Seine dazu bei, dass Selbständigkeit als first und second best choice gewählt wird. Allerdings fällt die tatsächliche Gründungsneigung von Frauen niedriger aus, als es diese Zusammenhänge nahe.[8]

Gleichsam als logische Konsequenz erscheint es nun, wenn über die individuelle Disposition und kontextuellen Voraussetzungen hinaus, auch die empirische Realität des Phänomens Frauengründungen als strukturell verschieden zu männlichen Unternehmensgründungen beschrieben wird. Studien, die Daten hierzu vorlegen, argumentieren in der Regel Genusgruppen vergleichend. Gründungen durch Frauen sind im statistischen Mittel durch kleinere Unternehmen, weniger Kapital, aber höhere Bil-

---

[6] Vgl. Achatz (2008), S. 105-138.

[7] Vgl. Strohmeyer und Lauxen-Ulbrich (2003).

[8] Vgl. Leicht und Lauxen-Ulbrich (2004), S. 41-53.

dungsabschlüsse und ein durchschnittlich höheres Lebensalter der Gründerinnen gekennzeichnet.[9]

Skepsis darüber, mit diesem statistisch konstruierten Gegenbild könnte die Gründungsrealität von Frauen hinreichend beschrieben werden, ist sicherlich berechtigt. Einerseits muss davon ausgegangen werden, dass hinter solchen aggregierten Daten die Pluralität von Lebenssituationen und wirtschaftlichen Chancen verborgen bleibt, die auch zwischen Gründerinnen und Gründungen durch Frauen bestehen. Andererseits wäre auch zu Fragen, ob es überhaupt befriedigend oder sinnvoll sein kann, einem überholten männlichen Leitbild ein weibliches Pendant an die Seite zu stellen. Deshalb soll hier in erster Linie auf die Ausweitung und Infragestellung abgehoben werden, die traditionelle Vorstellungen von Unternehmensgründung und Gründerpersönlichkeit durch diese Rahmendaten des Frauengründungsgeschehens erfahren. Im Hinblick auf die Gründungsberatung wird im Folgenden zunächst gefragt, welche Anforderungen mit der Sensibilisierung für die Strukturkategorie Geschlecht einhergehen.

3 Gendersensible Gründungsberatung

Im Kern zielt der Anspruch auf Gendersensibilität in der Gründungsberatung zum einen darauf ab, geschlechtsbezogene Selektionsprozesse systematisch abzubauen und zum anderen Angehörigen beider Genusgruppen adäquate Beratungsleistungen anzubieten. Im gesamten Komplex der Gründungsforderung erweist sich die Gründungsberatung dabei als eine zentrale Instanz für die erforderliche Akzentverschiebung vom Unternehmen hin zum Individuum, das als Akteur ein Gründungsvorhaben in Erwägung zieht, plant oder bereits in seiner Umsetzung begriffen ist. Dass nicht selektiv vermeintliche Gründerpersönlichkeiten, die einem idealisierten und zugleich verengten Entrepreneur-Leitbild entsprechen herausgefiltert werden, ist demnach notwenige Voraussetzung, um indirekten Ausschluss und Benachteiligung von Frauen zu vermeiden. Stattdessen ist eine offene und aktive Ansprache erforderlich, die Frauen wie Männer einschließt. Um beide Genusgruppen im Vorfeld einer Unternehmensgründung angemessen begleiten zu können, bedarf es darüber hinaus Ansät-

[9] Vgl. Leicht et al. (2004), S. 10-40.

ze, welche die Vielfalt geschlechtlich konnotierter struktureller Voraussetzungen und Motivlagen konstruktiv aufzugreifen vermögen.

Grob zusammengefasst lassen sich diesbezüglich die vorliegenden empirischen Erfahrungen und theoretischen Erkenntnisse in drei Leitprinzipien darstellen. Neben dem bereits angesprochenen Individuumsbezug ist hier von einer als ganzheitlich zu bezeichnenden Einbeziehung des gesamten Lebenszusammenhanges der/des Gründenden die Rede. Das dritte Leitprinzip lässt sich begrifflich mit Prozessorientierung fassen, die auf Potentialentwicklung und Befähigung setzt.[10]

Das Leitprinzip Individuumsbezug setzt sich ab von einer Beratung, die sich in der Abarbeitung technischer Anforderungen erschöpft. Ungeachtet dessen, dass dies auch ohne Bezug auf reale und angenommene Geschlechterdifferenzen als Maßgabe von Beratungsarbeit selbstverständlich sein sollte, beziehen sich auch der geschlechterpolitischen Sensibilität vergleichsweise unverdächtige analytisch-konzeptionelle Zugänge der Entrepreneursforschung zunehmend auf ein feingliedrigeres Verständnis unternehmerischen Handelns.[11] Gewisserweise analog dazu ist dabei auch das zweite Prinzip ausbuchstabiert, das hier als Voraussetzung von Gendersensibilität angesprochen wird. Aus der Perspektive der gendersensiblen Gründungsforschung gilt es den sozialen Lebenszusammenhang der GründerInnen im Kontext der gründungsvorbereitenden Maßnahmen zu berücksichtigen, um eine individuell sinnvolle und langfristig tragfähige Entscheidung zur Gründung zu ermöglichen. Allein was als Lebenszusammenhang in der Praxis faktisch in den Blick gerät, unterscheidet sich je nach sozialer Lage der Beratungsklientel. Während die in der Regel an Universitäten verankerten von der internationalen Entrepreneurshipforschung konzeptionell beeinflussten Inkubatoren, Gründungsnetzwerke und Entwicklungszentren vor allem die jüngere Generation der gut qualifizierten Hochschulabsolventen im Blick hat, beziehen sich Anbieter von frauenspezifischen Beratungsangeboten oftmals eher auf Frauen der mittleren Lebensphase.

Die Berücksichtigung des Lebenszusammenhangs und die Interpretation des Gründungsvorhabens als biographische Entscheidung und Gestaltungsoption, können und

[10] Vgl. Bonacker et al. (2002).
[11] Vgl. Greenbank (2006).

müssen somit sehr unterschiedliche Formen annehmen. So stellt sich die Vereinbarung privater und beruflicher Ziele prinzipiell beiden Geschlechtern, berufliche Alternativen und biographische Handlungsoptionen stehen indes in unmittelbarer Abhängigkeit von Strukturmerkmalen wie Qualifikation, Lebensalter und sozialer Lage etc. Geht es im ersten Fall also um eine synergetische Verknüpfung von Ressourcen und biographischen wie unternehmerischen Zielen, so bedeutet die Einbeziehung des Lebenszusammenhangs im anderen Fall wohlmöglich eher, dass neben der Gestaltung von Chancen gerade auch Hindernisse oder Widersprüche berücksichtigt werden müssen, zumal strukturelle Ungleichheiten zwischen den Geschlechtern im biographischen Verlauf eher verstärkt bzw. akkumuliert werden.[12] Gendersensibilität in der Gründungsberatung soll dazu beitragen, dass erwerbsbiographische Brüche oder Sorgeverantwortung nicht eingleisig als Gründungshemmnisse diagnostiziert werden, sondern als Ausgangsbedingungen, die zwar eine gründliche Beschäftigung erforderlich machen, aber einer erfolgreichen Gründung nicht prinzipiell entgegen stehen.

Auch durch das dritte Prinzip, das hier als Bedingung für Gendersensibilität angeführt wird, folgt der Idee der Integration durch eine Ausdehnung der Beratungsperspektive. Prozessorientierung impliziert, dass Gründungberatung eine dynamische Perspektive anlegt, die weit vor der eigentlichen Gründung ansetzt und grundsätzlich auch diesen Akt nur als einen Schritt im Prozess der Etablierung beziehungsweise Übernahme eines Unternehmens, oder auch den Aufbau einer selbständigen oder freiberuflichen Existenz versteht. Entscheidend ist, dass eine prozessuale Perspektive eingenommen wird, die auf Entwicklungspotentiale sowie Befähigungs- und Bewältigungsstrategien setzt.[13] Indes stellt es auch eine Frage der institutionellen Funktionsteilung und organisatorischen Ausdifferenzierung dar, in welchem zeitlichen Umfang Gründungsberatung tatsächlich diesen Prozess begleitet.

Die drei skizzierten Leitprinzipien Individuumsbezug, Einbeziehung des Lebenszusammenhangs und Prozessorientierung befördern Gendersensibilität in erster Linie durch Kontextualisierung. Strukturell geformte aber individuell auftretende ökonomische, erwerbsbiographische und soziale Rahmenbedingungen müssen, will man bei-

[12] Vgl. Kontos (2008), S. 49-75.

[13] Wie bei der horizontalen Einbettung des Gründungsvorhabens, korrespondiert das Leitprinzip der Prozessorientierung in gewisser Weise mit Ansätzen der Entrepreneur- und Leadershipforschung.

den Geschlechter gerecht werden, systematisch in die Beratungsarbeit hinein genommen werden. Diese grundsätzlichen Überlegungen werfen allerdings zugleich neue Fragen auf. Wie weit kann und muss die Einbeziehung kontextueller Faktoren gehen? Und wo liegen die Grenzen der Bearbeitung von Einflüssen, die klassisch nicht dem Gründungsgeschehen zugerechnet werden? Und eine weitere ebenso wichtige Frage gilt es zu stellen: Welche Rolle spielt hier die Differenzierung nach Geschlecht noch, wenn sich die leitenden Überlegungen zur Gendersensibilität in vermeintlich allgemeinen Kontextualisierungslogiken erschließen lassen?

4 Reichweite und Grenzen gendersensibler Ansätze

Auch wenn geschlechtsspezifische Ungleichheiten in der sozio-ökonomischen Teilhabe von Frauen und Männern nicht einfach in Abrede gestellt werden, folgt auf die Forderung nach der systematischen Berücksichtigung geschlechtsspezifischer Einflüsse im Rahmen der Gründungsberatung oftmals die Kritik, dass damit der Gegenstand verlassen werde. Vereinbarkeitsprobleme und berufliche Segregation seien gesellschaftliche Missstände, die andernorts gelöst werden müssen. Diese Kritik entbehrt keineswegs einer gewissen Berechtigung, insofern hier tatsächlich Einflussfaktoren und Schieflagen angesprochen werden, die sich nicht allein in der Gründungsberatung lösen bzw. aufheben lassen. Dem ist jedoch entgegen zu halten, dass schlussendlich allein das wieder zusammengefügt wird, was aus der Sicht speziell von Frauen künstlich separiert wird, wenn das Thema Gründung abgelöst von den Strukturen und Bedingungen der alltäglichen Lebensführung betrachtet wird. Das Bonmot, dass Männer die Familie im Rücken haben während sie Frauen eher im Nacken sitzt, beschreibt pointiert, wieso es sich männliche Gründer, zumindest in traditionellen Geschlechterarrangements, eher leisten können die Tragfähigkeit der Geschäftsidee in das Zentrum zu stellen und ihre zeitliche, räumliche und soziale Umsetzung, in den Hintergrund zu rücken. Gleichwohl können die komplexen sozialen Umstände und erwerbsstrukturellen Realitäten, die hier zum Vorschein kommen, nicht *weg-beraten* werden. Gendersensible Vorgehensweisen zeichnen sich aber dadurch aus, dass sie strukturelle und gesellschaftlich gemachte Differenzen nicht dem Individuum qua Geschlecht zuschreiben, sondern Ressourcen, Zwänge sowie Lern- und Entwicklungschancen parallel stellen und dazu beitragen, angehende GründerInnen in die Lage zu versetzen, Strategien und Konzepte zu entwickeln, um mit diesen Herausforderungen umzugehen.

Fließende Grenzen lassen sich auch zwischen Potentialbildung und Gründungsberatung identifizieren. Geschlechtergerechte Ansprache in Wort und Bild und Öffentlichkeitsarbeit im Feld der Gründungsberatung können integrierend wirken. Als konzeptionell anspruchsvollere Aufgabe stellt sich aber vor allem die Spannung zwischen Potentialbildung und Potentialerschließung dar, die sich nicht einseitig auflösen lässt und im Kontext der Gründungsberatung aktiv reflektiert werden muss.[14] Beratung spielt eine Schlüsselrolle bei der Identifikation von individuellen Gründungspotentialen, insofern sie zur Übersetzung von strukturellen Bedingungen in individuelle Chancen und Risiken einer Existenz- und Unternehmensgründung beitragen. Wie weit dies reicht ist augenscheinlich abhängig davon, inwiefern Beratungsangebote in Gründungspolitiken und -infrastrukturen eingebettet sind und inwieweit die Sensibilität für geschlechtlich überformte Einflussfaktoren hier verbreitet ist.

5 Für und Wider geschlechtsspezifischer Angebote

Wird nach dem Grad der allgemeinen Sensibilisierung und dem Erreichen gleichberechtigter Teilhabechancen gefragt, wird oftmals auch Sinn und Bedarf geschlechtsspezifischer (zuforderst frauenspezifischer) Angebote angesprochen. An dieser Stelle ist vornehmlich der Punkt von Interesse, dass frauenspezifische Anbieter, die neben Beratung oft auch Mentoringinitiativen und Vernetzungsinitiativen etc. verfolgen, mehr oder weniger programmatisch zur Schaffung einer alternativen Gründungs- und Unternehmenskultur beitragen.[15] Damit verbunden ist auch, dass frauenspezifische Angebote oftmals expliziter als an anderer Stelle die an Gründerinnen gestellte Anforderung aufgreifen, jenseits von Rollenvorbildern oder Normalitätsmodellen zu handeln bzw. unternehmerisch aktiv zu werden. Dies gilt es gerade dann nicht aus dem Blick zu verlieren, wenn frauenspezifische Angebote als defizitorientierte Sonderbehandlung thematisiert werden. Tatsächlich geht es um eine Art Schonraum, der allerdings nicht als Schutz vor der kalten Realität von Markt und Wettbewerb misszuverstehen ist, zumindest nicht mehr als dies andere Fördermaßnahmen ebenfalls leisten. Vielmehr wird davon ausgegangen, dass es eines separaten organisatorischen Rahmens bedarf, um angesichts strukturimmanenter geschlechtsspezifischer Voraus-

[14] Vgl. Welter (2004), S. 54-71.

[15] Vgl. Bonacker et al. (2002) und Welter (2004a), S. 193-212.

setzungen die Herausbildung von individuell und kollektiv, subjektiv wie objektiv tragfähigen unternehmerischen Selbstverständnissen und Modellen zu ermöglichen.

Prozesse des Wandels und des Aufbrechens verkrusteter sozialer und institutioneller Strukturen und Werte verlaufen nicht linear und sind stets durch Ungleichzeitigkeiten gekennzeichnet. Dies gilt auch, wenn nicht sogar ganz besonders, für Fragen der geschlechtlichen Gleichstellung. Es ist deshalb nicht verwunderlich, wenn offensiv geschlechtsspezifisch ausgerichtete Gründungsberatung gerade dort auf Akzeptanzprobleme trifft, wo Gleichberechtigung bereits als erreicht gilt. Der Widerspruch wird dann besonders deutlich, wenn im Zuge institutioneller Ausdifferenzierung nunmehr Bruchstücke des *Problems* bearbeitet werden. Gilt Funktionsteilung und Spezialisierung gemeinhin als Beleg für die Professionalisierung von Dienstleistungen, stehen frauenspezifische Beratungsangebote tendenziell unter dem Druck eine Besonderheit zu betonen, die, weil im dominanten Kontext weiterhin unselbstverständlich, leicht als stigmatisierend wahrgenommen wird.

Die wenigen für den deutschen Raum vorliegenden sozialpsychologischen Studien, die sich mit Gründerinnen befassen, konstatieren Befunde, die die Erkenntnisse der Sozialisationsforschung bestätigen.[16] Dabei werden geschlechtsspezifische Unterschiede im Hinblick auf Kompetenzeinschätzungen, Erfolgserwartungen und den Umgang mit Risiken angesprochen, die hier nicht vertiefend erörtert werden sollen. Dass sich geschlechtsinduzierte sozialisationsbedingte Unterschiede im beruflichen Selbstbewusstsein in der Verarbeitung von Erfolgen und Niederlagen ausmachen lassen, ist schwerlich in Abrede zu stellen. Solche Diagnosen zur Begründung geschlechtsspezifischer Beratungsangebote heranzuziehen birgt allerdings die Gefahr, gleichsam in die Nähe essentialistischer Zuschreibungen zu geraten, Unterschiede also als mehr oder weniger der biologischen Geschlechterdifferenz inhärent zu deuten. Zudem tendiert eine solche Thematisierung dazu, eine defizitäre Perspektive auf Gründerinnen zu eröffnen. Dies ist theoretisch zwar keineswegs eine zwingende Konsequenz, praktisch wird aber gerade mangels einer Selbstverständlichkeit und Sichtbarkeit von Frauen als Unternehmerinnen eine polarisierte und oberflächige Sichtweise befördert, die weiterhin durch polarisierte Stereotypen genährt wird, Belege einer erweiterten Teilhabe von Frauen im wirtschaftlichen Gefüge nivelliert und

---

[16] Vgl. bga (9/2007).

Hindernisse psychologisiert und entpolitisiert. Positiv integriert werden können frauenspezifische Angebote in Gründungsförderungs- und -beratungsstrukturen insofern am ehesten, wenn sie von der Bürde geschlechtsspezifische Ungleichheiten auszutragen möglichst weit befreit werden und nicht mehr von der Last schultern müssen, als sie tatsächlich leisten können. Auch dieser Befund spricht also für die Notwendigkeit einer systematischen Gender-Sensiblisierung im Rahmen der Gründungsberatung.

6 Gendersensibilität als Lern- und Entwicklungsprinzip?

Im Vorangegangenen wurde argumentiert, dass das Phänomen *Frauengründungen* ein Modell von Unternehmertum, das mit der idealtypisch umrissenen und männlich konnotierten Sozialfigur des Entrepreneurs operiert, in Frage stellt. Förderpolitiken die dazu beitragen sollen, Gründungsaktivitäten in Deutschland auf eine breitere Grundlage zu stellen und Frauen als potentielle Gründerinnen und Gründungspotential einzuschließen, müssen zeitgemäße und plural ausgerichtete Konzepte verfolgen. Gründungsberatung bildet hier eine entscheidende Schnittstelle, insofern sie maßgeblich an der Übersetzung von individuellen unternehmerischen Ressourcen und Zielen ebenso wie sozialen Voraussetzungen in ein Gründungsvorhaben teilhat. Weiter wurde hier unterstellt, dass es einer gendersensiblen Praxis bedarf, die sich maßgeblich orientiert an den Prinzipien von Individuumsbezug, der Einbeziehung des sozialen Lebenszusammenhangs der Gründerin/des Gründers und einer Prozessorientierung, die sich durch einen aktiven Umgang mit der Zeitlichkeit der Entwicklung und tatsächlichen Umsetzung eines Gründungsvorhabens auseinander setzt und Prämissen von Begleitung und Befähigung folgt.

Gendersensibilität als programmatischer Anspruch bezieht sich auf theoretische Entwicklungen aus der Frauen- und Geschlechterforschung und das seit Ende der 1990er Jahre maßgeblich durch die Europäische Union lancierte Steuerungsprinzip des Gender Mainstreaming.[17] Als Weiterentwicklung zu traditionellen Formen der Frauenförderung, wird mit dem Fokus auf Gender, anstatt auf Frauen und Männer, der Annahme Rechnung getragen, dass unter gleichen sozialen Voraussetzungen das biologische Geschlecht seine Bedeutung und damit seine benachteiligenden oder pri-

---

[17] Vgl. Meuser und Neusüß (2004).

vilegierende Wirkung verlieren würde. Theoretisch wie praktisch muss dabei mit dem Problem umgegangen werden, dass durch die Identifikation von Geschlechterdifferenzen die soziale Konstruktion von geschlechtlichen Zuschreibungen potentiell reproduziert wird. Die Vorstellung, man entkäme diesem aus der traditionellen Frauenförderung bekannten Dilemma allein dadurch, dass man Gendersensibilität an die Stelle von gezielten Gleichstellungsmaßnahmen stellt, ist insofern illusorisch.

Ein Ausweg wird teilweise in dem aus der Personalpolitik und Organisationsentwicklung stammenden Konzept des Diversity Managements gesehen. Neben der Differenz zwischen den Geschlechtern werden hier auch andere soziale Unterscheidungsmerkmale angesprochen, wie beispielsweise ethnische und religiöse Zugehörigkeit oder sexuelle Orientierung.[18] Gründungsberatung, die in diesem Sinne diversitätstolerant arbeitet, ist vermutlich auch eher in der Lage, bewusste wie unbewusste Mechanismen des Ausschlusses von Frauen zu reflektieren und zu vermeiden. Ob allein mit Offenheit und dem Bekenntnis zur Vielfalt von Potentialen bzw. zum Potential der Vielfalt allerdings tatsächlich Beratungsbedarfe hinreichend erkannt und bedient werden können, ist fraglich. Zum einen ist mit der Anerkennung von Vielfalt noch längst keine Kultur des aktiven Umgangs verbunden. Zum anderen gilt es nicht zu vernachlässigen, dass mit der Anerkennung und Förderung von Differenz auch Interessenunterschiede berücksichtigt werden müssen. Diversity-Ansätze, die im Übrigen eher nach innen gerichtet sind und konzeptionell nur teilweise auf Beratungsarbeit übertragbar sind, kommen insofern auch nicht um Entscheidungen und Begründungen herum, auf wen und mit welchen Zielen sie gerichtet sind.

Innovative Ansätze der Entrepreneursforschung, die hier am Rande angesprochen wurden, betonen das Prinzip des Individuumsbezugs auch mit der Perspektive auf den biographischen Verlauf als Folie unternehmerischer Entwicklung.[19] Der Idee nach werden unternehmerische Kompetenzen als zu entwickelnde personale Ressourcen angesprochen, die weitgehend abgelöst von sozialen Voraussetzungen erkannt und gefördert werden sollen. Prospektiv betrachtet versprechen diese Konzepte, zumal in ihrer typischen Ansiedelung in unmittelbarer Nähe zu Universitäten, eine neue Kultur von unternehmerischem Handeln hervorzubringen. Inwiefern diese den herge-

---

[18] Vgl. Stuber (2004).

[19] Vgl. Kupferberg (1998), S. 171-188.

brachten geschlechtlichen Bias tatsächlich abzuschütteln vermag oder nur mehr modernisiert ist sicherlich noch nicht ausgemacht.

Gendersensible Gründungsberatung, so lässt sich aus den dargestellten Überlegungen schließen, bedarf beides, konzeptioneller Öffnungen einerseits und andererseits eine Auseinandersetzung mit sozialen Geschlechterverhältnissen, die ihrerseits durch Wandel und Verharrung gekennzeichnet sind und durch soziale Strukturmerkmale wie Herkunft, Bildung oder ethnische Zugehörigkeit modifiziert und kompliziert werden. In der Praxis deutet vieles darauf hin, dass durch die Ausdifferenzierung des Gründungsgeschehens insgesamt, eine moderne Dienstleistungsorientierung von Organisationen im Feld der Gründungsförderung und -beratung, durch die Rezeption der Gründungsforschung und nicht zuletzt durch die Erfahrungen in zielgruppenspezifischen Forschungs- und Förderprogrammen, eine hohe Empfindlichkeit für die Belange von angehenden Gründerinnen und Gründern erreicht hat. Diese Sensibilität bietet eine gute Voraussetzung für die Entwicklung eines konstruktiven, frauenfreundlichen Umgangs mit bestehenden und in Auflösung befindlichen Geschlechterdifferenzen.

Gendersensibilität als programmatischer Anspruch muss zudem inhaltlich gefüllt werden, und dies trotz oder gerade angesichts der Widersprüchlichkeit, die der Anrufung von geschlechtlichen Ungleichheiten anhaftet. Es bedarf deshalb zum einen weiterer Forschung zum Gründungsverhalten und Nichtverhalten von Frauen und Männern, um diese in ihrer sozialen und ökonomischen Komplexität und Veränderungsdynamik besser verstehbar zu machen. Es bedarf weiterhin einer Qualitäts- und Erfolgskontrolle der Gründungsberatung und -förderung, die soziale Strukturmerkmale mit Selbstverständlichkeit erfasst, nach den tatsächlichen Effekten im Gründungsgeschehen sowie den Erfahrungen und Wahrnehmungen von Nutzerinnen und Nutzern fragt. Sensibilisiert und dabei vor allem mit Wissen ausgestattet werden müssen Akteure in den Institutionen und Organisationen, die Gründungsberatung anbieten.

Grundsätzlich gilt auch für das Feld der Gründungsberatung, dass erfolgreiche Lernprozesse im Bezug auf Geschlecht nur über die Institutionalisierung längerfristiger und selbstreflexiver Prozesse möglich sind, die oft nur durch externe Anstöße und fachliche Expertise problemsensibel bleiben. Insofern sollte es auch eher skeptisch stimmen, wenn sich Begriffe und Konzepte gar zu geschmeidig in Organisationsstrukturen integrieren lassen.[20] Stattdessen gilt es Anstöße durch einschlägige Studien, gleichstellungspolitische Akteure, Expertinnen aus der frauenspezifischen Gründungsberatung, ebenso wie durch Gründerinnen und Unternehmerinnen aufzugreifen und Gendersensibilität als Entwicklungs- und Lernoption zu verstehen und zu praktizieren.

[20] Vgl. Riegraf (7/2008), S. 400-406.

Literaturverzeichnis

Achatz J. (2008): Die Integration von Frauen in Arbeitsmärkten und Organisationen, in: Wilz S.M. (Hrsg.): Geschlechterdifferenzen – Geschlechterdifferenzierungen. Ein Überblick über gesellschaftliche Entwicklungen und theoretische Positionen. VS-Verlag für Sozialwissenschaften, Wiesbaden.

Apitzsch U. und Kontos M. (2008): Self-Employment Activities of Women and Minorities. Their Success or Failure in Relation to Social Citizenship Policies. VS-Verlag für Sozialwissenschaften, Wiesbaden.

Bonacker B., Buschmann B. und Caspari A. (2002): Frauenspezifische Beratungseinrichtungen für Existenzgründerinnen. Analysen und Potentiale, in: Schriftenreihe des BMFSFJ, Bd. 218. Kohlhammer, Stuttgart, Berlin, Köln.

Bundesweiten gründerinnenagentur, bga (2007): Existenzgründung von Frauen in Deutschland – Daten und Fakten. Quantitative Bedeutung von Gründungen durch Frauen, in: Factsheet Nr. 7.

Bundesweiten gründerinnenagentur, bga (2007): Existenzgründung von Frauen in Deutschland – Daten und Fakten. Qualitative Bedeutung von Gründungen durch Frauen, in: Factsheet Nr. 8.

Bundesweiten gründerinnenagentur, bga (2007): Existenzgründung durch Frauen in Deutschland – Psychologische und soziale Aspekte der Gründungen durch Frauen – Daten und Fakten, in: Factsheet Nr. 9.

Greenbank P. (2006): Starting up in business: An examination of decision-making process, in: The International Journal of Entrepreneurship and Innovation, Jg. 7, Nr. 3, S. 149-169.

Kontos M. (2008): The biographical embeddedness of women's self-employment. Motivations, strategies and policies, in: Apitzsch U. und Kontos M. (Hrsg.): Self-Employment Activities of Women and Minorities. Their Success or Failure in Relation to Social Citizenship Policies. VS-Verlag für Sozialwissenschaften, Wiesbaden.

Kupferberg F. (1998): Humanistic entrepreneurship and entrepreneurial career commitment, in: Entrepreneuship & Regional Development, Jg. 10, Nr. 3, S. 171-188.

Leicht R. und Lauxen M. (2004): Umfang und längerfristige Entwicklung selbständiger Frauen, in: Leicht R. und Welter F. (Hrsg): Gründerinnen und selbständige Frauen. Potentiale, Strukturen und Entwicklungen in Deutschland. V. Loeper, Karlsruhe.

Leicht R., Welter F. und Fehrenbach S. (2004): Geschlechterunterschiede in beruflicher Selbständigkeit: Zum Stand der Forschung, in: Leicht R. und Welter F. (Hrsg): Gründerinnen und selbständige Frauen. Potentiale, Strukturen und Entwicklungen in Deutschland. V. Loeper, Karlsruhe.

Luber S. (2002): Berufliche Selbständigkeit im Wandel. Ein empirischer Vergleich der sozialen und wirtschaftlichen Struktur Selbständiger in Deutschland und Großbritannien. Peter Lang, Frankfurt a.M.

Meuser M. und Neusüß C. (2004): Gender Mainstreaming. Konzepte, Handlungsfelder, Instrumente, in: Bundeszentrale für politische Bildung, Schriftenreihe Bd. 418. Bonn.

Riegraf B. (2008): Geschlecht und Differenz in Organisationen: Von Gleichstellungspolitik und erfolgreichen Organisationslernen, in: WSI Mitteilungen, Nr. 7, S. 400-406.

Stohmeyer R. und Lauxen-Ulrich M. (2003): Die Wirkung partner- und familienbezogener Ressourcen und Restriktionen auf die Gründungsaktivitäten von Frauen. Konferenzbeitrag auf der 3. Mikrozensus–Nutzerkonferenz: Forschung mit dem Mikrozensus: Analysen zur Sozialstruktur und zum Arbeitsmarkt, Mannheim, 10.-11.10.2003.

Stuber M. (2004): Diversity. Das Potenzial von Vielfalt nutzen – den Erfolg durch Offenheit steigern. Luchterhand, München.

Welter F. (2004): Gründerinnenpotentiale, in: Leicht R. und Welter F. (Hrsg): Gründerinnen und selbständige Frauen. Potentiale, Strukturen und Entwicklungen in Deutschland. V. Loeper, Karlsruhe.

Welter F. (2004a): Rahmenbedingungen für Gründerinnen und Unternehmerinnen in Deutschland, in: Leicht R. und Welter F. (Hrsg): Gründerinnen und selbständige Frauen. Potentiale, Strukturen und Entwicklungen in Deutschland. V. Loeper, Karlsruhe.

Beratungsförderung für Existenzgründer – Theoretische und empirische Evidenz zu Förderbedürftigkeit und Fördererfolg

Dr. Ljuba Haunschild, Institut für Mittelstandsforschung Bonn

Dipl. Volkswirt Eva May-Strobl, Institut für Mittelstandsforschung Bonn

1 Einleitung

Existenzgründer müssen sich beim Schritt in die Selbständigkeit mit Problemen befassen, die sie auf Grund von Ressourcenknappheit (Zeit, Qualifikation, Beschränkung auf das angesammelte Wissen und Problemlösungskompetenz der eigenen Person) nur zum Teil eigenständig lösen können bzw. für die sie auf keine erlernten Routinen zurückgreifen können. Folglich entsteht ein hoher Informations- und Beratungsbedarf, der größtenteils durch externe Quellen gedeckt werden muss. Hierbei können hohe Transaktionskosten (Such- und Anbahnungskosten, Vereinbarungs- und Kontrollkosten, Anpassungskosten) entstehen, weil sich die Existenzgründungsberatung durch besonders hohe Spezifität auszeichnet. Da der einzelne Gründer in der Regel eine Existenzgründung nur einmal vornimmt, bleiben Erfahrungen und Lerneffekte durch wiederholte Existenzgründung und Inanspruchnahme von Existenzgründungsberatung aus.

Die staatliche Förderung von Unternehmensberatungen gilt als traditionelles Instrument der Mittelstandspolitik und als wirksames Mittel zur Erhaltung und Steigerung der Leistungsfähigkeit kleiner und mittlerer Unternehmen. Durch den Markteintritt neuer Unternehmen in Form von Existenzgründungen entstehen i.d.R. neue kleine und mittlere Unternehmen, so dass Existenzgründungsförderung Teil der Mittelstandsförderung ist. Seit Einführung erster Programme für Beratungsförderung in den 70er Jahren hat sich im Rahmen der Existenzgründungsförderung ein differenziertes Angebot an staatlichen Förderprogrammen entwickelt, das sowohl vom Bund als auch von den Ländern und Kommunen bereitgehalten wird. Die Vielfalt an Beratungsförderprogrammen hat immer wieder zur Kritik in dem Sinne geführt, dass die mangelnde Transparenz und Konsistenz des Angebots ein Problem besonders für Existenzgründer darstelle und deren Transaktionskosten dadurch überproportional hoch seien. Diese Kritik zielt zunächst auf die Zweckmäßigkeit des Beratungsfördersystems, ohne die Notwendigkeit staatlicher Eingriffe in den Beratungsmarkt an sich in Frage zu stellen. Eine weitergehende Kritik beinhaltet hingegen die Hinterfragung, ob die Gründe, die zur Bereitstellung staatlicher Beratungsförderung geführt haben, auch heute noch bestehen und damit die Subventionierung der Inanspruchnahme von externen Beratungsleistungen auch heute noch gerechtfertigt ist. Schließlich hat sich der deutsche Markt für Unternehmensberatungen in den letzten Jahrzehnten stark entwickelt und ist zum größten in Europa herangereift.[1] Vor dem Hintergrund dergestalt veränderter Rahmenbedingungen stellt sich die grundsätzliche Frage, ob neben dem privaten Angebot für Unternehmensberatungen staatliche Beratungsförderung heutzutage noch notwendig und wenn ja, zweckmäßig ausgestaltet ist.

Zur Beurteilung der Rechtfertigung staatlicher Unterstützung von Unternehmensberatungen wird im Folgenden der Markt für Unternehmensberatungen im Kontext des Gründungsprozesses einer kritischen Analyse unterzogen und an empirischen Befunden gespiegelt. Dazu werden zunächst der Beratungsbedarf im Gründungsprozess, die Begründungen für Beratungsförderung und die Marktstruktur auf dem Beratungsmarkt näher beleuchtet, bevor das staatliche Förderangebot beurteilt wird. Die Zweckmäßigkeit staatlich geförderter Existenzgründungsberatung wird an Hand zweier konkreter Existenzgründungsfördermaßnahmen analysiert.

2 Existenzgründungsberatung – eine Begriffsbestimmung

Der Gründungsprozess kann idealtypisch in die im Folgenden dargestellten Phasen eingeteilt werden, die sich teilweise überschneiden und bei jedem Unternehmensgründer inhaltlich und zeitlich unterschiedlich ausgeprägt sind.

Der Informations- und Beratungsbedarf ist je nachdem, in welcher Vorbereitungsstufe sich das Gründungsprojekt befindet, eher allgemeiner oder sehr spezifischer Art, wobei sich die Anforderungen an die Spezifität im Phasenverlauf ändern.

Existenzgründungsberatung, definiert als der auf Gründungsunternehmen spezialisierte Teilbereich der Unternehmensberatung, wird eingesetzt, um speziell den Gründungsprozess bzw. das junge Unternehmen betreffende Schwachstellen oder Probleme zu identifizieren, Hilfestellung bei der Schwachstellenbeseitigung oder Prob-

[1] Siehe FEACO (2007), S. 15.

lemlösung zu geben, geeignete Maßnahmen zu empfehlen und ggfls. Unterstützung bei der Implementierung von Lösungskonzepten zu leisten. Existenzgründungsberatung beinhaltet in stärkerem Maße als Unternehmensberatung im Allgemeinen die Elemente Qualifizierung und Weiterbildung, um individuelle und organisationale Lernprozesse zu unterstützen, die Erstellung des Unternehmenskonzepts mit der Klärung von organisatorischen Aspekten und Finanzierungsfragen, und sie bezieht auch Veränderungen des Unternehmens im Zeitablauf nach der Gründung zur Erlangung der optimalen Unternehmensgröße mit ein.

Abb. 1: Gründungsprozess und Beratungsbedarf

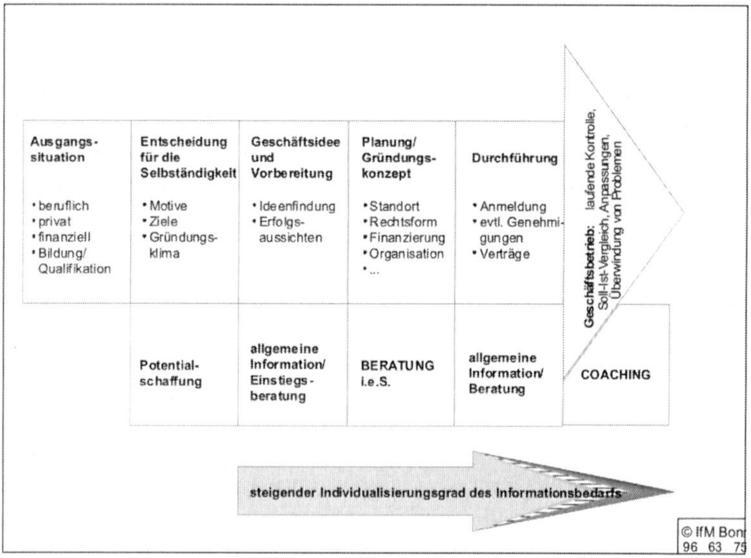

Quelle: Gries et al. (1997), S. 10

3 Beratungsbedarf

Die Problemlage der Existenzgründer weist darauf hin, in welchen Bereichen externe Hilfestellung in Form von Information, Beratung, Weiterbildung oder finanzieller Unterstützung zur Erleichterung des Markteintritts erforderlich ist. Die häufigsten Probleme im Vorfeld der tatsächlichen (Durchführung einer) Gründung, die das Institut für Mittelstandsforschung Bonn seit dem Jahr 2003 regelmäßig erhebt, sind in Abbildung 2 aufgelistet.

Abb. 2: Die häufigsten Probleme im Vorfeld der Gründung

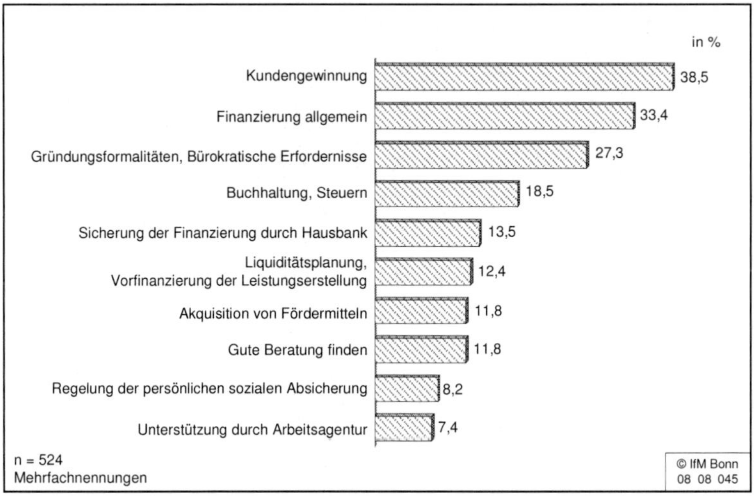

Quelle: Eigene Auswertung des IfM-Gründerpanels

Die Unwägbarkeit des Markteintritts, die Marktakzeptanz für das anvisierte Produktangebot oder die geplante Leistung, die Kundenansprache und die Marketingstrategie bilden für knapp 40% der Antwortenden den größten Problembereich bei potenziellen Gründern, unmittelbar gefolgt von der Finanzierungsproblematik.[2] Unsicherheit über formale Erfordernisse (Anmeldung, Genehmigungen oder allgemeine bürokratische Anforderungen an ein Unternehmen) rangieren an dritter Stelle. Je länger der individuelle Gründungsprozess anhält, desto gewichtiger werden sowohl Markt- als auch Finanzierungsaspekte. Beide Problemkreise wurden im Rahmen des IfM-Gründerpanels in der Folgebefragung von den Gründungsplanern häufiger genannt als in der vorangegangenen Befragungswelle. Auch ein wichtiger Aspekt der Beratungsnachfrage, nämlich die Unsicherheit über die Qualität der Beratung, findet sich unter den zehn häufigsten Problemen in der Vorgründungsphase.

---

2 Die Auswertungen der organisationseigenen Existenzgründungsberatungen der IHKn machen deutlich, dass Probleme bei der Produkt-/Leistungsformulierung, Marktpositionsbestimmung, Zielgruppendefinition und Umsatzplanung in den zurückliegenden Jahren vermehrt aufgetreten sind. Vgl. DIHK (2008), S. 9 f.

Die Problemlage im Vorfeld der Gründung hat innerhalb des zurückliegenden Jahrzehnts durchaus Veränderungen erfahren: So ist beispielsweise die Finanzierungsproblematik deutlich in den Hintergrund gerückt, während die Markt-/Absatzproblematik von potenziellen Gründern stärker antizipiert wird und auch die Furcht vor Formalitäten, Behörden und Bürokratie häufiger artikuliert wird.

Abb. 3: Die häufigsten Probleme nach der Gründung

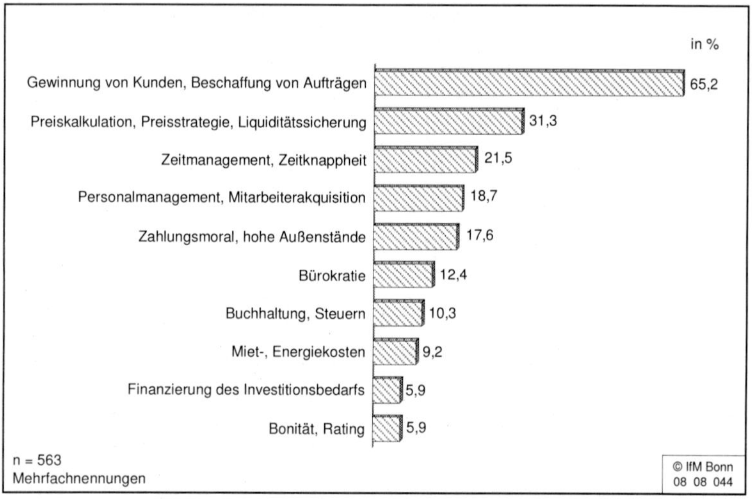

Quelle: Eigene Auswertung des IfM-Gründerpanels

Nach der Gründung wird die (geringe) Marktakzeptanz des neuen Unternehmens zu einem alles überlagernden Problem. Nahezu zwei Drittel aller im IfM-Gründerpanel befragten Gründer sehen sich Problemen bei der Gewinnung von Kunden und der Beschaffung von Aufträgen gegenüber, haben also Schwierigkeiten, einen nachhaltig am Markt existenzfähigen Geschäftsbetrieb in Gang zu setzen. In einem durch unzureichende Nachfrage gekennzeichneten Marktumfeld ist die Preissetzung als wichtiges Marketinginstrument für viele junge Unternehmen außerordentlich schwierig, da sie nur geringe Preisspielräume haben, wollen sie ihre Rentabilität nicht gefährden. Auch die Zeitknappheit des Unternehmers wird vielfach zum Problem, dies umso mehr als viele Gründer als Soloselbstständige Arbeit nicht delegieren und fehlendes Fachwissen nicht durch das Know-how eines Arbeitsteams kompensieren können.

Die häufigsten Probleme, die im laufenden Geschäftsbetrieb eines Gründers auftreten, können Abbildung 3 entnommen werden.

Ansatzpunkte für Beratung sind dem zu Folge neben den gründungsspezifischen Erfordernissen in den betrieblichen Teilbereichen Organisation, Prozessmanagement, Rechnungswesen und Controlling, strategische Unternehmensplanung, Marketing und Finanzierung, also in den klassischen Beratungsfeldern der Unternehmensberater zu sehen.

4 Existenzgründungsförderung durch Beratungsförderung – Zur Begründung der staatlichen Beratungsförderung

In der Begründung für die Beratungsförderung steht die Stärkung der Leistungs-, Innovations- und Wettbewerbsfähigkeit der Unternehmen im Vordergrund. Wie für die Mittelstandsförderung insgesamt gelten auch für die Beratungsförderung gemeinhin die Grundsätze des Ausgleichs größenbedingter Nachteile mittelständischer Unternehmen und der *Hilfe zur Selbsthilfe*. Existenzgründungsförderung bildet dabei einen Teilbereich der Mittelstandsförderung, die sich an die spezielle Adressatengruppe der Gründer richtet, wobei der Status *Gründer* nicht eine zeitpunkt-, sondern zeitraumbezogene Dimension aufweist, d.h. den gesamten Zeitraum von der Gründungsvorbereitung, dem formalen und wirtschaftlichen Vollzug der Gründung und die ersten Jahre danach beinhaltet.

Zur generellen Rechtfertigung für staatliches Tätigwerden wird üblicherweise Marktversagen herangezogen. Dabei ist zwischen totalem und partiellem Marktversagen zu unterscheiden. Weiterhin stellt sich die Frage, ob die häufig für Mittelstandsförderung geltend gemachte Begründung, einen Nachteilsausgleich durch staatliche Unterstützung herbeizuführen, bei der Beratungsförderung zutrifft. Schließlich ist zu prüfen, ob der für mittelstandspolitische Maßnahmen vorgegebene Grundsatz der *Hilfe zur Selbsthilfe* auch bei der Beratungsförderung zum Tragen kommt.

4.1 Beratungsförderung als Nachteilsausgleich

Im Rahmen der Mittelstandspolitik wird unter dem Begriff des Nachteilsausgleichs der Versuch des Staates verstanden, unternehmensgrößenbedingte Benachteiligungen mittelständischer Unternehmen und damit Existenzgründungen, die diesen wegen ihrer geringen Marktmacht im Vergleich mit Großunternehmen entstehen, auszugleichen. Was den Nachteilsausgleich im Zusammenhang mit der Beratungsförderung angeht, so kann argumentiert werden, dass die geringe Größe von Gründungsunternehmen diese nicht in die Lage versetzt, notwendiges fachspezifisches Know-how (oder auch das entsprechend spezialisierte Personal) ständig vorzuhalten und dieses deshalb bei Bedarf am Markt als externe Beratungsleistung zukaufen zu müssen.

Zunächst ist davon auszugehen, dass gründungs- und unternehmensführungsbezogene Kenntnisse und Fähigkeiten eine Grundvoraussetzung zur erfolgreichen Umsetzung eines Gründungsvorhabens bilden. Diese Bildungsinhalte sind in der schulischen und universitären Ausbildung in Deutschland jedoch nicht in dem Maße verankert, dass sie zu einem Allgemeingut geworden sind.[3] In der Vergangenheit wurden solche Bildungsziele nur in der Meisterausbildung im Handwerksbereich verfolgt. Das Fehlen gründungsbezogener Ausbildung in Schule und Hochschule kann damit als systematischer Nachteil von Gründern gelten.

Das Fehlen von Organisationsstrukturen (z.B. Stabsstellen), die die Unternehmenssteuerung unterstützen und helfen, Unternehmenskrisen zu vermeiden, ist ein weiterer Ansatzpunkt für staatlichen Nachteilsausgleich durch Beratungsförderung. Hierbei handelt es sich quasi um *interne Unternehmensberatung*, die bei Existenzgründungsvorhaben nicht zu verwirklichen ist.

Ein typisches Merkmal von Existenzgründungen ist darin zu sehen, dass der Unternehmer in der Regel in alle Funktionsbereiche des Unternehmens eingebunden ist. Hieraus resultiert eine hohe zeitliche Inanspruchnahme, die es dem Existenzgründer nicht ermöglicht, sich in allen Gebieten zu spezialisieren. Somit wächst die Wahrscheinlichkeit, dass beim Auftreten von Problemen im Gründungsprozess die Lösung nur durch Zukauf externen Sachverstands herbeigeführt werden kann. Die hohe zeitliche Beanspruchung des Unternehmers lässt in Verbindung mit geringeren Spezialisierungspotenzialen eine staatliche Förderung von Unternehmensberatung für dieses Unternehmenssegment gerechtfertigt erscheinen.

Ein systematischer Nachteil von Gründungsunternehmen resultiert schließlich aus einer höheren Krisenanfälligkeit infolge geringerer Möglichkeiten zur Diversifikation und Risikostreuung. Die Abhängigkeit von einem bestimmten Produkt oder einer

---

[3] Vgl. Bahss und Ehrhart (2007), S. 121.

Dienstleistung könnte einen hohen Beratungsbedarf bei Markteintrittsschwierigkeiten und der Notwendigkeit zur unternehmerischen Neuorientierung bedingen. Die systematisch höhere Krisenanfälligkeit von Gründungsunternehmen findet ihren Niederschlag in den hohen Marktaustrittsraten junger Unternehmen. Beratungsförderung im Sinne des Nachteilsausgleichs lässt sich in diesem Fall als strukturpolitische Maßnahme rechtfertigen.

4.2 Der Grundsatz der Hilfe zur Selbsthilfe

Die Grundsätze einer Strukturpolitik für kleine und mittlere Unternehmen[4] sowie das Aktionsprogramm zur Leistungssteigerung kleiner und mittlerer Unternehmen[5] sehen die Hilfe zur Selbsthilfe als zentralen Grundsatz mittelstandspolitischer Maßnahmen. "Leitmotiv aller Förderungsmaßnahmen ist das Prinzip der Hilfe zur Selbsthilfe. Die Förderung darf nicht als dirigistische Krisenhilfe missverstanden werden; sie soll vielmehr die eigene Initiative des mittelständischen Unternehmers dort unterstützen, wo sich für ihn durch strukturelle Veränderungen und im Wettbewerb mit Großunternehmen Hemmnisse und Probleme ergeben."[6]

In der Regel kann bei einer Unternehmensberatung, die auf die Lösung eines konkreten, aktuellen Problems gerichtet ist, nicht davon ausgegangen werden, dass der Unternehmer in die Lage versetzt wird, sich bei künftigen Problemen selbst helfen zu können. Dies ist nur dann der Fall, wenn das gleiche Problem erneut auftritt. Im engen Sinne handelt es sich bei der Förderung der Unternehmensberatung typischerweise somit nicht um Hilfe zur Selbsthilfe, allerdings kann das Angebot des Staates die eigene Initiative des Unternehmers unterstützen, Beratung in Anspruch zu nehmen.

Die Beratung von Existenzgründern ist sowohl auf das naheliegende Problem (die Vorbereitung, Planung und Durchführung der Gründung) ausgerichtet, als auch darauf, den Gründer in die Lage zu versetzen, sein Unternehmen zu führen. Erfüllt die Gründungsberatung beides, ist davon auszugehen, dass der Grundsatz der Hilfe zur Selbsthilfe erfüllt ist. Allerdings entspricht diesem Ziel beispielsweise die Infor-

---

[4] Deutscher Bundestag (1970).
[5] Deutscher Bundestag (1976).
[6] Ebenda, S. 60.

mation und vor allem die Unternehmerschulung, -qualifizierung und -weiterbildung in sehr viel höherem Maße.

4.3 Marktversagen als Rechtfertigung für Beratungsförderung

Existenzgründer können zur Lösung von Problemen sowohl eigene Kapazitäten einsetzen als auch Lösungskompetenz extern, über Unternehmensberater, zukaufen. Prinzipiell handelt sich dabei um eine klassische *Make or Buy*-Entscheidung, da grundsätzlich ein Markt für die gewünschten Leistungen existiert (vgl. Kapitel 5.2).

Von Marktversagen ist dann auszugehen, wenn ein staatlicherseits für notwendig erachtetes Angebot an Beratungsleistungen privat nicht bereitgestellt wird. Trifft dies zu, dann ist ein staatlich bereitgestelltes oder gefördertes Beratungsangebot dann angebracht, wenn die Maßnahme vorteilhaft in dem Sinne ist, dass der damit erzielte gesellschaftliche Nutzen größer ist als es die Kosten der Maßnahme sind.

Ein wichtiger Anhaltspunkt für partielles Marktversagen lässt sich aus den Aspekten der mit dem Zugang zum Beratermarkt verbundenen Transaktionskosten und der Qualitätsunsicherheiten, die aus der asymmetrischen Informationsverteilung der Marktteilnehmer über die Qualität der Beratungsleistungen resultieren, herleiten. Die Anbieter von Beratungsleistungen sind i.d.R. über die von ihnen angebotene Qualität besser informiert als die Nachfrager. Für Existenzgründer bedeutet die Inanspruchnahme einer Beratung i.d.R. eine erstmalige oder selten zu treffende Entscheidung, für die keine Erfahrungswerte vorliegen. Da ein wesentliches Merkmal von Beratung die Inhomogenität ist, ist die Unsicherheit bezüglich des Kosten-Nutzen-Verhältnisses bei Inanspruchnahme von Beratungsleistungen hoch. Signaling als glaubwürdige Information der Anbieter über deren Qualität ist eine mögliche Maßnahme zur Reduktion der Qualitätsunsicherheit der Nachfrager. Kommt es jedoch zu einer Vielzahl unverbindlicher bzw. interessengeleiteter Qualitätslabels, so sind die Signale nicht allgemein vertauensbildend und können keine zuverlässige Reduktion der asymmetrischen Informationsverteilung herbeiführen.

Bei partiellem Marktversagen wird eine Meritorisierung häufig damit gerechtfertigt, dass *verzerrte* Präferenzen zu einem Nachfrageverhalten führen, das nach Art und

Umfang nicht zu dem politisch gewünschten Marktergebnis führt und es zu einer gemessen am normativ festgelegten Marktergebnis suboptimalen Allokation kommt.[7]

5 Das Beratungsangebot

5.1 Akteure auf dem Gesamtmarkt

Auf dem Markt für Existenzgründungsberatung ist eine Vielzahl von Anbietern (Einzelconsultants, Unternehmensberatungsgesellschaften, IHK/HWKn, Wirtschaftsförderungsgesellschaften, Banken, Technologie- und Forschungseinrichtungen, Bildungseinrichtungen etc.) tätig. Diese zeichnen sich durch unterschiedliche Kenntnisse und Methoden aus, sind teilweise auf bestimmte Funktionsbereiche (Finanzierung, Steuern, Marketing) spezialisiert oder sprechen bestimmte Zielgruppen (technologieorientierte Unternehmensgründer, Frauen, Ausländer, Arbeitslose) oder Branchen an.

Die Beratungsinstitutionen arbeiten zum Teil erwerbswirtschaftlich (gewinnorientiert), ein anderer Teil ist öffentlich getragen. Zwischen diesen Extrempunkten existieren diverse Mischformen, z.B. die Industrie- und Handelskammern und einige Verbände, die sowohl öffentlich subventionierte Leistungen anbieten als auch unter Wettbewerbsbedingungen agieren. Darüber hinaus gibt es auch erwerbswirtschaftliche Berater, die vom Nachfrager nicht oder nur teilweise zu gewinnorientierten Preisen bezahlt werden. Dieser Umstand ergibt sich aus der staatlichen Förderung der Gründungsberatung, die Zuschüsse für die Inanspruchnahme selbständiger Berater vorsieht.

Bezogen auf die Geschäftstätigkeit hat die Beratung bei den Anbietern einen unterschiedlichen Stellenwert: Beratung wird als Hauptleistung (Unternehmensberater i.e.S.) oder als Nebenleistung (Banken, Versicherungen, Kammern, Technologieparks, Forschungszentren) angeboten.[8] Im wachsenden Beratungsmarkt verfolgen viele Akteure eine Diversifikationsstrategie.

[7] Vgl. Oberender und Rudolf (2005), S. 323.

[8] Darüber hinaus existiert noch die sog. nicht-marktorientierte Beratung durch Beirat, Freunde, Verwandte, die vor allem bei Existenzgründern häufig eine maßgebliche Rolle spielt (vgl. Bensch (1992), S. 38.

Abb. 4: Beispiele für die Angebotsstruktur im Bereich der Existenzgründungsberatung

Träger	Staat	Mischformen		Privatwirtschaft
	Wirtschaftsförderung	IHK, HWK, Startercentren, Technologiezentren,		Steuerberater Unternehmensberater
Aktivität	Information	Schulung	Beratung	Finanzierung
	Telefon-Hotline, Gründungsportale im Internet, BMWi-Förderdatenbank, Gründermessen	Volkshochschule,Gründungszirkel, Entrepreneurship-Lehrstühle, E-Learning,	Steuerberatung, Unternehmensberatung, Coaching	Kreditinstitute, KfW, Landesförderbanken, Bürgschaftsbank
Aktionsradius	bundes-/landesweit	regional		lokal
	BAFA, KfW, GIB, Bürgschaftsbank	IHK, HWK		Bundesagentur für Arbeit/ARGE, Wifö, Kreditinstitute
Zielgruppe	Technologieorientierte Gründer	Frauen	Arbeitslose	Ausländer
	Technologietransferstellen der Universitäten/Fachhochschulen	Kommunalstelle Frau und Wirtschaft	Bundesagentur für Arbeit/ ARGE	Regionale Transferstellen f.d. Integration ausländ. Selbständiger
	KfW, IHK, Wirtschaftsförderung, Kreditinstitute			
Stellenwert der Beratung	Hauptleistung		Nebenleistung	
	Unternehmensberater		Steuerberater, Banken, KfW, Landesförderbanken, Kammern, Versicherungen, Forschungszentren	
Kontakt zu Gründern	direkt		indirekt	
	IHK, HWK, Banken		Bürgschaftsbank © IfM Bonn	

Ursache hierfür ist unter anderem, dass für den Bereich der professionellen Berater der Berufstitel *Unternehmensberater* nicht geschützt ist und damit der Marktzutritt zu dem Unternehmensberatungsmarkt anders als in vielen anderen beratenden Berufen (Rechtsberatung, Steuerberatung), frei von staatlichen Reglementierungen und Zulassungsbedingungen ist. Es gibt darüber hinaus eine Vielzahl von Beratern, die im Rahmen ihrer Tätigkeit auch gründungsrelevante Sachverhalte bearbeiten (Rechtsanwälte, Notare, Steuerberater, Wirtschaftsberater im weiteren Sinn). Für den Gründer besteht daher häufig eine Entscheidungssituation, ob er für eine umfassende Gründungsberatung mehrere Berater konsultieren will oder eine ganzheitliche Beratung durch ein Allround-Beratungsunternehmen in Anspruch nehmen soll.

5.2 Marktvolumen des erwerbswirtschaftlich organisierten Unternehmensberatungsmarktes

Das Umsatzvolumen auf dem privatwirtschaftlich organisierten Markt für Unternehmensberatungen belief sich 2007 auf 16,4 Mrd. € und lag damit nominal um rd. 70% höher als noch vor zehn Jahren.[9] Im Jahre 2007 waren auf dem Markt für Unternehmensberatung schätzungsweise 13.900 Beratungsunternehmen mit ca. 78.200 Beratern tätig.

Es wird deutlich, dass der Beratungsmarkt enorm an Volumen zugelegt hat – ein Indiz für die Funktionsfähigkeit eines Marktes. Ein generelles Marktversagen ist somit auszuschließen. Trotz eines gewachsenen und funktionierenden Beratungsmarktes sind strukturelle Marktverwerfungen aber nicht auszuschließen.

5.3 Größenstruktur

Der Größe nach erzielten rd. drei Viertel der Beratungsunternehmen bis zu 0,5 Mio. € Umsatz, 22,7% hatten einen Jahresumsatz von über 0,5 Mio. € bis zu 5 Mio. €, 1,9% zwischen 5 Mio. € und 45 Mio. € und 0,4% (*Top 55*, d.h. die 55 größten Beratungsunternehmen) hatten einen Jahresumsatz von mehr als 45 Mio. €.

Die entsprechenden Marktanteile am Gesamtumsatz beliefen sich auf 13,2% bei den kleinsten, 25,0% bzw. 15,8% bei den mittleren und 45,9% bei den größten Anbietern von Unternehmensberatung. Zwar ist die vom BDU gewählte Größensegmentierung nicht identisch mit der IfM- oder der EU-Mittelstandsdefinition, dennoch ist unschwer zu erkennen, dass auch der Beratungsmarkt der Unternehmensgröße nach typisch mittelständisch strukturiert ist.[10]

---

[9] Alle Marktangaben basieren auf BDU (2008).

[10] Sowohl die IfM-Definition als auch die EU-Definition für kleine und mittlere Unternehmen setzt für die Bestimmung eines KMU einen Schwellenwert von 50 Mio. € Jahresumsatz an, der nicht überschritten werden darf.

Tab. 1: **Kennzahlen zum Beratungsmarkt 2007 im Überblick**

Kennzahl	Beratungsunternehmen mit ... Umsatz							
	unter 250.000 €	zwischen 250.000 € und 500.000 €	zwischen 500.000 € und 1 Mio. €	Zwischen 1 Mio. € und 2,5 Mio. €	Zwischen 2,5 Mio. € und 5 Mio. €	zwischen 5 Mio. € und 45 Mio.€	ab 45 Mio.€	Gesamt-markt
Gesamt-umsatz in Mrd. €	1,17	1,005	1,205	1,685	1,225	2,60	7,55	14,70
Marktanteil in %	7,1%	6,1%	7,3%	10,2%	7,5%	15,8%	45,9%	100,00
Anzahl Be-ratungs-unterneh-men	8.000	2.400	1.450	1.300	400	260	55	rd. 13.900
Anzahl Mitarbeiter	16.800	11.000	10.000	13.100	8.100	12.200	35.000	106.200
Anzahl Be-rater	12.200	7.000	7.200	9.700	6.000	9.600	26.500	78.200

Quelle: BDU (2008), S. 4.

5.4 Struktur der Beratungsfelder

Der BDU zieht die einzelnen Beratungsfachgebiete zu vier Bereichen zusammen, und zwar zur Strategieberatung, Organisations- bzw. Prozessberatung, IT-Beratung/IT-Services und die Human-Ressource-Beratung (Personalberatung). Strategie- und Organisationsberatung beinhalten die klassische Managementberatung zu grundsätzlichen Unternehmensfragen und Prozessen, worunter auch die Existenzgründungberatung zu verstehen ist. Die klassische Managementberatung hatte 2007einen Marktanteil von fast 70% am gesamten Umsatzvolumen auf dem Unternehmensberatungsmarkt.[11]

[11] BDU (2008), S. 10.

Abb. 5: Struktur des Unternehmensberatungsmarkts nach Beratungsfeldern 2007 – in % des Umsatzes

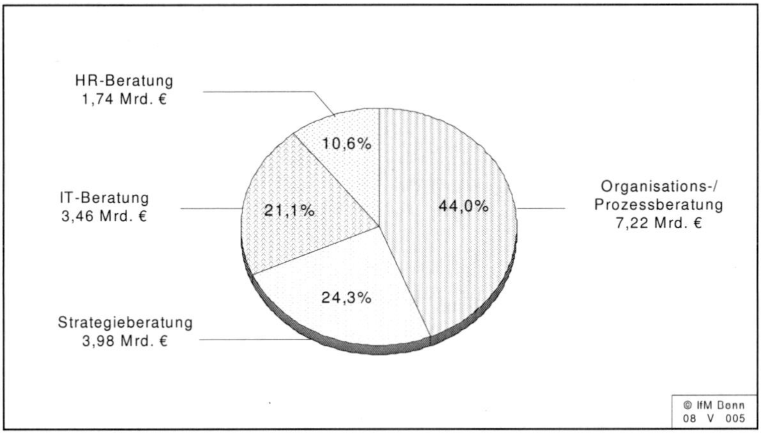

Quelle: BDU (2008), S. 8.

Auch wenn eine Aufteilung der Managementberatung auf einzelne Beratungsfachgebiete für den Gesamtmarkt nicht möglich ist, spricht dieser hohe Marktanteil nicht dafür, dass die für Existenzgründer relevanten Fachgebiete nicht in ausreichender Menge am Markt angeboten werden. Dies findet sich auch in kleineren, regional begrenzten Marktstudien wie z.B. einer Befragung zur Angebotsstruktur der im mittleren Ruhrgebiet ansässigen Beratungsunternehmen der IHK Bochum bestätigt, wonach bei einem insgesamt breiten Spektrum der Beratungsfelder die Strategie- und Existenzgründungsberatung von 60% der Beratungsunternehmen angeboten wird.[12]

5.5 Preisstruktur

Eine Marktzugangsbarriere könnte in einer mangelnden Preisdifferenzierung bestehen, so z.B. wenn Standard- und Spezialleistungen zu ähnlichen Preisen angeboten würden. Aus einer Betriebsvergleichsstudie des BDU auf Basis des Geschäftsjahres 2000[13] geht hervor, dass es in Abhängigkeit von der Größe des Beratungsunternehmens erhebliche Unterschiede in der Höhe der durchschnittlichen Honorar-

[12] Vgl. IHK Bochum (2002), S. 4; Jonas (2002).

[13] Der BDU hat die Betriebsvergleichstudien mittlerweile eingestellt.

forderungen gibt.[14] Die durchschnittlichen Tagessätze von Geschäftsführern, Seniorberatern, Projektleitern, Beratern, Juniorberatern und Beratungsassistenten sind bei kleinen Beratungsunternehmen, die auf die kleinen Unternehmen fokussiert sind, niedriger als bei größeren Beratungsunternehmen. So belief sich der mittlere Tagessatz für den Geschäftsführer auf 1.108 € für die kleinsten und 1.760 € für die größten Beratungsunternehmen. Ähnliches gilt für die Tagessätze für Senior- und Juniorberater, Berater sowie Beratungsassistenten: Die durchschnittlichen Tagessätze lagen in der Bandbreite von 498 € bis und 1.487 €.[15]

5.6 Qualitätsunsicherheit

Die Diversifizierung und Spezialisierung der Anbieter von Beratungsleistungen ist einerseits typisches Merkmal der Reifung eines Marktes, andererseits kann sie den Marktüberblick der Nachfrager in Hinsicht auf Qualitätsdifferenzierungen der einzelnen Angebote erschweren.

Für den Nachfrager sind keine klaren Strukturen auf dem Beratungsmarkt erkennbar, denn Spezialisierungen, Inhalt und Reichweite von nicht allgemein verbindlichen Qualitätsstandards erschließen sich den Nachfragern – insbesondere den nicht beratungserfahrenen Gründern – nur sehr schwer oder nur mit relativ hohem Aufwand.

Aufgrund der niedrigen Markteintrittsbarrieren gibt es in der Branche zudem viele Anbieter mit niedriger Qualität. Die Berufsverbände (BVW, BDU) versuchen, eine gewisse Mindestqualität der Berater durch freiwillige Verpflichtung über Beratungsgrundsätze und Verpflichtung zu fairem Wettbewerb zu sichern. Eine Allgemeinverbindlichkeit oder eine Zertifizierung durch neutrale Institutionen ist damit jedoch nicht gegeben.

6 Der geförderte Beratungsmarkt

Trotz des hohen Marktvolumens und einer in Hinblick auf Größe, Beratungsfelder und Preis differenzierte Angebotsstruktur, hemmt die Qualitätsunsicherheit den Zugang und die Nachfrage nach Existenzgründungsberatung. Die staatliche Subventionierung von Beratungsleistungen verbessert das Kosten-Nutzen-Verhältnis der Bera-

---

[14] Alle Angaben beruhen auf BDU (2001).

[15] BDU (2001), S. 11.

tung für den einzelnen Beratenen. Damit entsteht der Anreiz, Beratung in größerem Umfang nachzufragen als dies ohne Förderung der Fall wäre. Die Förderung hat daher das Ziel, dass mehr Existenzgründer/Unternehmer erstmalig Unternehmensberatung nachfragen (Aufschließungsfunktion für latenten Beratungsbedarf) und diese durch die dabei gewonnene Beratungserfahrung eher bereit sind, in der Folge auch bei anderen betriebswirtschaftlichen Problemlagen wieder auf Beratung zurückzugreifen (Habitualisierungsfunktion, Professionalisierung der Unternehmensführung).

Diese Wirkungen werden am ehesten erzielt, wenn der größtmögliche Teil der identifizierten Zielgruppe erreicht wird und dabei ein möglichst effizienter staatlicher Mitteleinsatz gewährleistet ist. Transparenz des Förderangebots ist dabei eine Grundvoraussetzung, da sie die Informations- und Suchkosten für Fördermöglichkeiten senkt und so den Marktzugang zu Beratungsleistungen erleichtert.

In einer Studie des IfM Bonn wurde die Beratungsförderung des Bundes und der Länder analysiert und auf Konsistenz und Transparenz geprüft und dafür das Fördervolumen und die Förderfälle für das Jahr 2004 ermittelt[16]. Demnach belief sich das Fördervolumen für das Jahr 2004 auf 158,8 Mio. €, die sich auf 152.000 Fälle verteilten (vgl. Abbildungen 6 und 7).

In der Studie wurden die Beratungsförderprogramme nach Kriterien wie Umfang, Vollständigkeit, Verständlichkeit, Definition der Zielgruppen und Beratungsfelder, Anreiz- und Konditionengestaltung, Verfahrensweisen, die eingebundenen Institutionen, Anzahl, Struktur und Ebenen der Fördermodelle für die Durchführung der jeweiligen Förderprogramme und die dabei angewandten Qualitätssicherungssysteme analysiert und festgestellt, dass die Transparenz der Beratungsförderung eingeschränkt ist. Nicht nur gibt es eine Vielzahl von Förderprogrammen und Fördersystemen auf Bundes- und Landesebene, sondern diese geht einher mit einer ebensolchen Vielfalt von eingebundenen Förderinstitutionen, unterschiedlichen Fördervoraussetzungen, -inhalten, -konditionen und -verfahren.[17]

16 Haunschild und Clemens (2006).
17 Haunschild und Clemens (2006).

Abb. 6: Struktur der Beratungsförderung 2004 – Fördervolumen in %

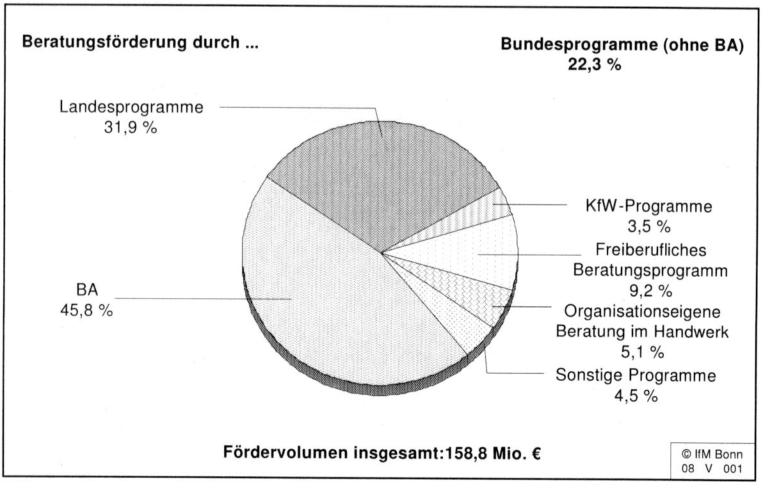

Quelle: Haunschild und Clemens (2006), S. 53.

Abb. 7: Struktur der Beratungsförderung 2004 – Förderfälle in %

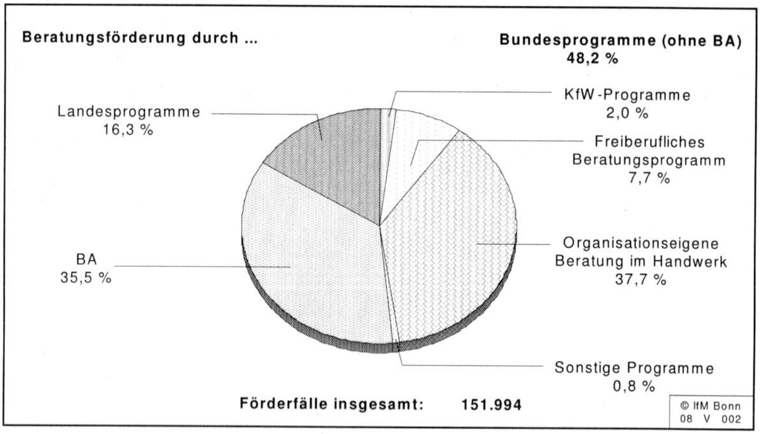

Quelle: Haunschild und Clemens (2006), S. 52.

Vielfalt, Komplexität und hohe Differenzierung erschweren es gerade denjenigen, die man an den Beratungsmarkt heranführen will, einen Überblick über die Fördermöglichkeiten zu erlangen.

Die zentrale Datenbank des BMWi über Förderprogramme des Bundes und der Länder leistet der Studie zu Folge z.Z. nur einen eingeschränkten Marktüberblick. Die Güte der Informationen in Hinsicht auf Vollständigkeit, Systematik, Relevanz, Aktualität und Programminhalte sowie Auswahlkriterien ist verbesserungsbedürftig.

Das geförderte Beratungsvolumen beläuft sich auf einen Marktanteil von unter 2% des gesamten Beratungsmarkts, der Anteil geförderter Existenzgründer an allen Existenzgründern beträgt knapp 10% (vgl. Abb. 8).

Abb. 8: Geförderte Beratung und Beratungsmarkt 2004 – in %

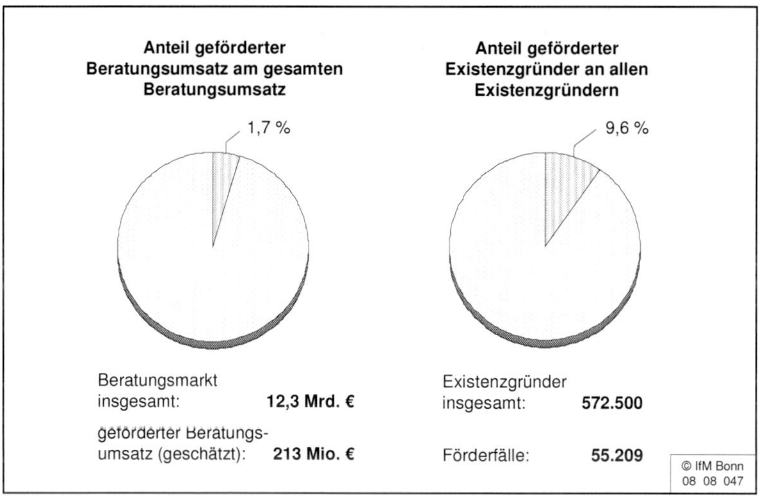

Quelle: Haunschild und Clemens (2006); eigene Berechnungen

7 Empirische Befunde

Im Folgenden werden zwei modellhafte Beratungsangebote vorgestellt, die vom Institut für Mittelstandsforschung Bonn analysiert/evaluiert worden sind. Es handelt sich in beiden Fällen um prozessbegleitende Intensivberatung – einerseits in der Vorbereitungsphase von der Entscheidungsfindung bis hin zur Formulierung der Gründungskonzeption (Gründungszirkel der G.I.B.) andererseits in der Durchführungsphase und nach erfolgter Gründung (Senior-Coaching NRW).

7.1 Existenzgründungsberatung im Vorfeld der Gründung am Beispiel der Gründungszirkel der G.I.B.

7.1.1 Ziel der Maßnahme

Die in jüngerer Zeit verfolgte Verzahnung von Gründungs- und Arbeitsmarktpolitik zielte einerseits auf die Belebung des Gründungsgeschehens durch Sensibilisierung und Aufschließung neuen Gründungspotenzials und andererseits auf den Abbau von Arbeitslosigkeit, indem Selbstständigkeit als Erwerbsalternative zu einer abhängigen Beschäftigung für Arbeitslose und Arbeitssuchende verstärkt kommuniziert und gefördert wurde (Stichwort: Ich-AG). Diese Entwicklung hat das Gründungsgeschehen in den zurückliegenden fünf Jahren im Vergleich zur vorangegangenen langjährigen Situation stark verändert. Um den besonderen Beratungsbedarf von (potenziellen) Gründern, die aus einer größeren fachlichen und zeitlichen Distanz zum Berufsalltag den Schritt in die Selbständigkeit erwägen, zu befriedigen, haben sich neue Anlaufstellen und Beratungsangebote formiert.[18] Neben der Beratung zu grundsätzlichen Gründungs- und Unternehmensfragen und betrieblichen Prozessen bedarf es vermehrt im Vorfeld der Gründung angesiedelte Unterstützung bei der Entscheidung für oder gegen eine selbstständige Erwerbstätigkeit und der Vorbereitung auf die Unternehmerrolle sowie der Vermittlung aktuellen spezifischen Know-hows in der Gründungsbranche (Schulung und Qualifizierung).

Mit dem Gründungszirkel hat die Gesellschaft für Innovative Beschäftigungsförderung GmbH G.I.B. im Auftrag des Landes NRW ein Beratungsangebot mit dem Ziel der Hilfestellung bei der Entscheidung für oder gegen den Schritt in die Selbstständigkeit, bei der Konzepterstellung und dem Marktauftritt entwickelt. Der Gründungszirkel ist als Kombination aus Kleingruppen- und Einzelberatung gestaltet und wird in einer standardisierten Vorgehensweise von erfahrenen Unternehmensberatern durchgeführt, die von der G.I.B. eingesetzt werden. An den Kosten der Zirkel beteiligen sich die Teilnehmer i.d.R. mit einem Eigenanteil in Höhe von rd. 200 €.

---

[18] Spiegelbildlich hat sich die Gründungsförderung weiter entwickelt. So wurden als Reflex auf den geringen Kapitalbedarf kleinbetrieblicher Gründungen neue Finanzierungsprogramme aufgelegt, die deutlich geringere Investitionen als dies früher der Fall war finanzierten (Startgeld, Mikrodarlehen, Mikro 10).

7.1.2 Beratungsinhalte

Die Evaluation der Gründungs- und Begleitzirkel der G.I.B.[19] macht deutlich, dass die Gründungszirkelteilnehmer in hohem Maße in der Anwendung für die Gründung und spätere Unternehmensführung wichtiger Rechenwerke geschult werden: So hatten 87,8% während des Zirkels eine Umsatz- und Kostenplanung angefertigt und 85,9% eine Rentabilitäts- und Liquiditätsvorschau. Zwei Drittel verfügten am Ende des Zirkels über eine Investitions- und Finanzierungsübersicht. Knapp 60% wurden bei der Entwicklung eines Marketingplans und einer Vertriebsstrategie unterstützt. Etwa die Hälfte erhielt Hilfestellung bei der Preiskalkulation. Mit Beendigung des Gründungszirkels hatten 60% der Teilnehmer ein fertiges Unternehmenskonzept in der Hand. Damit verfügen Gründungszirkelteilnehmer deutlich häufiger als andere Gründungsplaner aus der entsprechenden Zielgruppe über konkrete Planungs- und Entscheidungsgrundlagen für die Gründung und den Geschäftsbetrieb.[20]

Abb. 9: Konkrete Unterstützung im Gründungszirkel

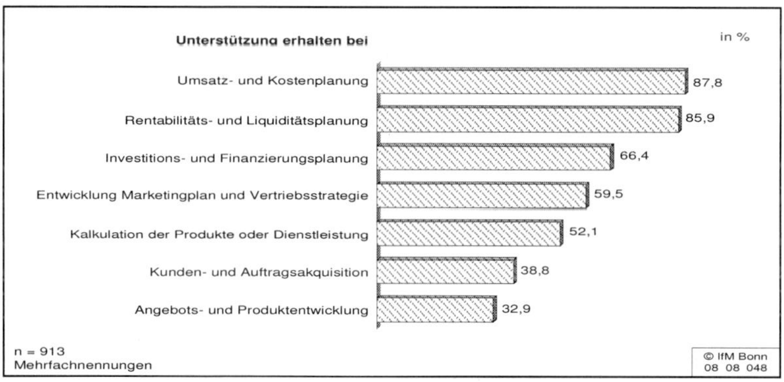

Quelle: May-Strobl (2008) S. 51.

Durch die Zirkelteilnahme kennen gut vier Fünftel der Beratenen die Chancen und Risiken einer Selbstständigkeit besser. Auch welcher weitere Wissens- und Handlungsbedarf besteht, ist der Mehrzahl deutlich geworden.

---

[19] Vgl. May-Strobl (2008).

[20] Vgl. May-Strobl et al. (2005), S. 14.

7.1.3 Beurteilung der Beratung

Aus der persönlichen Sicht der Teilnehmer wird die Unterstützung, die sie als Gründungsplaner im Gründungszirkel für ihre Entscheidungsfindung und die Konkretisierung ihrer Gründungsvorhaben erhalten, positiv bewertet. Den Zirkel erachteten 41,2% der Teilnehmer als sehr hilfreich und weitere 44,3% als hilfreich bei ihrer Entscheidung für oder gegen eine selbstständige Erwerbstätigkeit. Die konkreten Hilfeleistungen, wie z.B. bei der Erstellung ihres Businessplans, waren für die tatsächliche Durchführung der Gründung von 42,8% als sehr hilfreich und 38,6% als hilfreich eingeschätzt worden.

Betrachtet man die Ergebnisse der Beratung nicht nur aus der subjektiven Sicht der Gründer und analysiert einerseits die Umsetzungshäufigkeit der Gründungsplanungen und andererseits den Gründungserfolg, so sind die Befunde nicht eindeutig. Zum einen ist festzustellen, dass rd. drei Viertel der Gründungsplanungen tatsächlich verwirklicht worden sind. Ferner wird deutlich, dass Personen mit einer *schwierigen* Erwerbsbiografie d.h. mit einer geringeren formalen Qualifikation, fehlender Praxiserfahrung im Tätigkeitsfeld der geplanten Selbstständigkeit und größerer zeitlicher Distanz zum Berufsalltag sich häufiger gegen die Selbstständigkeit entscheiden. Offenbar werden potenzielle Gründer, die auf Grund ihrer Professionalität eine höhere Erfolgswahrscheinlichkeit erwarten lassen, eher in ihrer Gründungsentscheidung bestärkt.

Zum anderen ist die Bestandsfestigkeit der realisierten Gründungen außerordentlich hoch: Nur 9,4% haben ihr Vorhaben wieder aufgegeben. Im Durchschnitt waren die Gründer seit 21 Monaten am Markt. Das Umsatzniveau war überwiegend niedrig und aus Sicht der Gründer nicht zufriedenstellend. Überwiegend reichen die Erträge für die persönliche Existenzsicherung nicht aus – lediglich jeder zehnte kann seinen Lebensunterhalt bereits komplett aus der selbstständigen Erwerbstätigkeit bestreiten.

Die Marktbewährung kann insofern noch nicht als gesichert gelten. Durch die Beratung werden die Gründer jedoch auf die Markteintrittsprobleme vorbereitet, denn die Zufriedenheit mit der Entscheidung zum Schritt in die Selbstständigkeit ist trotz der betriebswirtschaftlichen Problemlage hoch. Es wird deutlich, dass die größten Herausforderungen für Neugründer beim Markteintritt – Kundengewinnung und Umsatzerzielung – auch mit intensiver Vorbereitung nicht besser, aber – und das ist positiv für eine eher gründungsferne Gründerpopulation – auch nicht schlechter bewältigt werden als im Allgemeinen zu beobachten.

7.2 Existenzgründungsberatung nach der Gründung am Beispiel des Modellprojekts Go! Senior-Coaching NRW

7.2.1 Ziel der Maßnahme

Das *Go/*Senior Coaching NRW, ein Modellprojekt des *Go!*Gründungsnetzwerks NRW, ist eine Gemeinschaftsaktion von Land und Wirtschaft. Senior Experten können als professionelle Dienstleister im *Go!*Gründungsnetzwerk, wie auch freiberufliche Unternehmensberater, von *Go!*Projektpartnern bzw. in *Go/*Projekten genutzt werden. Senior Coachs stellen ihre Beratungsleistung unentgeltlich zur Verfügung, lediglich eine Aufwandsentschädigung für die Anreise des Coachs ist zu entrichten. Senior Coaching wird schwerpunktmäßig in einer Unternehmenskrise, bei der Existenzgründung und Existenzfestigung in Anspruch genommen. Den folgenden Ausführungen liegt eine Sonderauswertung der empirischen Analyse des *Go!*Senior-Coaching NRW für die Unterstützungsbereiche Gründung und Existenzfestigung für junge Unternehmen zu Grunde.[21] Senior Coaching richtet sich an eher substanzhaltige Gründungsunternehmen. Die Unternehmensgröße der Nachfrager zu Beginn des Coaching betrug im Durchschnitt 5,6 Personen, den Inhaber mit eingeschlossen; der Median lag bei 1,5 Personen.

7.2.2 Beratungsinhalte

Senior Coaching wird insbesondere zur Beseitigung interner Effizienzprobleme und zur Umsatzsteigerung eingesetzt. Für die Mehrzahl der Unternehmen lag die Schwachstelle, die es mit Hilfe des Senior Coachs zu beseitigen galt, im betrieblichen Rechnungswesen (51,8%).

---

[21] Vgl. May-Strobl und Clemens (2007).

Abb. 10: Gegenstand von Senior Coaching (Quelle: Eigene Erhebung des IfM Bonn)

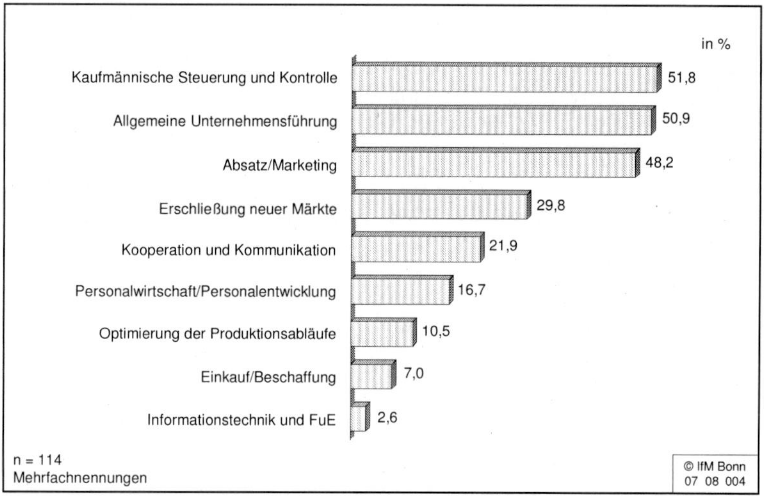

Von etwa gleich hoher Bedeutung ist die Unterstützung und Anleitung bei der allgemeinen Unternehmensführung. Gerade bei Gründungsunternehmen bestehen Wissensdefizite und fehlende Übung bei der Wahrnehmung unterschiedlichster Führungsaufgaben, z.B. Personalführung, Betriebsorganisation, Erledigung der anfallenden Verwaltungsaufgaben, Absatzsicherung, die ein erfahrener Senior Coach ausgleichen kann.

Das drittwichtigste Einsatzgebiet der Senior Coachs ist die Unterstützung bei der Marktbearbeitung/Kundengewinnung. Häufig ist eine Absatzsteigerung nicht allein durch absatzfördernde Maßnahmen zu erreichen, sondern es müssen neue Märkte für das Gründungsunternehmen erschlossen werden.

7.2.3 Beratungsablauf

Obwohl der Begriff Coaching als prozessbegleitende Beratung und Training der unternehmerischen Kompetenz idealtypisch eine auf eine gewisse Dauer angelegte intensive Beratungsbeziehung impliziert, wurde Senior Coaching auch als einmalige Intensivberatung – vorzugsweise bei Gründungsproblemen – genutzt. Knapp zwei Drittel der Nachfrager nahmen aber regelmäßig oder bedarfsorientiert über einen längeren Zeitraum von im Schnitt zehn Monaten Beratungskontakte wahr. Im Falle regelmäßiger Beratungstermine wurden im Durchschnitt insgesamt 10,7 Tagewerke in Anspruch genommen, bei fallweise Kontakten waren es 8,4 Tagewerke.

Senior Coaching erfüllt vor allen Dingen Aufgaben im Vorfeld der konkreten Schwachstellenbeseitigung. Der Senior Coach hilft insbesondere bei der Analyse der Unternehmenssituation bzw. der Identifikation der individuellen Problemsituation, der Definition der Schwachstellen und anzugehenden Problembereiche. In 59% aller Beratungsfälle wirkt der Senior Coach beim Erarbeiten von Problemlösungen mit. In die Umsetzungsphase – also Mitwirkung bei der Realisierung der konkreten Problemlösungsschritte – sind die Senior Coachs nur noch bei gut einem Drittel der Unternehmen eingebunden. Insofern findet auch eine laufende Kontrolle des Umsetzungsprozesses und eine konkrete Überprüfung der Ergebnisse des Senior Coachings nur selten statt. Damit unterscheidet sich das Senior Coaching von der Unternehmensberatung, bei der in der Regel die Umsetzungsphase mit zu den Beratungsaufgaben gehört.

Abb. 11: Aufgaben des Senior Coachs

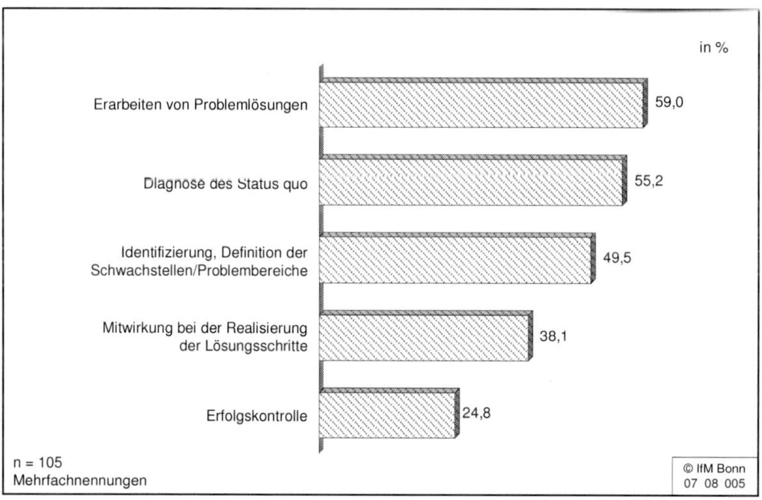

Quelle: Eigene Erhebung des IfM Bonn

Diese Aufgabenbeschränkung entspricht dem Selbstverständnis der Senior Coachs, die durch Bereitstellung ihres Wissens und ihrer lebenslangen Berufserfahrung die von ihnen betreuten Unternehmer befähigen wollen, ihre Probleme eigenständig zu lösen. So sieht die überwiegende Mehrzahl der Befragten den Nutzen des Senior Coachings in einem allgemeinen Austausch mit einem erfahrenen Unternehmer. Andere Aspekte des Coachings wie der Beistand in einer schwierigen Unternehmenssituation oder die Persönlichkeitsentwicklung sind von weit geringerer Bedeutung, ebenso wie die Begründung einer auf Dauer ausgerichteten persönlichen Beziehung, in welcher der Senior Coach auch nach Beendigung des Coachings als Ansprechpartner zur Verfügung steht. Konkrete Einzelmaßnahmen, wie z.B. Assistenz bei Verhandlungen mit Kreditinstituten oder Marktpartnern oder die Herstellung von Kontakten, waren vergleichsweise selten genutzt worden.

Abb. 12: Nutzen von Senior Coaching für den Unternehmer

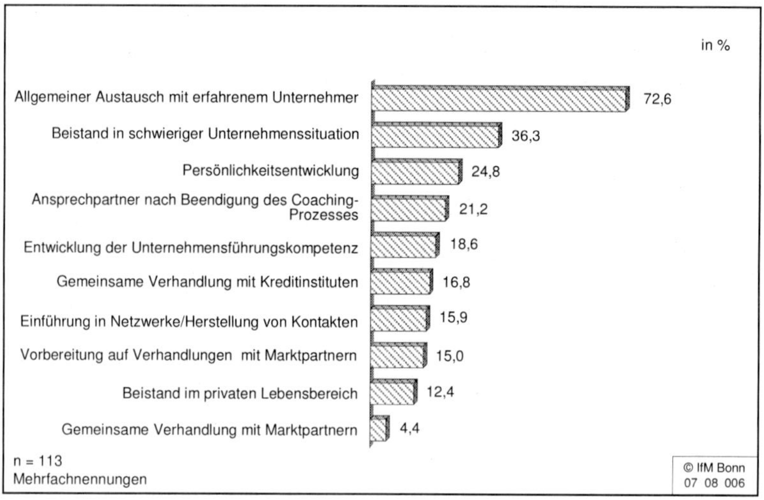

Quelle: Eigene Erhebung des IfM Bonn

7.2.4 Beurteilung der Beratung

Um den Einfluss des Senior Coachings auf die wirtschaftliche Lage der Unternehmen beurteilen zu können, sollten die Unternehmen in einem *Vorher-Nachher*-Vergleich angeben, wie sich die Unternehmenssituation geändert hat. Dabei wurden die Aspekte *Wettbewerbsfähigkeit*, *innerbetriebliche Effizienz* und *Ertragslage* gesondert betrachtet. Da sich in einem Vorher-Nachher-Vergleich die Wirkung des Senior Coachings nicht isolieren lässt, sondern andere Einflussfaktoren, z.B. Konjunkturentwicklung oder Marktentwicklung, ebenfalls Veränderungen bewirken können, handelt es sich demnach um die subjektive Überzeugung der Befragten.

Besonders günstige Auswirkungen werden hinsichtlich der innerbetrieblichen Effizienz konstatiert. Die Mehrzahl der Unternehmen hat die innerbetriebliche Effizienz steigern können, 27,0% sogar in hohem Maße. Eine effizientere Leistungserstellung kann einerseits durch Aufwandsminderung die Ertragslage und andererseits durch Preissenkungen die Wettbewerbsfähigkeit verbessern. Offenbar werden Kostensenkungen sowohl zur Verbesserung der Marktposition als auch zur Stärkung der Ertragssituation genutzt, denn eine bessere bzw. sogar deutlich bessere Wettbewerbsfähigkeit wie auch Ertragslage berichten die Unternehmen etwa gleich häufig.

Abb. 13: Entwicklung der wirtschaftlichen Lage nach dem Senior Coaching

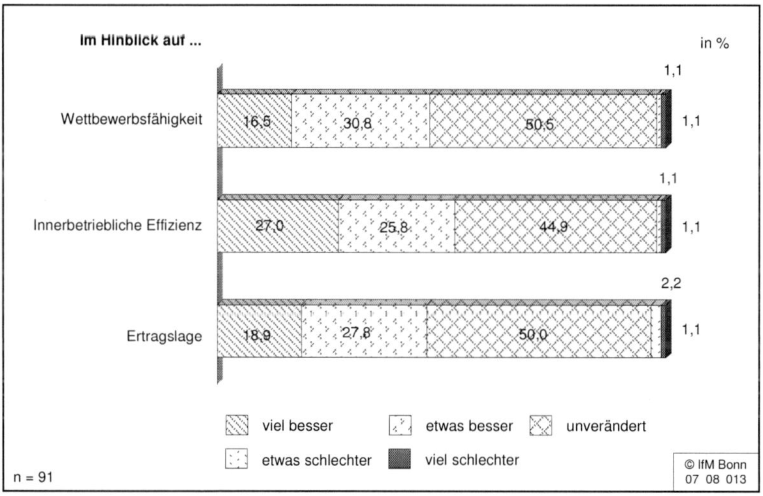

Quelle: Eigene Erhebung des IfM Bonn

Die Auswirkungen von Senior Coaching auf die wirtschaftliche Lage der beratenen Unternehmen empfanden die Unternehmer umso positiver, je intensiver die Beratungsbeziehung ausgestaltet war. So zeigt sich im Gefolge einer einmaligen Intensivberatung überwiegend keine oder nur eine geringe Änderung (Verbesserung) der wirtschaftlichen Situation. Dagegen bewirkte die regelmäßige Begleitberatung in knapp drei Viertel aller Fälle eine – zum Großteil sogar deutliche – Verbesserung der innerbetrieblichen Effizienz. Knapp zwei Drittel gelang es damit, ihre Wettbewerbsfähigkeit zu steigern und 58,6% haben die Ertragslage verbessern können.

7.3 Einbettung der Förderangebote in den Mix alternativer Beratungsangebote

Bei beiden Untersuchungen zeigte sich, dass jeweils knapp die Hälfte der Beratungsnachfrager weitere Beratung genutzt hat. Zur Vorbereitung auf die Gründung stehen sowohl Informationsveranstaltungen in der Gruppe (37%) als auch individuelle Beratung durch den Steuerberater (32,2%) im Vordergrund. Unentgeltliche individuelle Gründungsberatung durch öffentliche Einrichtungen (Wirtschaftsförderung, Kammern, Startercenter) werden häufiger nachgefragt (29,3%) als entgeltliche Einzelberatungen durch einen Unternehmensberater (22,6%). Es wurde auch deutlich, dass Frauen der Beratung aufgeschlossener gegenüber stehen, sie aber tendenziell Gruppenberatungen einer Individualberatung vorziehen. Nach vollzogener Gründung steigt der Beratungsbedarf auch und gerade nach individualisierter Beratung: Die Steuerberatung eingeschlossen entfielen rund zwei Drittel der Beratungsnachfrage nach der Gründung auf Einzelberatung. Begleitberatung in der Gruppe oder individuelles Coaching wurde von jeweils gut einem Viertel der Gründungszirkelteilnehmer mit am häufigsten nachgefragt.

Unter den Senior Coaching-Nutzern mit zusätzlicher Beratungserfahrung haben 63,8% mindestens einmal eine Einzelberatung in Anspruch genommen. Ferner haben 38,3% an Schulungen oder Weiterbildungsveranstaltungen und ein Viertel an Gruppenberatungen oder Seminaren teilgenommen.

Im Rahmen ihrer Beratungsnachfrage haben die gecoachten Unternehmen ein bis zwei Berater bzw. Beratungseinrichtungen kennen gelernt. Entsprechend der nachgefragten Beratungsform handelte es sich etwa gleichgewichtig um Unternehmensberater (45,6%) und/oder die zuständige Kammer (47,4%), seltener um Steuerberater oder Wirtschaftsprüfer (29,8%). Knapp die Hälfte der entgeltlichen Beratungsnachfrage wurde gefördert.

Abb. 14: Beratungsneigung im Gefolge von Senior Coaching

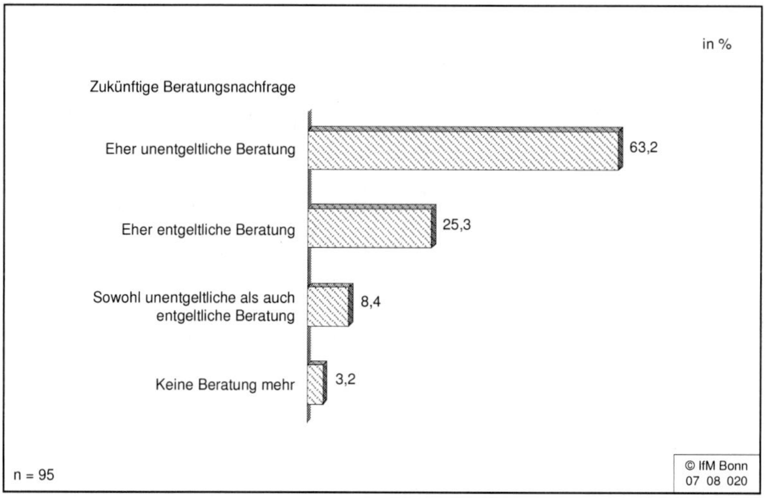

Quelle: Eigene Erhebung des IfM Bonn

Die Bereitschaft, auch zukünftig Beratungsangebote zu nutzen, ist unter den Nutzern von Senior Coaching in hohem Maße vorhanden. Zwar ist der Fokus bei möglicher zukünftiger Beratungsnachfrage stärker auf unentgeltliche Beratung gerichtet, aber rd. ein Viertel würde entgeltliche Beratung präferieren.

8 Fazit

Der Beratungsbedarf von Gründern ist hoch. Eine generelle Ursache dafür ist in der fehlenden Tradition der Verankerung von Entrepreneurial Education in der allgemeinen Schul- und Hochschulausbildung zu suchen. Die staatliche Förderung der latenten Nachfrage nach Beratungsleistungen lässt sich mit den Problemen der asymmetrischen Informationsverteilung über die Qualität der Anbieter im Falle der Existenzgründer am ehesten rechtfertigen. Theorie und empirische Evidenz zur Struktur des Beratungsmarktes weisen in diese Richtung. Eine Förderung der Inanspruchnahme von Beratungsleistungen verfolgt mehrere Teilziele: Sie soll den latenten Beratungsbedarf offen legen, die Qualitätsunsicherheit über die geförderten Beratungsleistungen reduzieren, das unternehmensindividuelle Kosten-Nutzen-Verhältnis verbessern und die *Kaufkraft* der Unternehmen für diese Leistungen stärken. Diese Ziele sind nach dem Effizienzgebot mit einem geeigneten Instrumentarium und einer Anreizgestaltung zu verfolgen, die einen möglichst hohen Wirkungsgrad bei sparsamer Mittelverwendung erlaubt.

Es sind weniger die Größen- und Preisstruktur als die in ihrer Funktionsfähigkeit eingeschränkten Qualitätssignale, die zu einer strukturellen Benachteiligung der Existenzgründer bei der Inanspruchnahme von Beratungsleistungen führen. Ein Nachteilsausgleich lässt sich somit aus den speziellen Merkmalen von Existenzgründern rechtfertigen. Das Gebot der Hilfe zur Selbsthilfe ist bei Existenzgründern am ehesten gegeben, sofern die geförderte Beratung zur allgemeinen Problemlösungskompetenz beiträgt. Die eingangs gestellte Frage, ob die Förderung der Existenzgründungsberatung grundsätzlich zu befürworten ist, kann somit positiv beantwortet werden.

Eine Entscheidung auf Grundlage der Gegenüberstellung von gesamtgesellschaftlichem Nutzen einerseits und den Kosten der Beratungsförderung andererseits ist empirisch jedoch kaum möglich, da es an adäquaten Messkriterien fehlt. Alle Evaluationen von Beratungsfördermaßnahmen analysieren nur die betriebswirtschaftlichen Effekte bei geförderten Existenzgründungen und summieren diese als positive gesamtwirtschaftliche Effekte. Etwaige negative gesamtwirtschaftliche Effekte durch Chancenverminderung nicht Geförderter bleiben unberücksichtigt. In diesem Sinne sind die vorgestellten Beratungsfördermaßnahmen zweckmäßig.

Literaturverzeichnis

Bahss, Ch. und Ehrhart, N. (2007): Öffentliche Beratung für Gründer und KMU revisited – Brauchen wir heute noch geförderte Beratung? In: KfW-Research, Mittelstands- und Strukturpolitik, Nr. 38, Frankfurt a. M., S. 115-141.

BDU (Hrsg.) (2001): Betriebsvergleich 2001 auf Basis des Geschäftsjahres 2000, Bonn.

BDU (Hrsg.) (2008): Facts & Figures zum Beratermarkt 2007/2008, Bonn.

Bensch, D. (1992): Problemperzeption und Beratungsbedarf bei der Unternehmensgründung – Eine empirische Arbeit über das Erkennen von Problemen in der Gründungsphase und die daraus abgeleitete Beratungsnachfrage originärer Unternehmensgründungen, Wien.

Deutscher Bundestag (1970): Grundsätze einer Strukturpolitik für kleine und mittlere Unternehmen, Drucksache VI/1666, Bonn.

Deutscher Bundestag (1976): Bericht der Bundesregierung über Lage und Entwicklung der kleinen und mittleren Unternehmen (Mittelstandsbericht), Drucksache 7/5248, Bonn.

DIHK (2008): Gründungsflaute im konjunkturellen Aufschwung – DIHK-Gründerreport 2008, Berlin.

FEACO (2007): Survey of the European Management Consultancy Market 2006/2007, Brussels.

Gries, C.-I., May-Strobl, E., Paulini, M. (1997): Die Bedeutung der Beratung für die Gründung von Unternehmen, in: Institut für Mittelstandsforschung Bonn (Hrsg.): IfM-Materialien Nr. 126, Bonn.

Haunschild, L. und Clemens, R. (2006): Konsistenz und Transparenz in der Beratungsförderung des Bundes und der Länder, in: Institut für Mittelstandsforschung Bonn (Hrsg.): IfM-Materialien Nr. 167, Bonn.

IHK Bochum (2002): Der Unternehmensberatungsmarkt im mittleren Ruhrgebiet, Bochum.

Jonas, R. (2002): Unternehmensberatungen im mittleren Ruhrgebiet. Breites Angebot und beachtliche Kompetenz, herausgegeben von der IHK Bochum, Bochum, Download unter http://www.bochum.ihk.de.

May-Strobl, E. unter Mitarbeit von Werner, A. (2008): Gründungen aus der Arbeitslosigkeit – Evaluation der Gründungs- und Begleitzirkel, Untersuchung im Auftrag der G.I.B. Gesellschaft für innovative Beschäftigungsförderung mbH Bottrop, in: Institut für Mittelstandsforschung Bonn (Hrsg.): IfM-Materialien Nr. 179, Bonn.

May-Strobl, E. und Clemens, R. (2007): Der Beitrag von Senior Coachs zur Gründung, Entwicklung und Weitergabe von Unternehmen, in: Institut für Mittelstandsforschung Bonn (Hrsg.): IfM-Materialien Nr. 175, Bonn.

May-Strobl, E., Suprinoviĉ, O., Wolter, H.-J. unter Mitarbeit von Kleinen, H. (2005): Die Ich-AG als neue Form der Existenzgründung aus der Arbeitslosigkeit – Eine empirische Analyse des Gründungserfolgs bei Inanspruchnahme des Existenzgründungszuschusses, in: G.I.B. (Hrsg.): Arbeitspapiere 13, Bottrop.

Oberender, P. O. und Rudolf, Th. (2005): Das Konzept des Marktversagens bei öffentlichen Gütern aus mikroökonomischer Sicht, in: WiSt, Heft 6, S. 321-327.

Gründungsförderung nach dem „learning by doing"-Prinzip: Prototyping zur Unterstützung sozialer Interaktionsprozesse bei Gründerteams

Bernhard Doll, Technische Universität München

Anne-Katrin Neyer, Friedrich-Alexander-Universität-Erlangen-Nürnberg

1 Ausgangssituation

Die Vorstellung des einsamen Gründers, der durch einen Moment der Inspiration ein revolutionäres Geschäftskonzept entwickelt und unternehmerisch verwertet, ist immer noch ein weit verbreiteter Mythos.[1] Die zunehmende Komplexität bei der Entwicklung und Durchsetzung unternehmerischer Chancen und die damit verbundenen marktlichen und technologischen Unsicherheiten[2] sowie die durch den Unternehmensaufbau bedingten organisatorischen Unwägbarkeiten[3] stellen immer höhere Anforderungen an Gründer. Diese können meist nur durch ein hohes Maß an individueller Spezialisierung und einer damit verbundenen Arbeitsteilung mehrerer Akteure in sozialen Netzwerken bewältigt werden.[4] Die Entwicklung sozialer Interaktionsprozesse sowohl innerhalb eines leistungsfähigen Gründerteams als auch zwischen dem Gründerteam und Akteuren aus dem Umfeld ist daher eine zentrale Aufgabe im Gründungsprozess. Gerade in wissensintensiven und dynamischen Industriebereichen ist *„Gründer"* demnach eher in der Mehrzahl als in der Einzahl zu verstehen.[5]

Gerade wachstumsorientierte Unternehmen werden seit geraumer Zeit immer häufiger von Teams gegründet.[6] Dadurch können verschiedene Akteure unterschiedliches Wissen, Fähigkeiten und Ressourcen komplementär ergänzen und kombinieren und somit den Gründungserfolg deutlich steigern. Darüber hinaus ist seit einigen Jahren

[1] Vgl. Bygrave (2004); Reich (1987); Lechler und Gemünden (2003).
[2] Vgl. Pearson (1990).
[3] Vgl. Katz und Gartner (1988); Larson und Starr (1993).
[4] Vgl. Hansen (1995); Kamm und Nurick (1993).
[5] Vgl. Gartner et al. (1994).
[6] Vgl. Picot et al. (1989); Lechler und Gemünden (2003).

auch ein verstärkter Trend hinzu neuen Formen der Arbeitsteilung zwischen Unternehmen und Kunden zu beobachten.[7] Unternehmen öffnen dabei ihre Unternehmensgrenzen und suchen gerade den Kontakt zu Kunden bzw. Nutzern ihrer Erzeugnisse, um sie auf unterschiedliche Weise am Wertschöpfungsprozess zu beteiligen. Sie versprechen sich davon, durch den Wissenstransfer in einem freiwilligen Interaktionsprozess werthaltige Bedürfnis- und Lösungsinformationen für die Entwicklung neuartiger Produkte zu gewinnen,[8] um diese besser auf Marktbedürfnisse ausrichten und von Wettbewerbern ausreichend differenzieren zu können. Die Gestaltung effektiver Formen sozialer Interaktionsprozesse spielt demnach eine zentrale Rolle im Gründungsprozess.

Gerade in einem universitären Umfeld, einer vielversprechenden Quelle für technologische Neuerungen und potenzielle Gründer, stellt sich die Frage, wie durch Maßnahmen einer modernen Gründungsförderung die Entwicklung sozialer Interaktionsprozesse bei Gründerteams nachhaltig unterstützt werden kann. Bis heute zeigt sich allerdings, dass die angebotenen Fördermaßnahmen an deutschen Universitäten vor allem die Einrichtung von Beratungsstellen (z.B. Patentstellen, Einrichtungen für Technologietransfer), die Bereitstellung technischer Infrastruktur, die Sensibilisierung für Unternehmertum sowie die strukturorientierte Vermittlung von Grundlagen und fachspezifischem Wissen für Studierende und Wissenschaftler umfassen.[9] Die Entwicklung leistungsfähiger Gründerteams und die Unterstützung ihrer sozialen Interaktionsprozesse spielen in der aktuellen Förderlandschaft immer noch eine untergeordnete Rolle. Doch wie können soziale Interaktionsprozesse sowohl innerhalb von Gründerteams als auch zwischen Gründerteams und Kunden als wesentliche Voraussetzung für einen späteren Gründungserfolg gezielt entwickelt werden?

2 Theoretische Orientierung

Aus evolutionsökonomischer Perspektive sind Gründerteams bei der Entwicklung und Durchsetzung unternehmerischer Chancen in zunehmendem Maße mit einer

---

[7] Vgl. Reichwald und Piller (2006); von Hippel (2005).

[8] Vgl. Thomke und von Hippel (2002).

[9] Vgl. BMBF (2005); Stahlecker und Lo (2004); Klandt et al. (2008).

marktlichen, technologischen und organisatorischen Komplexität und den damit verbundenen Unsicherheiten konfrontiert.[10] Gründerteams stehen daher vor der Herausforderung, geeignete Strukturen, Prozesse und Werkzeuge zu finden, um mit dem ökonomischen Grundproblem des Unwissens umzugehen.[11] Nur durch ein hohes Maß an Spezialisierung und einer damit verbundenen Arbeitsteilung unterschiedlicher Akteure in sozialen Netzwerken kann dieses Problem des Unwissens bewältigt werden. Die Entwicklung sozialer Interaktionsprozesse sowohl innerhalb von Gründerteams als auch zwischen Gründerteams und Kunden spielen deshalb eine zentrale Rolle zur organisatorischen Gestaltung dieser Arbeitsteilung.

Während die Teamform eine geeignete Organisationsstruktur zur Gestaltung sozialer Interaktionsprozesse innerhalb der Unternehmensgrenzen darstellt, ist die Durchführung von Innovationsexperimenten[12] ein geeignetes Werkzeug für die soziale Interaktion mit Kunden in Gründungsprozessen.[13] Hierbei wird die Geschäftsidee des Gründerteams nach dem *„learning by doing"*-Prinzip[14] in verkürzte und meist materialisierte Prototypen abgebildet[15] und sowohl in Hinblick auf die marktliche Durchsetzungsfähigkeit der Geschäftsidee als auch auf die technische Umsetzbarkeit getestet und in iterativen Entwicklungszyklen weiterentwickelt. Dadurch können wertvolle Bedürfnis- und Lösungsinformationen von Kunden (aber auch anderen Prozessbeteiligten) frühzeitig gewonnen und im Gründungsprozess berücksichtigt werden. Aber auch zur Reduzierung technischer Barrieren kann die Durchführung von Innovationsexperimenten mit der Entwicklung und Erprobung von Prototypen eine sinnvolle Vorgehensweise sein.[16]

Erste Erkenntnisse, vornehmlich aus der Innovations-, Design- und Kleingruppenforschung sowie der industriellen Praxis, haben ergeben, dass durch das Instrument des Prototyping Ansatzes, verstanden als die Planung und Entwicklung von Prototy-

[10] Vgl. Buenstorf (2007); Lichtenstein et al. (2007); Fleming und Sorenson (2001); Herrmann-Pillath (2002).

[11] Vgl. Hayek (1945); Doll (2008).

[12] Vgl. Veryzer (1998); Thomke (1998), (2001); Möller (2007).

[13] Vgl. Sull (2004).

[14] Vgl. Arrow (1962).

[15] Vgl. Klaus (1969); Stachowiak (1973); Zschocke (1995).

[16] Vgl. Leonard-Barton (1995).

pen sowie deren Erprobung in einem natürlichen oder simulierten Umfeld[17], soziale Interaktionsprozesse sowohl innerhalb von Entwicklungs- und Innovationsteams als auch zwischen Teams und deren Umfeld beeinflusst werden können. Zahlreiche Autoren haben in den letzten 20 Jahren für Prototypen eine Reihe von Umschreibungen gefunden, die diesen Zusammenhang aus unterschiedlichen Perspektiven verdeutlichen.[18] So werden Prototypen in der Literatur auch als *„boundary objects“*[19], *„intermediary objects“*[20], *„shared space“*[21], *„inanimate integrators“*[22] oder als *„social glue“*[23] bezeichnet, die den Zusammenhang zwischen der Planung, Entwicklung und Erprobung von Prototypen und sozialen Interaktionsprozessen beschreiben. Weitere theoretische Konzepte, wie z.B. die *„Social Exchange Theory“*, soziale Netzwerktheorie aus einer verhaltenstheoretischen[24] und strukturbetonten Perspektive[25], die *„Allgemeine Modelltheorie“*[26], Input-Prozess-Output-Modelle zu Interaktionsprozessen bei Innovations- und Gründerteams[27] und moderne Ansätze zur Beteiligung von Kunden am Wertschöpfungsprozess[28] bieten dabei weitere Anhaltspunkte, in wiefern sachlogische Zusammenhänge zwischen dem Prototyping-Ansatz und sozialen Interaktionsprozessen bei Gründerteams gezogen werden können.

---

17 Unter Prototypen werden hier verkürzte und meist materialisierte Abbildungen von Produktideen zum Zweck der Erkenntnisgewinnung verstanden. Vgl. Klaus (1969); Stachowiak (1973). Diese Definition weicht damit von einem gerade in ingenieurwissenschaftlichen Disziplinen verbreiteten Verständnis für Prototypen als *„Erster seiner Art“* und Vorlage für die spätere Serienproduktion deutlich ab. Vgl. Gebhardt (1988).

18 In einer fachdisziplin-übergreifenden Literaturanalyse wurden hierzu insgesamt 200 wissenschaftliche und praxisorientierte Publikationen aus Zeitschriften, Büchern und Konferenzbänden zusammengetragen.

19 Star (1989); Star und Griesemer (1989); Miller (2005); Lee (2007).

20 Vinck/Jeantet (1995); Boujut und Blanco (2003).

21 Schrage (1999).

22 Leonard-Barton (1991), (1995).

23 Henderson (1991).

24 Vgl. Homans (1961).

25 Vgl. Emerson (1976); Lawler (2001).

26 Vgl. Stachowiak (1973).

27 Vgl. Lechler und Gemünden (2003); Högl und Gemünden (2001); Mathieu et al. (2000); West und Anderson (1996).

28 Vgl. Kleinaltenkamp (1996); Reichwald und Piller (2006).

Mit Hinblick auf diese praktischen Erfahrungen und theoretischen Erkenntnisse liegt die Vermutung nahe, dass die Planung und Entwicklung von Prototypen sowie deren Erprobung in kundenintegrierenden Innovationsexperimenten auch einen Einfluss auf die Entwicklung sozialer Interaktionsprozesse sowohl innerhalb von Gründerteams als auch zwischen Gründerteams und Kunden im universitären Umfeld haben kann. Dabei sind gerade die frühen Phasen des Gründungsprozesses als besondere Herausforderung für junge Gründerteams von Interesse.[29]

3 Forschungsdesign

Basierend auf der Ausgangssituation und der theoretischen Orientierung wurde in einer empirischen Untersuchung den Fragen nachgegangen, welche Wirkung Prototyping sowohl auf soziale Interaktionsprozesse innerhalb von Gründerteams als auch zwischen Gründerteams und Kunden ausüben kann (siehe Abbildung 1). Aus dieser Überlegung heraus wurden folgende Forschungsfragen abgeleitet, die Grundlage für die empirische Datenerhebung und -analyse waren:

Forschungsfrage 1: Welchen Einfluss haben die Planung und Entwicklung von Prototypen auf die Entwicklung sozialer Interaktionsprozesse innerhalb von Gründerteams in den frühen Phasen des Gründungsprozesses?

Forschungsfrage 2: Welchen Einfluss haben Prototypen bei der Erprobung von Geschäftsideen auf die Entwicklung sozialer Interaktionsprozesse zwischen Gründerteams und Kunden in den frühen Phasen des Gründungsprozesses?

Ziel der Untersuchung war es dabei, mit einem wirkungsanalytischen Evaluationsdesign[30] zum einen ein besseres Verständnis für die Wirkung der Planung und Entwicklung von Prototypen sowie deren Erprobung in kundenintegrierenden Innovationsexperimenten auf soziale Interaktionsprozesse bei Gründerteams in frühen Phasen des Gründungsprozesses zu bekommen. Zum anderen galt es, dessen Praxistauglichkeit als Instrument aktiver Gründungsförderung zur Unterstützung sozialer Interaktionsprozesse bei Gründerteams im universitären Umfeld zu bewerten. Da Erkenntnisse in Bezug auf den Erkenntnisgegenstand in der empirischen Forschung kaum vorhanden

[29] Vgl. Herstatt und Verworn (2003); Bhave (1994); van Gelderen et al. (2006).
[30] Vgl. Kromrey (2001).

sind, wurde zur Untersuchung der Fragestellungen ein qualitativer Forschungsansatz gewählt.[31]

Abb. 1: Schematische Darstellung des Untersuchungsfokus

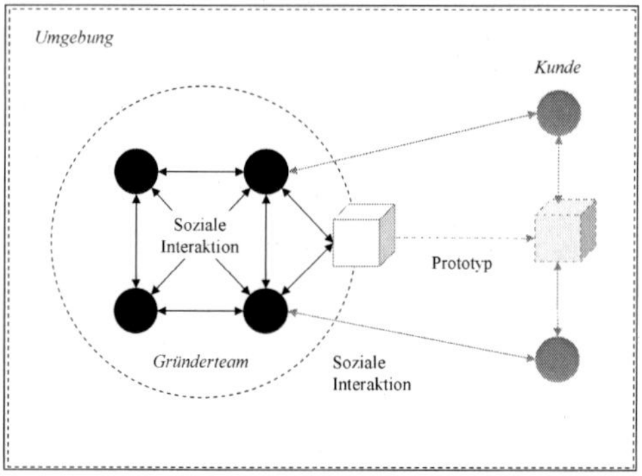

Datenerhebung

Als Untersuchungsfeld wurden N = 30 junge Teams aus dem universitären Umfeld mit je vier bis sechs Personen ausgewählt.[32] Diese entwickelten im Rahmen eines fünfphasigen, iterativen Entwicklungs- und Lernprozesses (siehe Abbildung 2) zeitgleich eine eigene Geschäftsidee und erprobten diese mit der Planung und Entwicklung von haptischen Prototypen und mit Beteiligung von Kunden unter realistischen Marktbedingungen. Zur Erhebung primär-empirischer Felddaten wurden in der Untersuchung alle Teammitglieder während des Entwicklungsprozesses in einer individuellen Phasenreflexion mit einem semi-anonymen, teilstandardisierten Fragebogen nach Abschluss jeder Prozessphase nach der Qualität ihrer sozialen Interaktionen im Team[33] sowie nach besonders erfreulichen wie auch unerfreulichen Situationen (*„cri-*

---

[31] Vgl. Eisenhardt (1989); Miles und Huberman (1994); Mayring (2002).

[32] Insgesamt haben an der Untersuchung N = 135 Personen teilgenommen, wobei neun Personen während der Untersuchung ihre Teams verlassen haben. Vgl. Doll (2008).

[33] Vgl. Lechler/Gemünden (2003).

tical incidents")[34] im Prozess und deren Auswirkungen auf den weiteren Prozessverlauf befragt.

Abb. 2: Planung, Entwicklung und Erprobung von Prototypen in kundenintegrierenden Innovationsexperimenten[35]

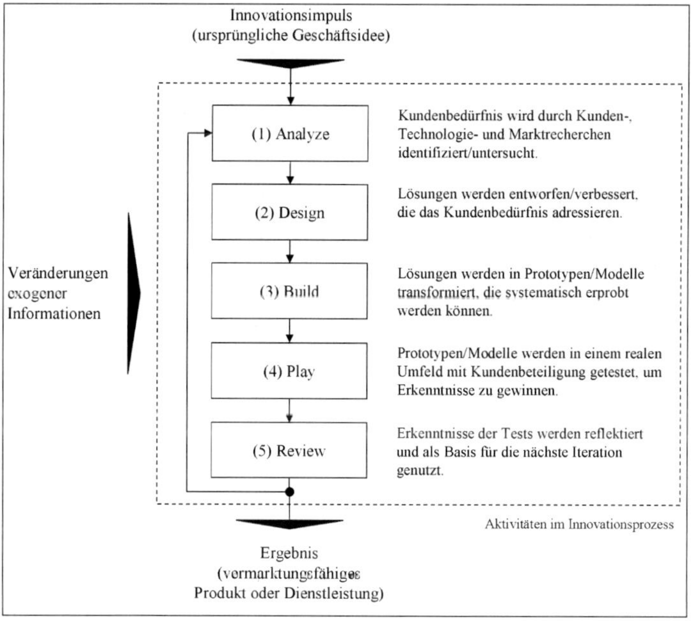

Darüber hinaus wurden am Ende des Entwicklungsprozesses in einer kollektiven Projektreflexion36 mit allen Teams Workshops als teilstrukturierte Leitfadengespräche durchgeführt. Ziel dieser Workshops war es, in einem ersten Schritt gemäß einer ganzheitlichen Schlussbetrachtung und ähnlich zur Vorgehensweise der individuellen Phasenreflexion besonders erfreuliche aber auch unerfreuliche Situationen während der Innovationsexperimente zu sammeln. Auf dieser Basis wurden in einem zweiten Schritt mögliche Zusammenhänge zwischen der Planung und Entwicklung von Proto-

[34] Vgl. Flanagan (1954).
[35] In Anlehnung an Thomke (1998) und Möller (2007)
[36] Vgl. Kerth (2001).

typen sowie deren Erprobung und deren Wirkung auf soziale Interaktionsprozesse sowohl zwischen den Teammitgliedern als auch zwischen dem Gründerteam und Kunden über Kraftfeldanalysen[37] hergestellt und visuell dokumentiert[38]. Die semiquantitativen Daten der Fragebögen dienten dabei nicht als primär-empirische Datenquelle, sondern als inhaltliche Vorbereitung für Teilnehmer und Moderator der Reflexionsworkshops.

Neben der Erhebung von Felddaten wurden im Entwicklungsprozess auch dokumentarische Daten gewonnen. Zum einen wurde zu Beginn der Untersuchung für jedes Team ein Maß der Diversität auf Basis des Alters, Geschlechts und der Fach- bzw. Studienrichtungen der Teammitglieder erhoben. Darüber hinaus wurde nach Abschluss der Untersuchung für jedes Team eine kurze Beschreibung ihrer Geschäftsidee angefertigt und die entwickelten Prototypen fotografiert, um sie als einen wichtigen Teil des Projektergebnisses in der späteren Analyse berücksichtigen zu können.

Datenanalyse

Die erhobenen qualitativen Felddaten aus der kollektiven Projektreflexion wurden mittels einer qualitativen Inhaltsanalyse untersucht.[39] Als Technik kam dabei die zusammenfassende Inhaltsanalyse zum Einsatz, bei der das Material zur Gewinnung primär-empirischer Erkenntnisse auf einer definierten Abstraktionsebene durch Einsatz bestimmter Makrooperatoren transformiert wird.[40] Das Kategoriensystem wurde dabei direkt aus dem Material in einem Verallgemeinerungsprozess heraus abgeleitet. Als Analyseeinheit wurden ausschließlich Ursache-Wirkungs-Zusammenhänge in Bezug auf den Erkenntnisgegenstand berücksichtigt. Diese umfassten dabei zum einen Informationen über besonders erfreuliche und unerfreuliche Situationen während der Planung und Entwicklung von Prototypen sowie deren Erprobung als Ursache. Zum anderen umfassten sie Informationen über die Wahrnehmung der Teammitglieder in Bezug auf die individuelle Wirkung einer Situation auf kognitive, epistemologische und emotionale Prozesse der Akteure sowie deren kollektive Wirkung auf die

---

[37] Vgl. Kerth (2001)

[38] Vgl. Kühl (2002).

[39] Vgl. Miles und Hubermann (1994); Ryan und Bernhard (2000); Mayring (2002).

[40] Vgl. Mayring (2002).

Qualität sozialer Interaktionsprozesse sowohl zwischen Teammitgliedern als auch zwischen dem Gründerteam und Kunden.

4 Empirische Ergebnisse

Die Analyse der empirischen Daten zeigt, dass die Planung und Entwicklung von Prototypen sowie deren Erprobung im Rahmen kundenintegrierender Innovationsexperimente verschiedene Dimensionen sozialer Interaktionsprozesse sowohl innerhalb von Gründerteams als auch zwischen Gründerteams und Kunden speziell in frühen Phasen des Gründungsprozesses beeinflussen können. Insgesamt wurden in den primär-empirischen Daten N = 763 besondere Situationen erhoben und davon N = 308 Ursache-Wirkungs-Zusammenhänge mit Bezug auf den Erkenntnisgegenstand gefunden (siehe Tabelle 1).

Tab. 1: Übersicht über die empirischen Daten der qualitativen Datenerhebung

Phase des Handlungsprogramms	Besondere Situationen (N, +)	Besondere Situationen (N, -)	Ursache-Wirkungs-Zusammenhänge (N, Situation → soziale Interaktion)
Analyze	112	71	4
Design	84	42	50
Build	129	85	114
Play	81	66	104
Review	58	35	36
Summe	N = 464	N = 299	N = 308
	N = 763		

Das zugrunde gelegte Kategoriensystem umfasst zwei Kategoriengruppen, die jeweils unterschiedliche, inhaltlich voneinander abgegrenzte Ursache-Wirkungs-Zusammenhänge zwischen der Planung, Entwicklung und Erprobung von Prototypen und deren Wirkung auf die Qualität sozialer Interaktionsprozesse aus den beiden genannten Perspektiven erfassen.

Die erste Kategoriengruppe erfasst Ursache-Wirkungs-Zusammenhänge, die die Planung und Entwicklung von Prototypen als Ursache mit unterschiedlicher Wirkung auf soziale Interaktionsprozesse in Gründerteams aufweisen (siehe Tabelle 2). Diese Kategorien beziehen sich auf die Forschungsfrage 1 dieser Arbeit:

Tab. 2: Kategoriengruppe in Bezug auf die Planung und Entwicklung von Prototypen im Team

Schema

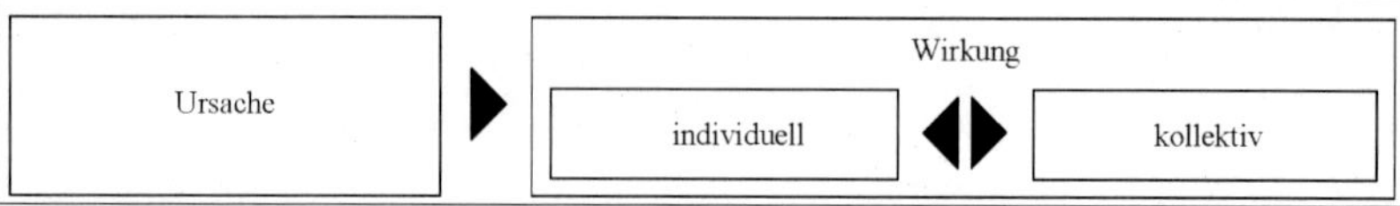

Erklärungen		
Ursache als besonders erfreuliche oder unerfreuliche Situation während des Handlungsprogramms	Individuelle Wirkung auf kognitive, epistemologische und emotionale Prozesse	Kollektive Wirkung auf Interaktionsprozesse im Team
Kategorien		
Planung und Entwicklung von Prototypen im Team	Haptisches Erleben der Teamleistung	⊕ (v. a. Kohäsion)
		⊖ (v. a. Kohäsion)
	Abgleich mentaler Modelle im Team	⊕ (v. a. Kommunikation)
	Aussenden von *„Signalen"*	⊕ (v. a. Kommunikation und Koordination bei Planung)
		⊕ (v. a. Koordination bei Entwicklung)
		⊖ (v. a. Koordination bei Entwicklung)
	Abschätzung von Technologieunsicherheiten	⊕ (v. a. Kohäsion und Konfliktbewältigung)
		⊖ (v. a. Kohäsion)
	Reflexion technischer Problemlösungskompetenz	Anpassung zukünftiger Teamstrukturen
		Anpassung zukünftiger Teamprozesse

Die zweite Kategoriengruppe umfasst Ursache-Wirkungs-Zusammenhänge, die die Erprobung von Prototypen mit Kundenbeteiligung als Ursache mit unterschiedlicher Wirkung auf soziale Interaktionsprozesse zwischen Gründerteams und Kunden aufweisen (siehe Tabelle 3). Diese Kategorien beziehen sich auf die Forschungsfrage 2 dieser Arbeit:

Tab. 3: Kategoriengruppe in Bezug auf die Erprobung von Prototypen mit Kundenbeteiligung

Schema		
Ursache ▶	Wirkung: individuell ◀▶	kollektiv
Erklärungen		
Ursache als besonders erfreuliche oder unerfreuliche Situation während des Handlungsprogramms	Individuelle Wirkung auf kognitive, epistemologische und emotionale Prozesse	Kollektive Wirkung auf Interaktionsprozesse zwischen Team und Kunden
Kategorien		
Erprobung von Prototypen mit Kundenbeteiligung	Stimulierung sozialer Interaktionsprozesse	⊕ (v.a. Kommunikation)
		⊖ (v.a. Kommunikation)
	Abgleich mentaler Modelle mit Kunden	⊕ (v.a. Kommunikation)
		⊖ (v.a. Kommunikation)
	Abschätzung von Marktunsicherheiten durch emotionales Feedback	⊕ (v. a. Kohäsion)
		⊖ (v. a. Kohäsion)
	Abschätzung von Marktunsicherheiten durch valides Feedback	⊕ (v.a. Kohäsion und Konfliktbew.)
		⊖ (v.a. Kohäsion)
	Reflexion unternehmerischer Kompetenz	Anpassung zukünftiger Teamstrukturen
		Anpassung zukünftiger Teamprozesse

Im Folgenden werden die einzelnen Kategorien der zwei Kategoriengruppen detailliert beschrieben und mit Ergebnissen früherer Studien verglichen und anschließend in Beziehung gesetzt. Eine ausführliche Diskussion der Ergebnisse findet sich bei Doll (2008).

4.1 Planung und Entwicklung von Prototypen im Team

Die Abbildung der Geschäftsidee in greifbare Artefakte ist nicht nur ein Schritt im technischen Problemlösungsprozess, um Form und Funktion des späteren Produkts und dessen Umsetzbarkeit in frühen Phasen des Entwicklungsprozesses zu verifizieren.[41] Unsere Untersuchung hat gezeigt, dass die Planung und Entwicklung von Prototypen darüber hinaus auch eine emotionale Wirkung auf das Entwicklerteam hat. Durch den eigentlichen Konstruktionsprozess und ein haptisches Erleben der Gruppenleistung bei Teammitgliedern kann gerade die Entwicklung von Prototypen positive Gefühle (z.B. Freude, Stolz) auslösen, die im Einklang mit empirischen Ergebnissen früherer Studien[42] die Kohäsion des Teams stärken und kollektiv-orientiertes Verhalten begünstigen können. Auch Erkenntnisse der aktions- und erfahrungsorientierten Emotionsforschung zeigen, dass haptisches Erleben kognitive und emotionale Prozesse bei Individuen beeinflussen kann.[43]

Unsere Ergebnisse zeigen weiter, dass auch bei Gründerteams die Entwicklung von Prototypen unterschiedlicher Art helfen kann, verschiedene Wahrnehmungen der Geschäftsidee als mentale (interne) Modelle zwischen Teammitgliedern als wesentliches Merkmal des produktiven Austausches abzugleichen. Dabei konnte der Effekt festgestellt werden, dass einzelne Teammitglieder durch die Planung und Entwicklung von Prototypen schnell ein gemeinsames Zielverständnis in Bezug auf ihr Geschäfts- und Produktkonzept und dadurch effektiverer Formen der Kommunikation und Koordination als sozialen Austausch im Team ausbilden konnten. Das Maß an Diversität der Teams, bezogen auf Alter, Geschlecht und Interdisziplinarität, spielte für die Beobachtung dieses Effekts in der Untersuchung überraschenderweise keine wesentliche Rolle. Dieses Ergebnis steht dabei teilweise im Einklang mit Ergebnissen früherer Studien, die ebenfalls eine positive Wirkung von visuellen Abbildungen auf den Abgleich unterschiedlicher Vorstellungen in unterschiedlichen Projektsztenarien nachweisen konnten.[44]

Mit Bezug auf die Ausführungen von Vinck und Jeantet (1995) u.a. zeigte sich auch in dieser Untersuchung, dass einige Teammitglieder Prototypen als visualisierte Zwischenstände ihrer Projektarbeit interpretierten, die mannigfaltige Signale über Ab-

---

[41] Vgl. Thomke (1998); Gebhardt (1998).
[42] Vgl. Lawler (2001); Weiner (1985).
[43] Vgl. Cupchik (2004).
[44] Vgl. Crapo et al. (2000); Massey und Wallace (1996); Stenning und Oberlander (1995).

sichten, anstehende Herausforderungen und Probleme an Teammitglieder aussenden und dadurch bereits während der Planung und Entwicklung von Prototypen kooperative Arbeit besser koordinieren konnten.[45] Bereits die Planung der Prototypenentwicklung, stimuliert durch das Wissen über eine bevorstehende Umsetzung, führte bei einigen Teams zu einer realistischen Konkretisierung der eigenen Geschäftsidee mit den zur Verfügung stehenden Mitteln und einer damit verbundenen angepassten Koordination der zukünftigen Arbeitsteilung. Darüber hinaus war ersichtlich, dass einige Teams erst nach Fertigstellung der Prototypen ihren Projektstatus und Projektfortschritt sinnvoll einschätzen konnten. Dies war für viele Teams Voraussetzung dafür, den zukünftigen Tätigkeitsbedarf für die Weiterentwicklung der Geschäftsidee abzuleiten, anfallende Tätigkeiten zu priorisieren und unter den Teammitgliedern und Externen zu koordinieren.[46]

Die durch die Planung und Entwicklung von Prototypen gewonnenen Erkenntnisse können darüber hinaus auch einen entscheidenden Beitrag leisten, persönliche Unsicherheiten bei Teammitgliedern in Bezug auf die technische Umsetzung der Geschäftsidee besser abzuschätzen. Die hohe subjektiv empfundene Validität der gewonnenen Erkenntnisse waren oft Ursache dafür, dass Meinungsverschiedenheiten zwischen Teammitgliedern in Bezug auf die technische Problemlösung schnell gelöst bzw. auch verhindert werden konnten. Darüber hinaus konnte in der zugrunde liegenden Untersuchung vielfach ein polarisierender Effekt beobachtet werden, bei dem durch die gewonnene subjektive Sicherheit in Bezug auf die technische Umsetzbarkeit und in Abhängigkeit von der Art und Häufigkeit der Informationen die individuelle Beziehung der Teammitglieder zum Team deutlich gesteigert bzw. auch abgeschwächt wurde.[47]

Besonders hervorzuheben ist, dass die Planung und Entwicklung von Prototypen nicht nur eine unmittelbare Wirkung auf soziale Interaktionsprozesse innerhalb der untersuchten Gründerteams zu haben scheint, sondern auch die Reflexionsfähigkeit von Teammitgliedern in Bezug auf die Gestaltung zukünftiger Teamstrukturen und -prozesse innerhalb des Gründerteams stimulieren kann. So berichteten einige

[45] Vgl. Vinck und Jeantet (1995); Boujut und Blanco (2003).
[46] Vgl. Vinck und Jeantet (1995); Schmidt und Wagner (2002); Boujut und Blanco (2003).
[47] Vgl. Comelli und von Rosenstiel (2003); Lawler (2001).

Teammitglieder, dass gerade die Planung und Entwicklung von Prototypen geholfen haben, die eigene Leistungsfähigkeit des Teams in Hinblick auf die technisch-praktische Problemlösungskompetenz und vorhandenen Ressourcen in einem evolutionären Lernprozess offen und ehrlich zu hinterfragen, zu bewerten und daraus gemeinsame Schlüsse für die Gestaltung zukünftiger Teamarbeit zu ziehen. Wie Forschung im Bereich des *„Dynamic Capabilities“*-Ansatzes zeigt, sind derartige Erkenntnisprozesse Voraussetzung dafür, dass Teams ihre Strukturen und Prozesse so an die sich rasant verändernden Umweltbedingungen anpassen können, dass sie die notwendige Kompetenzen, die sie für die Entwicklung oder den Erhalt ihres Wettbewerbsvorteils benötigen, dynamisch aufbauen und ggf. erneuern können.[48]

4.2 Erprobung von Prototypen mit Kundenbeteiligung

Die Einbeziehung von Kunden in den Wertschöpfungsprozess zur Ermittlung von Bedürfnis- und Lösungsinformationen spielt eine immer größere Rolle bei der Gestaltung moderner Innovationsprozesse. Bei einigen der untersuchten Gründerteams zeigte sich, dass die Verfügbarkeit von physikalischen Prototypen diesen Prozess aus mehreren Perspektiven unterstützt. So berichteten einige Teammitglieder, dass Prototypen eine große Unterstützung dabei darstellten, überhaupt Aufmerksamkeit von Externen für ihr Innovationsvorhaben zu erregen. Die schlichte Präsenz von Prototypen in der Öffentlichkeit hat einige potenzielle Kunden (aber auch andere Prozessbeteiligten) dazu bewogen, aktiv auf Teams zuzugehen und gemeinsam über die Geschäftsidee zu diskutieren. Prototypen stimulieren und provozieren förmlich soziale Interaktionsprozesse zwischen Gründerteams und ihrer Umgebung, was Anstrengungen zur Mobilisierung von Personen, die zu Abschätzung von Marktunsicherheiten oder Gewinnung von Ressourcen notwendig sind, deutlich senken dürften.

Darüber hinaus zeigte sich auch hier, dass die Verfügbarkeit von Prototypen bei der sozialen Interaktion zwischen Gründerteams und Kunden einen wichtigen Beitrag leisten konnte, unterschiedliche Wahrnehmungen der Geschäftsidee als mentale Modelle zwischen dem Team und Kunden abzugleichen. Hier ist jedoch von entscheidender Bedeutung, welche Aspekte der Geschäftsidee wie und für wen in Form von

[48] Vgl. Teece et al. (1997); McKelvey (1998).

Prototypen abgebildet wurden. Prototypen können durch ihre inhärent quantitative und qualitative Unvollständigkeit eine verzerrte Vorstellung bei Kunden in Bezug auf die Geschäftsidee erzeugen. Dennoch zeigte sich, dass gerade bei diskontinuierlichen Geschäftsideen somit zum einen die *„stickiness"* von Bedürfnis- und Lösungsinformationen[49] verringert und damit die Kosten für die Übertragung dieser Informationen von Kunden zu Gründerteams reduziert werden können.

Die durch die zuvor beschriebenen Prozesse zwischen Gründerteams und Kunden zeigte sich in der Untersuchung, dass Prototypen einen wertvollen Beitrag leisten können, Erkenntnisse in Bezug auf die marktliche Durchsetzungsfähigkeit der Geschäftsidee zu gewinnen, um dadurch Marktunsicherheiten für die Durchsetzung der Geschäftsidee besser abschätzen zu können. Dabei zeigt sich, dass gerade durch die Verfügbarkeit von Prototypen die subjektiv empfundene Validität der gewonnen Erkenntnisse deutlich gesteigert werden konnte, die oftmals Meinungsverschiedenheiten zwischen Teammitgliedern in Bezug auf Marktunsicherheiten schnell lösen bzw. verhindern konnten. Darüber hinaus zeigte die empirische Analyse auch hier, dass durch die gewonnene subjektive Sicherheit der Teammitglieder in Bezug auf die marktliche Durchsetzungsfähigkeit in Abhängigkeit von der Art und Häufigkeit der Informationen die individuelle Beziehung der Teammitglieder zum Team vielfach deutlich gesteigert und nur in einem Fall auch abgeschwächt werden konnte.[50]

Es zeigte sich weiter, dass soziale Interaktionsprozesse mit Externen auch maßgeblich dafür verantwortlich waren, wie Teammitglieder einer Vielzahl der untersuchten Gründerteams die pragmatische Bedeutung ihrer eigenen Geschäftsidee für sich entwickelten: Viele der befragten Kunden zeigten durch die Verfügbarkeit von Prototypen im sozialen Interaktionsprozess mit dem Gründerteam ein hohes Maß an Emotionalität, das einen enormen Einfluss auf die Entwicklung der Bedeutung der Geschäftsidee durch soziale Interaktionsprozesse haben kann. Dabei konnte auch hier ein polarisierender Effekt beobachtet werden, bei dem in Abhängigkeit von den gewonnen Erkenntnissen aus den sozialen Interaktionen mit Kunden die Bedeutung und

[49] Vgl. von Hippel (1994).
[50] Vgl. Comelli und von Rosenstiel (2003); Lawler (2001).

emotionale Bindung der Teammitglieder mit ihrer Geschäftsidee und Teamaufgabe[51] deutlich gestärkt bzw. auch abgeschwächt wurden.

Unsere Ergebnisse zeigten darüber hinaus, dass soziale Interaktionsprozesse mit Kunden auch die Reflexionsfähigkeit einiger Teammitglieder der untersuchten Gründerteams in Bezug auf ihre eigenen unternehmerischen Fähigkeiten und Ressourcen anregen konnten. Das Feedback war ein wichtiger Treiber dafür, auf Basis eigener Erfahrungen offen und ehrlich die unternehmerische Leistungsfähigkeit zu reflektieren und daraus gemeinsame Schlüsse zu ziehen. Bereits frühere Untersuchungen haben diese Art des Reflektierens und Lernens als zentrale Voraussetzung für Teamleistung und den späteren Gründungserfolg herausgestellt.[52] Auch hier liegt die Vermutung nahe, dass diese Art der Reflexion eine wichtige Voraussetzung ist, wie bereits zuvor beschrieben, gemeinsame Schlüsse für die Gestaltung zukünftiger Teamstrukturen und -prozesse zu ziehen.

5 Schlussfolgerungen

In diesem Artikel wurde in einer empirischen Untersuchung den Fragen nachgegangen, welchen Einfluss (1) die Planung und Entwicklung von Prototypen auf die Entwicklung sozialer Interaktionsprozesse innerhalb von Gründerteams und (2) Prototypen bei der Erprobung von Geschäftsideen auf die Entwicklung sozialer Interaktionsprozesse zwischen Gründerteams und Kunden ausüben können. Dazu wurden 30 Teams an der Technischen Universität München in frühen Phasen des Gründungsprozesses wissenschaftlich begleitet und dabei primär-empirische Daten gesammelt. Die Analyse der erhobenen Daten zeigt, dass die Planung und Entwicklung von Prototypen sowie deren Erprobung mit Kundenbeteiligung gerade in frühen Phasen des Gründungsprozess ein wirksames Instrument sein kann, soziale Interaktionsprozesse bei Gründerteams zu beeinflussen. In Bezug auf beide Fragestellungen der Untersuchung konnte dabei eine deutliche Wirkung sowohl auf soziale Interaktionsprozesse innerhalb von Gründerteams als auch auf soziale Interaktionsprozesse zwischen Gründerteams und Kunden festgestellt werden. Dabei ist in Bezug auf den skizzierten

---

[51] Vgl. Mullen und Cooper (1994).

[52] Vgl. Chan et al. (2003); Minniti und Bygrave (2001); Parker (2006).

Erkenntnisgegenstand kein eindimensional kausallogischer Ursache-Wirkungs-Zusammenhang auszumachen. Vielmehr spielen unterschiedliche Faktoren, wie z.B. die im Prozess gewonnenen Erkenntnisse, bestehende Unsicherheiten und erzeugte Emotionen mit Bezug auf den sozialen Austausch im Team, eine entscheidende Rolle, die teilweise als polarisierender Effekt verschiedene Dimensionen sozialer Interaktionsprozesse deutlich verstärken aber auch abschwächen können. Damit ist deutlich zu erkennen, dass der spezielle Fokus dieser Untersuchung in Bezug auf universitäre Gründerteams in sehr frühen Phasen des Gründungsprozesses im Vergleich zu früheren, thematisch angrenzenden Studien einen besonderen Einfluss auf die empirischen Ergebnisse genommen hat.

Um gerade diese besondere Wirkung von Prototyping auf soziale Interaktionsprozesse zum Ausdruck zu bringen, wurde an anderer Stelle[53] bereits der Begriff *„social prototyping"* in die weitere wissenschaftliche und praktische Diskussion eingeführt. Der Begriff beschreibt eine *„trial-and-error"*-basierte Vorgehensweise in Innovationsprozessen, bei der mittels Prototyping soziale Interaktionsprozesse bei Gründerteams unterstützt werden können. Dieser Begriff hilft damit, der immer noch stark technisch und ingenieurwissenschaftlich geprägten Diskussion über das Thema Prototyping nun auch eine soziale Konnotation zu verleihen. Die empirischen Ergebnisse dieser Untersuchung verdeutlichen, dass Prototypen nicht für die Lösung technischer Probleme ein geeignetes Instrument darstellen, sondern auch um gerade soziale Herausforderungen zwischen den beteiligten Akteuren im Gründungsprozess zu meistern.

Die Erkenntnisse der empirischen Arbeit geben auch Hinweise darüber, wie *„social prototyping"* in der aktiven Gründungsförderung ein leistungsfähiges Werkzeug sein kann, um Gründerteams und Geschäftsideen zu bewerten und zu entwickeln. Dabei verändert sich allerdings das Grundparadigma der Fördermaßnahmen, weg von einer *„steuernden"* zu einer *„regelnden"* Förderung, in dem Gründerteams letztlich in ihrem realen Umfeld selbst erleben können, ob sie in der Lage sind, ein leistungsfähiges Gründerteam und aus ihrer Geschäftsidee ein funktionierendes Geschäft zu entwickeln. Gerade das Einholen von emotionalem und valide empfundenem Kundenfeedback ist ein wesentlicher Motor für die Weiterentwicklung und Bewertung von

[53] Vgl. Doll (2008).

Gründerteams und ihrer Geschäftsidee. Auf Basis eines kontinuierlichen Reflexionsprozesses, der durch die Planung und Entwicklung sowie deren Erprobung getrieben wird, können Gründerteams somit sich selbst als auch ihre eigene Geschäftsidee trotz der inhärent hohen Komplexität und Unsicherheiten unter natürlichen Bedingungen kontinuierlich bewerten und weiterentwickeln.

Es bedarf jedoch noch weiterer wissenschaftlicher Studien, um das in der vorliegenden empirischen Untersuchung entwickelte Verständnis in Bezug auf den Erkenntnisgegenstand in sachlogische Erklärungen weiter zu verdichten. Die hier vorgestellte Untersuchung hatte zum Ziel, dieses faszinierende Forschungsfeld für die Gründungsforschung zu öffnen und ein erstes Verständnis für den Erkenntnisgegenstand zu entwickeln.

Literaturverzeichnis

Arrow K. J. (1962): The economic implications of learning by doing, Review of Economic Studies, 29 (3), S. 155-173.

Bhave M. P. (1994): A process model of entrepreneurial venture creation, Journal of Business Venturing, 9, S. 223-242.

BMBF (2005): Wissens- und technologieorientiertes Gründungsgeschehen - Kienbaum-Bestandsaufnahme für eine Weiterentwicklung von EXIST, Bundesministerium für Bildung und Forschung, Berlin.

Boujut J. und Blanco E. (2003): Intermediary objects as a means to foster cooperation in engineering design, Computer Supported Cooperative Work, 12, S. 205-219.

Buenstorf G. (2007): Creation and pursuit of entrepreneurial opportunities: An evolutionary economics perspective, Small Business Economics, 28, S. 323-337.

Bygrave W. D. (2004): The entrepreneurial process, in: Bygrave W. D. und Zacharakis A. (Hrsg.): The portable MBA in entrepreneurship, 3. Auflage, John Wiley & Sons, Chichester.

Chan C. C. A., Pearson C. und Entrekin, L. (2003): Examining the effects of internal and external team learning on team performance, Team Performance Management, 9 (7/8), S. 174-181.

Comelli G. und von Rosenstiel L. (2003): Führung durch Motivation, Franz Vahlen Verlag, München.

Comelli G. (2003): Qualifikation für Gruppenarbeit: Teamentwicklungstraining, in: von Rosenstiel L., Regnet E. und Domsch M. (Hrsg.) Führung von Mitarbeitern. Handbuch für erfolgreiches Personalmanagement, Schäffer-Poeschel Verlag, Stuttgart.

Crapo A. W., Waisel L. B., Wallace W. A. und Willemain T. R. (2000): Visualization and the process of modeling: a cognitive-theoretic view, ACM Press, New York.

Cupchik G. C. (2004): The design of emotion, in: McDonagh D., Hekkert P., van Erp J. und Gyi D. (Hrsg.): Design and emotion, Taylor & Francis, London.

Doll B. (2008): Prototyping zur Unterstützung sozialer Interaktionsprozess bei Gründerteams, Dissertation, Technische Universität München.

Eisenhardt K. M. (1989): Building theories from case study research, Academy of Management Review, 14 (4), S. 532-550.

Emerson R. M. (1976): Social exchange theory, Annual Review of Sociology, 2, S. 335-362.

Flanagan J. C. (1954): The critical incident technique, Psychological Bulletin, 51 (4), S. 327-358.

Fleming L. und Sorenson O. (2001): Technology as a complex adaptive system: Evidence from patent data, Research Policy, 30, S. 1019-1039.

Gartner W. B., Shaver K. G., Gatewood E. und Katz J. A. (1994): Finding the entrepreneur in entrepreneurship, Entrepreneurship: Theory and Practice, 18 (3), S. 5-10.

Gebhardt, A. (1996): Rapid Prototyping: Werkzeuge für die schnelle Produktentwicklung, Carl Hanser Verlag, München.

Gemünden H. G. und Högl M. (1998): Teamarbeit in innovativen Projekten - Eine kritische Bestandsaufnahme der empirischen Forschung, Zeitschrift für Personalforschung, 12 (3), S.277-301.

Hansen E. L. (1995): Entrepreneurial networks and new organization growth, Entrepreneurship: Theory and Practice, 19, S. 7-19.

Hayek F. A. (1945): The use of knowledge in society, The American Economic Review, 35 (4), S. 519-530.

Henderson K. (1991): Flexible sketches and inflexible data bases: Visual communication, conscription devices, and boundary objects in design engineering, Science, Technology, & Human Values, 16 (4), S. 448-473.

Herrmann-Pillath C. (2002): Grundriss der Evolutionsökonomik, Universität Witten/Herdecke, verfügbar: http://web.dmz.uni-wh.de/wiwi/hp/evooek/(Zugriff am 15.04.2007).

Herstatt C. und Verworn B. (2003): Management der frühen Innovationsphasen, Gabler Verlag, Wiesbaden.

Högl M. und Gemünden H. G. (2001): Teamwork quality and the success of innovative projects: A theoretical concept and empirical evidence, Organization Science, 12 (4), S. 435-449.

Homans G. C. (1961): Social behavior: Its elementary forms, Brace, Jovanovitch, New York.

Kamm J. B. und Nurick A. J. (1993): The stages of team venture formation: A decision-making model, Entrepreneurship: Theory and Practice, 17 (2), S. 17-27.

Katz J. A. und Gartner W. B. (1988): Properties of emerging organizations, Academy of Management Review, 13 (3), S. 429-441.

Kerth N. L. (2001): Project retrospective - a handbook for team reviews, Dorset House Publishing, New York.

Klandt H., Koch L. T., Schmude J. und Knaup U. (2008): FGF-Report 2008 - Entrepreneurship-Professuren an deutschsprachigen Hochschulen: Ausrichtung, Organisation und Vernetzung, Förderkreis Gründungs-Forschung e.V. - Entrepreneurship Research, Bonn.

Klaus G. (1969): Wörterbuch der Kybernetik 2, Fischer Verlag, Frankfurt am Main und Hamburg.

Kleinaltenkamp M. (1996): Customer Integration - Von der Kundenorientierung zur Kundenintegration, Gabler Verlag, Wiesbaden.

Kromrey H. (2001): Evaluation - ein vielschichtiges Konzept. Begriff und Methodik von Evaluierung und Evaluationsforschung. Empfehlungen für die Praxis, Sozialwissenschaften und Berufspraxis, 24 (2), S. 105-131.

Kühl S. (2002): Visualisierte Diskussionsführung, in: Kühl S. und Strodtholz P. (Hrsg.): Methoden der Organisationsforschung, Rowohlt Verlag, Hamburg.

Larson A. L. und Starr J. A. (1993): A network model of organization formation, Entrepreneurship: Theory and Practice, 17 (2), S. 5-15.

Lawler E. J. (2001): An affect theory of social exchange, The American Journal of Sociology, 107 (2), S. 321-352.

Lechler T. und Gemünden H. G. (2003): Gründerteams, Physica-Verlag, Heidelberg.

Lee C. P. (2007): Boundary negotiating artifacts: Unbinding the routine of boundary objects and embracing chaos in collaborative work, Computer Supported Cooperative Work, 16, S. 307-339.

Leonard-Barton D. (1991): Inanimate integrators: A block of wood speaks, Design Management Journal, 2 (3), S. 61-67.

Leonard-Barton D. (1995): Wellsprings of Knowledge: Building and Sustaining the Sources of Innovation, Boston: Harvard Business School Press.

Lewin K. (1943): Defining the "field at a given time", Psychological Review, 50, S. 292-310.

Lichtenstein B. B., Carter N. M., Dooley K. J. und Gartner W. B. (2007): Complexity dynamics of nascent entrepreneurship, Journal of Business Venturing, 22 (2), S. 236-261.

Massey A. P. und Wallace, W. A. (1996): Understanding and facilitating group problem structuring and formulation: Mental representations, interaction, and representation aids, Decision Support Systems, 17, S. 253-274.

Mathieu J. E., Goodwin G. F., Heffner T. S., Salas E. und Cannon-Bowers A. (2000): The influence of shared mental models on team process and performance, Journal of Applied Psychology, 85 (2), S. 273-283.

Mayring P. (2002): Qualitative Sozialforschung, Beltz Verlag, Weinheim.

McKelvey M. (1998): Evolutionary innovations: learning, entrepreneurship and the dynamics of the firm, Journal of Evolutionary Economics, 8, S. 157-175.

Miles M. B. und Huberman A. M. (1994): Qualitative data analysis: An expanded sourcebook, 2. Auflage, Sage, Thousand Oaks.

Miller R. (2005): Creating boundary objects to aid knowledge transfer Knowledge Management Review, 8 (2), S. 12-15.

Minniti M. und Bygrave W. (2001): A dynamic model of entrepreneurial learning, Entrepreneurship: Theory and Practice, 15, S. 7-18.

Möller M. (2007): Innovationsexperimente: Kundenintegrierendes Vorgehensmodell zur Entwicklung mobiler Dienste bei diskontinuierlichen Innovationen, Gabler Verlag, Wiesbaden.

Mullen B. und Copper C. (1994): The relation between group cohesiveness and performance: An integration, Psychological Bulletin, 115, S. 210-227.

Parker S. C. (2006): Learning about the unknown: How fast do entrepreneurs adjust their beliefs? Journal of Business Venturing, 21, S. 1-26.

Pearson A. W. (1990): Innovation strategy, Technovation, 10 (3), S. 185-192.

Picot A., Laub U.-D. und Schneider D. (1989): Innovative Unternehmensgründungen: Eine betriebswirtschaftliche Analyse, Berlin.

Reich R. B. (1987): Entrepreneurship reconsidered: The team as hero, Harvard Business Review, 65 (3), S. 77-83.

Reichwald R. und Piller F. T. (2006): Interaktive Wertschöpfung, Gabler Verlag, Wiesbaden.

Ryan G. W. und Bernhard H. R. (2000): Data management and analysis methods, in: Denzin N. K. und Lincoln Y. S. (Hrsg.): Handbook of qualitative research, 2. Auflage, Sage, Thousand Oaks.

Schmidt K. und Wagner I. (2002): Coordinative artifacts in architectural practice, IOS Press, Amsterdam.

Schrage M. (1999): Serious play, Harvard Business School Press, Boston.

Stachowiak H. (1973): Allgemeine Modelltheorie, Wien: Springer.

Stahlecker T. und Lo V. (2004): Gestaltungsmöglichkeiten von Gründerräumen und Inkubatoren an der Hochschule, Fraunhofer-Institut für Systemtechnik und Innovationsforschung, Stuttgart.

Star S. L. (1989): The structure of ill-structured solutions: Boundary objects and heterogeneous distributed problem solving, in: Gasser, L./Huhns, M. N. (Hrsg.): Distributed artificial intelligence, Morgan Kaufmann, San Francisco.

Star S. L. und Griesemer J. R. (1989): Institutional ecology, "translation" and boundary objects. Amateurs and professionals in Berkeley's Museum of Vertebrate Zoology, 1907-1939, Social Studies of Science, 19 (3), S. 387-420.

Stenning K. und Oberlander J. (1995): A cognitive theory of graphical and linguistic reasoning: Logic and implementation, Cognitive Science, 19 (1), S. 97-140.

Sull D. N. (2004): Disciplined entrepreneurship, MIT Sloan Management Review, 46 (1), S. 71-77.

Teece D. J., Pisano G. und Shuen A. (1997): Dynamic capabilities and strategic management, Strategic Management Journal, 18 (7), S. 509-533.

Thomke S. H. (1998): Managing experimentation in the design of new products, Management Science, 44 (6), S. 743-762.

Thomke S. H. (2001): Enlightened experimentation: The new imperative for innovation, Harvard Business Review, Februar 2001, S. 67-75.

Thomke S. H. und von Hippel E. (2002): Customers as innovators: A new way to create value, Harvard Business Review, 80 (4), S. 74-81.

Veryzer R. W. (1998): Discontinuous innovation and the new product development process, Journal of Product Innovation Management, 15, S. 304-321.

van Gelderen M., Thurik R. und Bosma N. (2006): Success and risk factors in the pre-startup phase, Small Business Economics, 26, S. 319-335.

Vinck D. und Jeantet A. (1995): Management and new technology: Design, networks and strategy. Mediating and commissioning objects in the sociotechnical process of product design: A conceptual approach, COST Social Science Series, Bruxelles.

von Hippel E. (1994): "Sticky information" and the locus of problem solving: Implications for innovation, Management Science, 40 (4), S. 429-439.

von Hippel E. (2005): Democratizing innovation, The MIT Press, Cambridge.

Weiner B. (1985): An attributional theory of achievement motivation and emotion, Psychological Review, 92, S. 548-573.

West M. A. und Anderson N. R. (1996): Innovation in top management teams, Journal of Applied Psychology, 81 (6), S. 680-693.

Zschocke D. (1995): Modellbildung in der Ökonomie, Franz Vahlen Verlag, München.

Autorenverzeichnis

Anderseck, Klaus, geb. 1938, Univ.-Prof. Dr., Wissenschaftlicher Leiter „Projekt GründerFernstudium", FernUniversität in Hagen, Deutschland.

Prof. Anderseck absolvierte von 1965 - 1969 das Studium der Wirtschaftswissenschaften an der Universität zu Köln mit dem Abschluss zum Diplom-Handelslehrer. Anschließend war er wissenschaftlicher Mitarbeiter und promovierte am Lehrstuhl für Finanzwissenschaft der Universität Marburg. 1976 erhielt er den Ruf zum Universitätsprofessor für das Fach Didaktik der Wirtschaftswissenschaft an der Gesamthochschule Kassel. 1979 folgte der Ruf an die FernUniversität in Hagen und die Ernennung zum ordentlichen Professor für das Fach Didaktik der Wirtschaftswissenschaft.

Seine Forschungsschwerpunkte sind:

- Entrepreneurship Literacy
- Professionalisierung der Gründungsberatung
- Personalentwicklung

Kontakt: FernUniversität in Hagen, Fakultät für Wirtschaftswissenschaft, Projekt GründerFernstudium, Feithstr. 188, 58084 Hagen, Klaus.Anderseck@FernUni-Hagen.de.

Buschmann, Birgit, geb. 1961, Dr. phil., Vorstand Deutsches Gründerinnen Forum e.V., Deutschland.

Frau Buschmann studierte Physik und Geschichte, Betriebs- und Volkswirtschaft (1980-88) und promovierte an der Eberhard-Karls-Universität Tübingen (1993). Sie absolvierte zudem ein Ergänzungsstudium Wissenschaftsmanagement an der Deutschen Hochschule für Verwaltungswissenschaft, Speyer (2003/4). Sie war 1994-99 in verschiedenen Funktionen im Landesgewerbeamt Baden-Württemberg und bei der Initiative für Existenzgründungen (Ifex) tätig; als Geschäftsführerin der Enquetekommission Mittelstand des Landtags von Baden-Württemberg (1999-2000) und als Geschäftsführerin des Instituts für Mittelstandsforschung der Universität Mannheim

(2001-2003). Sie ist seit 2004 als Regierungsdirektorin im Wirtschaftsministerium Baden-Württemberg beschäftigt. Seit 1999 ist sie außerdem ehrenamtliches Vorstandsmitglied des Deutsches Gründerinnen Forum e.V. und seit 2004 Vorstand des Verbands Deutscher Gründungsinitiativen sowie Mitglied im EXIST-Beirat des BMWI. Sie hat in diesen Funktionen zahlreiche Modellprojekte zur Gründungsunterstützung entwickelt und umfangreiche Politikberatung geleistet.

Ihre Forschungsschwerpunkte sind:

- Entrepreneurship-, Wirtschafts- und KMU-Förderung
- Internationale Standortpolitik

Kontakt: Deutsches Gründerinnen Forum e.V., birgit.buschmann@dgfev.de, www.dgfev.de .

Cholotta, Katrin, geb. 1977, Dipl.-Psychologin, wissenschaftliche Mitarbeiterin Universität Hamburg, Centrum für Globalisierung und Governance, Deutschland.

Frau Cholotta studierte Psychologie (Kulturwissenschaft im Nebenfach) an der Humboldt-Universität zu Berlin und absolvierte einen längeren Forschungsaufenthalt an der Université de Genève, Schweiz. Dabei spezialisierte sie sich auf Persönlichkeitspsychologie und Methoden der empirischen Sozialforschung.

Ihre Forschungsschwerpunkte sind:

- Interdisziplinäre Persönlichkeitsforschung
- Implizite Einstellungen, explizites Verhalten und gesellschaftlicher Kontext
- Evaluationsforschung und Methodenentwicklung

Kontakt: Universität Hamburg, Fakultät Wirtschafts- und Sozialwissenschaften, Institut für Soziologie, Allende Platz 1, 20146 Hamburg, katrin.cholotta@uni-hamburg.de

Doll, Bernhard, geb. 1976, M.Sc., Dipl.-Inf. (FH), Direktor des Geschäftsbereichs „Innovationen & Business Creation" der UnternehmerTUM GmbH, Zentrum für Innovation & Gründung an der Technischen Universität München, Deutschland.

Herr Doll hat an der Fachhochschule München Informatik studiert, an der Technischen Universität München ein Master-Programm im Bereich Social Sciences of Technology absolviert und promoviert an der TUM Business School über Prototyping und Teamentwicklung. Darüber hinaus hielt Herr Doll sich zu Studien- und Forschungszwecken an der Macquarie University Sydney und Hong Kong University of Science & Technology (PRC) auf. Vor seiner akademischen Arbeit gründete Herr Doll zwei IT Unternehmen, begleitete einige dutzend Gründerteams auf dem Weg vom Businessplan zur Unternehmensgründung und ist seit einigen Jahren als Dozent und Lehrbeauftragter an verschiedenen Universitäten in Deutschland tätig.

Seine Forschungsschwerpunkte sind:

- Prototyping
- Teamentwicklung
- Entrepreneurial sensemaking

Kontakt: Bernhard Doll, UnternehmerTUM GmbH, Zentrum für Innovation & Gründung an der Technischen Universität München, Lichtenbergstr. 8, 85748 Garching b. München. Email: doll@unternehmertum.de

Haunschild, Ljuba, geb. 1956, Dr. rer. pol., Dipl.-Kaufmann, Projektkoordinatorin im Institut für Mittelstandsforschung Bonn, Deutschland.

Frau Haunschild studierte Betriebswirtschaftslehre an der Universität zu Köln. Anschließend war sie wissenschaftliche Mitarbeiterin im Institut für Mittelstandsforschung Bonn und promovierte am Lehrstuhl für Betriebswirtschaft der Rheinischen Friedrich-Wilhelms-Universität zu Bonn. Sie ist als Projektkoordinatorin im Institut für Mittelstandsforschung Bonn für die Bereiche Mittelstand, Gesellschaft, Staat und laufende Wirtschaftsbeobachtung verantwortlich.

Ihre Forschungsschwerpunkte sind:

- Finanzierung
- Familienunternehmen
- Evaluation von Förderprogrammen

Kontakt: Institut für Mittelstandsforschung Bonn, Maximilianstr. 20, 53111 Bonn, haunschild@ifm-bonn.org

Hummel-Manzau, Martina, geb. 1966, Diplom-Volkswirtin, Geschäftsführerin Centrum für Angewandte Technologien CAT GmbH, Gründer- und Technologiezentrum des Kreises Dithmarschen.

Frau Hummel-Manzau absolvierte ein Studium der Volkswirtschaftslehre an der Eberhard-Karls-Universität, Tübingen. Sie war Wissenschaftliche Mitarbeiterin am Lehrstuhl für Wirtschaftstheorie, Prof. Dr. A. E. Ott, Universität Tübingen. Von 1995 – 1997 war sie Abteilungsleiterin und Unternehmensberaterin für flexible Arbeitszeitgestaltung bei der Handwerkskammer Reutlingen. Seit 1998 ist sie selbständige Unternehmensberaterin und Projektleiterin mit den Schwerpunkten Arbeitszeitgestal tung und Entlohnung, Geschäftsprozess-optimierung und Zufriedenheitsanalysen. Frau Hummel-Manzau ist seit 2005 Leiterin bzw. Geschäftsführerin der Centrum für Angewandte Technologien CAT GmbH. Sie tritt zudem als Referentin und Moderatorin auf zahlreichen Veranstaltungen auf und ist Autorin verschiedener Fachartikel

Kontakt: Centrum für Angewandte Technologien CAT GmbH, Marschstraße 30a, 25704 Meldorf, hummel@cat-meldorf.de

Kraus, Sascha, geb. 1974, Prof. Dr., Institut für Entrepreneurship, Hochschule Liechtenstein.

Sascha Kraus studierte Wirtschaftswissenschaften u.a. an den Universitäten Köln und Siegen (Dipl.-Kfm.) sowie an der Bergischen Universität Wuppertal und der University of Southern Queensland, Australien (MBA). Er war als Univ.-Assistent an der Universität Klagenfurt tätig, wo er auch promovierte, und an der Carl von Ossietzky Universität Oldenburg. Von Mai 2007 bis Februar 2008 vertrat er die Professur für Entrepreneurship, Intrapreneurship & Innovation an der Fachhochschule Salzburg, danach war er Gastprofessor an der Universität Vaasa, Finnland. Derzeit ist Dr. Kraus Professor für Entrepreneurship an der Hochschule Liechtenstein, Asc. Senior Researcher an der Wirtschaftsuniversität Wien (RiCC), Asc. Member an der Newcastle

University (UK) sowie Lehrbeauftragter u.a. an der Universität Klagenfurt und der Europa-Universität Viadrina, Frankfurt/Oder.

Seine Forschungsschwerpunkte sind:

- Strategisches Management
- Entrepreneurship
- Entrepreneurial Marketing
- Vertrauens- und Kooperationsforschung

Kontakt: Hochschule Liechtenstein, Institut für Entrepreneurship, Franz-Josef-Strasse, LI-9490 Vaduz, Liechtenstein, sascha.kraus@hochschule.li

May-Strobl, Eva, geb. 1955, Dipl.-Volkswirt, Projektleiterin im Institut für Mittelstandsforschung Bonn.

Frau May-Strobl studierte Volkswirtschaftslehre an der Rheinischen Friedrich-Wilhelms-Universität zu Bonn. Sie ist als Projektleiterin im Institut für Mittelstandsforschung Bonn im Programmbereich Unternehmenslebenszyklus tätig.

Ihre Forschungsschwerpunkte sind:

- Empirische Gründungsforschung
- Evaluation von Förderprogrammen
- Beschäftigungseffekte von KMU

Kontakt: Institut für Mittelstandsforschung Bonn, Maximilianstr. 20, 53111 Bonn, may@ifm-bonn.org

Neyer, Anne-Katrin, geb. 1978, Dr., Wissenschaftliche Assistentin, Lehrstuhl für Betriebswirtschaftslehre, insb. industrielle Informationssysteme, Friedrich-Alexander-Universität-Erlangen-Nürnberg, Deutschland.

Frau Dr. Neyer hat am Europainstitut der Wirtschaftsuniversität Wien promoviert. Nach Abschluss ihrer Promotion hat Frau Neyer als Advanced Institute of Management Research (AIM) Postdoctoral Research Fellow an der London Business School gearbeitet. Seit Anfang 2007 ist sie wissenschaftliche Assistentin an der Universität Erlangen-Nürnberg und Senior Research Fellow am Center for Leading Innovation and Cooperation (CLIC) an der Handelshochschule Leipzig. Forschungs- und Lehraufenthalte führten sie u.a. an die University of Melbourne und die University of Aarhus.

Ihre Forschungsschwerpunkte sind:

- Internationales Innovations- und Kooperationsmanagement

Kontakt: Dr. Anne-Katrin Neyer, Lehrstuhl für Betriebswirtschaftslehre, insb. industrielle Informationssysteme, Universität Erlangen-Nürnberg, Lange Gasse 20, 90403 Nürnberg. Email: anne-katrin.neyer@wiso.uni-erlangen.de

Peters, Sascha A., geb. 1975, Dipl.-Volkswirt, Geschäftsführender Leiter „Projekt GründerFernstudium", FernUniversität in Hagen, Deutschland.

Herr Peters studierte Volkswirtschaftslehre an der Technischen Universität Dortmund und absolvierte seinen Bachelor of Science in Economics and Finance am Canisius College in Buffalo, New York. Noch während des Studiums gründete er die Unternehmenskontaktmesse konaktiva in Dortmund. Er ist Geschäftsführender Leiter des Gründerfernstudiums an der FernUniversität in Hagen. Sascha A. Peters ist als Unternehmensberater im Bereich Strategie-, Unternehmensentwicklung und Gründungsberatung tätig.

Seine Forschungsschwerpunkte sind:

- Corporate Entrepreneurship
- Internationalisierungsstrategien im Entrepreneurship
- Internationales und Strategisches Management
- Professionalisierung der Gründungsberatung
- Consulting

Kontakt: FernUniversität in Hagen, Fakultät für Wirtschaftswissenschaft, Projekt GründerFernstudium, Feithstr. 188, 58084 Hagen, Sascha.Peters@FernUni-Hagen.de

Schnell, Christiane, geb. 1974, Dr. rer. pol., Mag. Soziologie, Wissenschaftliche Mitarbeiterin am Institut Arbeit und Wirtschaft, Universität Bremen, Deutschland.

Nach dem Studium der Soziologie, Geschichte und Kulturwissenschaften arbeitete Dr. Schnell u.a. als Wissenschaftliche Mitarbeiterin am Zentrum für Sozialpolitik, Universität Bremen in der Abteilung Geschlechterpolitik im Wohlfahrtsstaat. Ihre Promotion zur Regulierung der Kulturberufe in Deutschland legte sie 2006 ab. Seither bearbeitet und koordiniert sie ein BMBF gefördertes Verbundprojekt zur Evaluierung und Optimierung institutioneller Praktiken zur Förderung von Existenzgründerinnen (OptExist).

Ihre Forschungsschwerpunkte sind:

- Arbeits-, Berufs und Professionssoziologie
- Selbständigkeit, Existenzgründung
- Geschlechterforschung
- Sozial- und Kulturpolitik
- Künstlerisch-kreative Arbeit

Kontakt: Institut Arbeit und Wirtschaft, Universität Bremen, Universitätsallee 21-23, 28359 Bremen, cschnell@iaw.uni-bremen.de

Schulte, Reinhard, geb. 1962, Prof. Dr., Lehrstuhl für Gründungsmanagement der Leuphana Universität Lüneburg, Deutschland.

Nach dem Studium zum Dipl.-Kfm. in Dortmund folgte zunächst eine mehrjährige Tätigkeit in Controlling- und Planungsabteilungen eines großen Industrieunternehmens. Danach war er wissenschaftlicher Mitarbeiter an den Universitäten in Hagen und Dortmund (Promotion 1996, Habilitation 2002). Nach seiner Promotion leitete er zwei Jahre ein Gründungsforschungsinstitut an der Universität Dortmund. Herr Schulte ist Direktor des Centrum für Existenzgründung in Theorie & Anwendung (ceta).

Seine Forschungsschwerpunkte sind:

- Gründungs- und Frühentwicklungsmanagement
- Gründungsberatung, Gründungsplanung
- Entrepreneurship
- Finanzmanagement

Kontakt: Leuphana Universität Lüneburg, Fakultät für Wirtschafts-, Verhaltens- und Rechtswissenschaften, Institut für Betriebswirtschaftslehre, Lehrstuhl für Gründungsmanagement Scharnhorststr. 1, 21335 Lüneburg, schulte@uni-lueneburg.de

Themenschwerpunkt Wirtschaftswissenschaften im *ibidem*-Verlag

Schriftenreihe des Instituts für Managementforschung

Herausgegeben durch das Institut für Managementforschung Köln e.V.

ISSN 1865-391X

Band 1
Matthias Fink, Sascha Kraus und Daniela A. Almer-Jarz (Hg.)
Sozialwissenschaftliche Aspekte des Gründungsmanagements
Die Entstehung und Entwicklung junger Unternehmen im gesellschaftlichen Kontext
310 Seiten, Hardcover. € 49,90. ISBN 978-389821-779-8

Dieser Sammelband gibt einen aktuellen Überblick zu sozialwissenschaftlichen Fragestellungen und bisherigen Forschungsergebnissen innerhalb der ganzheitlich verstandenen Gründungsforschung. Es werden Forschungsergebnisse und praxisrelevante Einsichten ausgewiesener Experten des Fachgebiets Entrepreneurship und verwandter Disziplinen der Sozialwissenschaften präsentiert. Darüber hinaus bieten die präsentierten Beiträge durch zahlreiche explizit formulierte Handlungsempfehlungen praktische Hinweise und Hilfestellungen für Gründer und Unternehmer.
Das Buch richtet sich ebenso an Forscher aus dem Bereich der gesamten Sozialwissenschaften wie auch an Studenten, Unternehmensgründer und Gestalter der für Unternehmensgründungen relevanten Rahmenbedingungen.

Band 2
Sascha Kraus und Katherine Gundolf (Hg.)
Stand und Perspektiven der deutschsprachigen Entrepreneurship- und KMU-Forschung
358 Seiten, Hardcover. € 59,90. ISBN 978-389821-879-5

Bei Entrepreneurship geht es nicht ausschließlich um Unternehmensgründungen oder junge Unternehmen – es ist ebenfalls in bereits existierenden KMU, Großunternehmen oder im öffentlichen Dienst vorzufinden, da heutzutage Organisationen jedweder Art und Größe unternehmerisch handeln und innovativ sein müssen, um erfolgreich zu sein.
Eben diese Vielfalt der „Querschnittsdisziplin" Entrepreneurship deckt der vorliegende Sammelband ab. Er geht dabei auf Stand und zukünftige Perspektiven u.a. der Themengebiete wissensbasierte Unternehmensgründungen, Internationalisierung von KMU, Beziehungen zu Stakeholdern, Unternehmergeist, Unternehmensnachfolge, Nachhaltigkeit sowie auf genderspezifische Aspekte des Entrepreneurship ein – dabei gelingt es, einen „Brückenschlag" in die Praxis (von KMU bzw. Unternehmensgründungen) herzustellen.

Vorankündigungen 2009:

Band 3
Robert Breitenecker
Räumliche Lineare Modelle und Autokorrelationsstrukturen in der Gründungsstatistik
Methodische Analyse und empirische Tests
ca. 280 Seiten, mit zahlr. farb. Abb. Hardover. € 59,90
ISBN 978-389821-946-4
Erhältlich in jeder Buchhandlung

Band 4
Johann Brazda, Rainer Kühl, Dietmar Rößl (Hrsg.)
Sozialwissenschaftliche Aspekte des Kooperations- und Genossenschaftsmanagements
ca. 310 Seiten, Hardcover. € 49,90
ISBN 978-389821-909-9

oder direkt beim *ibidem*-Verlag
www.ibidem-verlag.de/reihen/imfk.htm
oder als formlose e-mail: info@ibidem-verlag.de

Reutlinger Schriften zu Marketing & Management

Herausgegeben von Carsten Rennhak

ISSN 1865-3162

Band 1
Carsten Rennhak und Ines Stiefbold
Beschwerdemanagement in Franchisesystemen
170 Seiten, Paperback. € 24,90. ISBN 978-389821-832-0

Dieses Buch fokussiert auf die besonderen Erfordernisse eines professionellen Beschwerdemanagements in Franchisesystemen, bereitet dabei die wissenschaftlichen Grundlagen problemorientiert auf und beleuchtet kritisch den aktuellen Diskussionsstand zum Thema Beschwerdemanagement. Kern ist eine umfassende empirische Studie, die die spezifischen Herausforderungen und Besonderheiten des Beschwerdemanagements in Franchisesystemen identifiziert und geeignete Lösungsansätze für die erfolgreiche Umsetzung in der Praxis herausarbeitet. Marketingfachleute, die Beschwerdemanagementsysteme konzipieren, gestalten oder optimieren wollen, erhalten ebenso wertvolle Hinweise wie Manager in Franchisesystemen, die zur Optimierung von Kundenzufriedenheit und Kundenbindung ein State-of-the-art-Beschwerdemanagementsystem implementieren wollen.

Band 2
Britta Mertens, Jana Sazepin und Carsten Rennhak
Konsumentenverhalten im 21. Jahrhundert
Herausforderungen und Strategien für Marketing und Management
198 Seiten, Paperback. € 24,90. ISBN 978-389821-892-4

Dieser Band leistet einen wichtigen Beitrag für Wissenschaft und Praxis: Es werden die wichtigsten Triebkräfte des Wandels diskutiert und die daraus resultierenden Veränderungen in den Konsumstilen erörtert. Um die Analysen empirisch abzustützen, erfolgt eine Untersuchung anhand der drei Branchen Lebensmitteleinzelhandel, Textil und Kosmetik. Dabei wird branchenspezifisch die Dynamik im Konsumverhalten analysiert, und es werden Handlungsoptionen für die Player in den jeweiligen Märkten abgeleitet. Eine Vielzahl von Experteninterviews stützt die Aussagen und lässt eine umfassende Bewertung auch im Hinblick auf sich abzeichnende zukünftige Entwicklungen zu. Schließlich werden Handlungsempfehlungen und strategische Ansätze für Marken formuliert.

Band 3
Katrin M. Heigl und Carsten Rennhak
Zukünftige Wettbewerbsstrategien für Automobilzulieferer
Chancen und Risiken der dritten Revolution in der Automobilindustrie
146 Seiten, Paperback. € 24,90. ISBN 978-389821-902-0

Katrin M. Heigl und Carsten Rennhak arbeiten die Herausforderungen für die Automobilindustrie heraus und beleuchten die Konsequenzen für Zulieferunternehmen. Dabei zeigen sie Wettbewerbsstrategien und zukunftsfähige Geschäftsmodelle für Zulieferunternehmen auf. Weiterhin geben sie Antworten auf die Frage, welche Formen der Vernetzung und Zusammenarbeit zwischen Herstellern und Zulieferern künftig erfolgreich sein werden: Eine umfangreiche Expertenbefragung zeigt, dass die Positionierung als Nischenanbieter oder als Entwicklungsdienstleister besonders aussichtsreich sind.

Erhältlich in jeder Buchhandlung

oder direkt beim *ibidem*-Verlag
www.ibidem-verlag.de/reihen/mm.htm
oder als formlose e-mail: info@ibidem-verlag.de

Daniel Beimborn, Stefan Blumenberg, Branimir Brodnik,
Clemens Gunne, Tim Weitzel, Stefan Wendt

Gestaltung partnerschaftlicher Outsourcingbeziehungen

Eine Fallstudienserie zur Beziehungsqualität zwischen Finanzdienstleistern und ihren Providern

ISBN 978-3-89821-926-6
160 S., Hardcover, € 39,90

Aktuelle Erfahrungen betonen, dass der Erfolg beim Outsourcing im Zusammenspiel von Vertragsgestaltung und Beziehungsmanagement entsteht. Doch was macht eine gute Outsourcingbeziehung aus – und wie kann sie gestaltet werden? In diesem Buch zeigen Outsourcingexperten aus Wissenschaft und Praxis gemeinsam im Rahmen einer ausführlichen Fallstudienserie unter 18 Finanzdienstleistern und IT-Providern, was genau Beziehungsqualität im Outsourcing ausmacht und welchen Einfluss sie auf den Erfolg des Outsourcing-Deals hat. Ein Vergleich der erfolgreichen mit den weniger erfolgreichen 'Outsourcern' zeigt, dass die größten Unterschiede in den Dimensionen Kommunikationsqualität, gegenseitiges fachliches Verständnis, Kongruenz und Wissensaustausch liegen. Die besten Outsourcingbeziehungen zeichnen sich insbesondere durch qualitativ hochwertigere Kommunikation und hohes Verständnis des Dienstleisters für die Geschäftsprozesse und fachlichen Aspekte seines Kunden aus. Neben besserer Servicequalität führt dies zu einer stärkeren Kongruenz der Interessenlagen beider Partner. Die Fallstudien zeigen insgesamt eindrucksvoll, dass ohne aktives Beziehungsmanagement, in Kombination mit soliden Verträgen, kaum ein Outsourcingerfolg erreicht werden kann. Hier gibt die auf Outsourcing-Beratung spezialisierte Unternehmensberatung microfin greifbare Handlungsempfehlungen in allen Phasen des Lebenszyklus.

Erhältlich in jeder Buchhandlung

oder direkt beim *ibidem*-Verlag
www.ibidem-verlag.de/buecher/9783898219266.htm
oder als formlose e-mail: info@ibidem-verlag.de

***ibidem*-Verlag**
Melchiorstr. 15
D-70439 Stuttgart
info@ibidem-verlag.de

www.ibidem-verlag.de
www.ibidem.eu
www.edition-noema.de
www.autorenbetreuung.de